海洋功能性资源技术丛书

海藻源膳食纤维

SEAWEED DERIVED DIETARY FIBERS

秦益民　主编

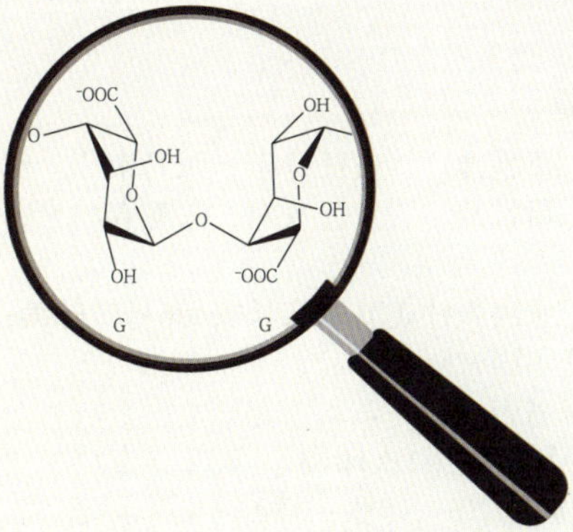

中国轻工业出版社

图书在版编目（CIP）数据

海藻源膳食纤维 / 秦益民主编. —北京：中国轻工业出版社，2021.7
（海洋功能性资源技术丛书）
ISBN 978-7-5184-3555-5

Ⅰ. ①海… Ⅱ. ①秦… Ⅲ. ①海藻-膳食-纤维 Ⅳ. ①TS218

中国版本图书馆CIP数据核字（2021）第122772号

责任编辑：江 娟 靳雅帅 责任终审：张乃柬 整体设计：锋尚设计
策划编辑：江 娟 靳雅帅 责任校对：朱燕春 责任监印：张 可

出版发行：中国轻工业出版社（北京东长安街6号，邮编：100740）
印 刷：北京君升印刷有限公司
经 销：各地新华书店
版 次：2021年7月第1版第1次印刷
开 本：720×1000 1/16 印张：18.5
字 数：360千字
书 号：ISBN 978-7-5184-3555-5 定价：98.00元
邮购电话：010-65241695
发行电话：010-85119835 传真：85113293
网 址：http://www.chlip.com.cn
Email：club@chlip.com.cn
如发现图书残缺请与我社邮购联系调换
201587K1X101ZBW

本书编委会

主　　任　张国防

副 主 任　秦益民　王发合

委　　员　张　健　李可昌　姜进举　赵丽丽
　　　　　张德蒙　申培丽　孙占一　王晓辉
　　　　　刘书英　邱　霞　王晓梅　范素琴
　　　　　尹宗美　刘海燕

序 | Preface

合理的饮食是健康的基础。早在2000多年前，古希腊的希波克拉底就提出“让食品成为药品”的药食同源健康理念。海藻是一种独特的健康食品，其食用价值来源于植物结构中丰富的营养成分。海藻生物体中的多糖、蛋白质、氨基酸、维生素、微量元素等生物活性物质对人类健康起重要作用，是一类不可多得的健康食品。

海藻的健康功效在新时代健康产业中有重要的应用价值。进入21世纪，经济社会的发展和生活方式的转变使人类面临新的健康挑战，糖尿病、心血管疾病、癌症成为人类社会面临的三大主要慢性疾病。这些慢性非传染性疾病的发病率随着工业化、城镇化、老龄化进程的加快以及生态环境和生活方式的改变，呈现持续快速增长趋势。目前，我国成人高血压患病人数接近2亿人，心脑血管疾病、糖尿病、恶性肿瘤等慢性病确诊患者约2.6亿人，慢性病导致的死亡人数已经占总死亡人数的85%，导致的疾病负担占总疾病负担的70%。

针对日益严重的国民健康问题，慢病管理已经上升为国家战略，其管理过程也在不断创新完善，逐渐从治疗为主向预防为主转变、从高层向基层转变、从城市向城乡并举转变、从卫生部门向全社会全人群转变、从专家行为向政府行为转变、从专业行动向全民行动转变。2016年10月25日，中共中央、国务院印发并实施《“健康中国2030”规划纲要》。2019年6月11日，习近平总书记在给博鳌亚洲论坛全球健康论坛大会的贺信中指出，人人享有健康是全人类共同愿景，也是共建人类命运共同体的重要组成部分。

海藻是一种重要的健康资源。海带、海苔、紫菜、裙带菜、鹿角菜、石花菜、羊栖菜、石莼等海藻是日常生活中人们熟知和喜爱的海洋蔬菜，具有很高的食用价值和独特的保健功效，被誉为“长寿菜”。《本草纲目》《本草经集注》《海药本草》《本草拾遗》等均有关于海藻健康功效的记载。大量科学研究已经证明，海藻及其衍生制品具有独特的性能和功效，尤其是海藻中含有的丰富的膳食纤维能对人类健康起到其他食物不可替代的作用。以褐藻胶、卡拉胶、琼胶、褐藻胶寡糖、岩藻多糖、藻酸丙二醇酯等为代表的海藻源膳食纤维具有凝胶、增稠、成膜、乳化等理化特性以及改善胃肠道和心血管系统、减肥、排毒、抗氧化等健康功效，在海洋功能性食品的研发、生产中有很高的应用价值。

现代健康理念以中医“治未病”理论为指导,采用医学和现代管理学的理论、技术、方法和手段，在对个体或整体健康状况及影响健康的危险因素进行全面检测、评估、有效干预与连续跟踪服务的基础上，以最小的投入获取最大的健康效益。海藻及海藻所含有的各种生物活性物质具有独特的健康功效，尤其是海藻源膳食纤维已经在全球各地广泛应用于功能性食品，在预防和治疗心脑血管疾病、糖尿病、恶性肿瘤等慢性疾患的过程中起重要作用。

青岛明月海藻集团是一家海藻生物制品生产企业，也是海藻源膳食纤维领域的一个主要参与者。面向未来，青岛明月海藻集团将继续加大科研力度和产品开发投入，继续与高校和科研院所深入合作，借助海藻活性物质国家重点实验室重要平台，专注海洋功能性食品配料研发，推出高质量、系列化的国际领先新产品；围绕国家海洋强国战略，全方位整合资源，坚持以海洋生物资源开发和利用为发展方向,以市场需求为导向,在加大研发力量的同时提升营销能力、运营效率，实现产品的技术升级，推动海洋功能性食品行业的发展，实现利用海洋资源、造福人类健康的崇高使命。

张国防
青岛明月海藻集团董事长
2020 年 12 月 31 日

前言 | Foreword

膳食纤维对人类健康一直起重要作用，其与消化系统菌群、糖尿病发生率、心血管疾患、肝功能、结直肠癌和乳腺癌等人类健康问题存在密切联系，尤其与肥胖症的产生有直接关系。几百万年来，膳食纤维一直帮助人类保持着健康的消化系统、能量和代谢的平衡等，但是进入现代社会，随着工作节奏的加快、生活方式的变化，膳食纤维在人们的饮食结构中逐渐减少，导致一系列健康问题的产生。20 世纪 70 年代后，欧、美、日等发达国家开始认识到膳食纤维的重要性并开展了大量科学研究，对其健康功效有了系统深入的认识，促进了各种来源的膳食纤维在食品、饮料、保健品等领域越来越多的应用。

海藻是膳食纤维的一个重要来源。作为海洋生物，海藻具有海洋独特的生态环境赋予的一系列优异性能，在复杂多变的生长过程中通过生物合成产生大量具有优良健康功效的高活性生物质成分。海藻中的多糖类、多肽类、氨基酸类、脂质类、甾醇类、萜类、苷类、酶类、多酚类、色素类等生物活性物质具有抗肿瘤、抗氧化、免疫调节、降血糖、降血脂、抗凝血、抗血栓、抗炎、抗过敏、抗菌、抗病毒、抗紫外线辐射、抗衰老、抗 HIV（人类免疫缺陷病毒）、抗疲劳等很多种有益人类健康的生物活性。《神农本草经》《名医别录》《海药本草》《本草纲目》等很多古代医学文献均记载了海藻的保健、药理功效。

褐藻门、红藻门、绿藻门等海藻包含几千种具有独特形态特征的海洋藻类，广泛分布在全球各地的海洋中。作为海洋植物，海藻细胞壁含有丰富的碳水化合物成分，包括不溶性的纤维素和可溶性的褐藻胶、卡拉胶、琼胶等膳食纤维组分。大量研究显示，海藻源膳食纤维不但来源丰富，其功能也优于陆地植物源纤维。随着人们对功能性食品、特色药物等健康产品需求的日益增长，海藻源膳食纤维及其大量衍生制品为新产品开发提供了宝贵的资源，在预防和治疗肿瘤、心脑血管疾病、糖尿病、肥胖症等慢性非传染性疾病方面有重要的应用价值，对人类健康和经济社会发展起到越来越重要的积极作用。

本书旨在使广大消费者认识海藻源膳食纤维及其健康功效，在介绍海藻生物资源以及海藻活性物质的基础上，介绍了褐藻、红藻、绿藻等海藻作为海洋蔬菜在食品领域的应用，以及经过提取、分离、纯化、改性等加工技术制备的海藻源膳食纤维及其应用，在总结膳食纤维及其健康功效的同时全面阐述了海藻特有的褐藻胶、卡拉胶、琼胶、岩藻多糖以及经过改性得到的海藻胶寡糖、海藻酸丙二醇酯等海藻源膳食纤维的来源、结构、性能和应用，系统总结了海藻源膳食纤维促进消化系统健康、预防慢性疾病、降低肿瘤发生率、降血脂、降血糖、降血压、减肥、抗衰老等健康功效。

本书共 11 章，由嘉兴学院秦益民教授担任主编，执笔 36 万字。在本书的编写过程中，得到青岛明月海藻集团海藻活性物质国家重点实验室的大力支持，李可昌、张健、王发合、姜进举、赵丽丽、张德蒙、申培丽、孙占一、邱霞、刘书英、王晓辉、王晓梅、范素琴、尹宗美、代增英、刘海燕、王璐璐、李群飞、马海燕、陈鑫炳、尚宪明、李双鹏、胡贤志、赵宏涛、张梦雪、王文丽、王盼、石少娟等科技人员参与了本书的编写工作。青岛大学梁惠教授、中国科学院海洋研究所张全斌研究员、王晶博士为本书提供了宝贵的资料，在此表示感谢。

本书适合功能性食品、生物医药、海洋生物、生物技术、生态农业等相关行业从事生产、科研、产品开发、营销的人员阅读，可供高等院校相关专业的师生参考，也可以为膳食纤维及健康产业的营养师、医生、护士、药剂师、食品工程师、科研人员和教育工作者、自然疗法医生、卫生专业人员、政策制定者等提供海藻与海藻源膳食纤维方面的相关信息。

由于海藻的种类繁多、膳食纤维涉及的研究和应用领域广泛，内容深邃，而作者的学识有限，故疏漏之处在所难免，敬请读者批评指正。

作者
2020 年 4 月 31 日

目录 | Contents

第一章　海藻与海藻活性物质

第一节　引言

海藻是一类海洋植物，作为海洋蔬菜是膳食纤维的一个重要来源。在海洋独特的生态环境中，海藻属于被吞食的弱者。为了适应复杂的海洋生态、应对食草动物的吞食、维护自身的生存繁衍，海藻在漫长的进化过程中形成大量结构独特、性能优异的代谢物质，在抗肿瘤、预防糖尿病、减肥、促进心血管系统健康、抗菌、抗病毒、美容护肤、刺激植物生长等方面显示出巨大的应用潜力。作为一类海洋植物，海藻的细胞壁及细胞外基质中含有丰富的碳水化合物，其独特的亲水性、生物相容性、凝胶特性在膳食纤维领域有很高的应用价值。随着海洋生物科技和生物提取技术的进一步发展，开发利用海藻与海藻活性物质已经成为海洋生物产业的一个热点，具有深远的社会效益和经济效益。

第二节　海藻生物资源

生长于海洋中的藻类植物包括隐藻门、甲藻门、金藻门、黄藻门、裸藻门、硅藻门等微藻以及褐藻门、红藻门、绿藻门、蓝藻门等大型藻类（赵淑江，2014），其中蓝藻门的藻类介于单细胞的微藻和多细胞的大型藻类。海洋中的蓝藻和隐藻、甲藻、金藻、黄藻、裸藻、硅藻等微藻一般被称为海洋浮游植物，而褐藻门、红藻门、绿藻门的大型藻类植物是人们熟知的海藻。根据 AlgaeBase 的统计，全球已知的海藻有 11000 种，其中红藻 7500 种、褐藻 2000 种、绿藻 1500 种。中国沿海已有记录的海藻中有褐藻门 24 科 62 属 298 种、红藻门 40 科 169 属 607 种、绿藻门 21 科 48 属 211 种，约占世界总数的 1/8（丁兰平，2011；丁兰平，2015；黄冰心，2014；黄冰心，2015），主要分布在海南、广东、福建、浙江、江苏、山东、辽宁等南海、东海、黄海、渤海的沿海区域。

图 1-1 所示为海藻的分类示意图。Ferdouse 等（Ferdouse F，2018）总结了目前全球具有商业价值的海藻共 221 种，其中已经被广泛利用的海藻有：①褐藻门的海带属、巨藻属、翅藻属、裙带菜属、雷松藻属、泡叶藻属、马尾藻属等；②红藻门的麒麟菜属、江蓠属、紫菜属、石花菜属、沙菜属、角叉菜属、杉藻属、伊谷藻属等；③绿藻门的石莼属、浒苔属、蕨藻属等。

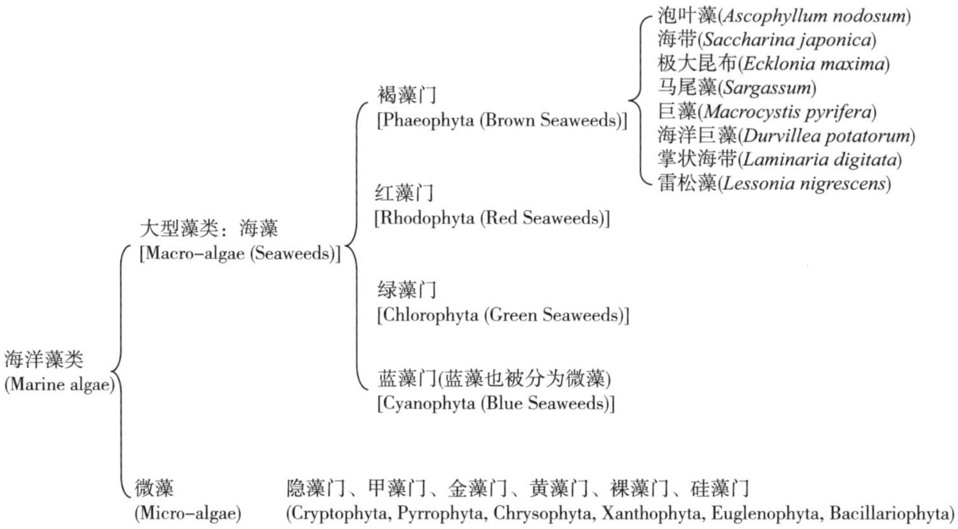

图 1–1　海藻分类示意图

一、野生海藻生物资源

全球各地有丰富的野生海藻资源，据估计，仅挪威沿海的总储量就达 5000 万 ~6000 万吨。目前，欧美国家海藻生物产业使用的原料主要为野生海藻，如美国生产褐藻胶的原料主要是巨藻，欧洲以泡叶藻、掌状海带、极北海带为主要原料。我国生产褐藻胶的原料主要是人工养殖的海带，近年来开始进口海藻做生产原料，其中 2013 年进口工业海藻近 17 万吨，主要为智利、秘鲁等国的野生海藻。我国沿海各个海域均有丰富的野生海藻资源，其中褐藻从北向南逐渐减少，绿藻则逐渐增多，红藻在各个海域均有分布。2008 年浒苔大规模爆发，在给海洋生态及沿海旅游业带来负面影响的同时，也带来了宝贵的海洋生物质资源，成为开发海藻肥料、生物质能源、食品及食品配料、饲料、药品、化妆品等生物制品的重要原料。

野生海藻中开发利用最多的是智利产的雷松藻 LN（*Lessonia nigrescens*），占 22%，随后是雷松藻 LT（*Lessonia trabeculata*），占 7%，以及江蓠（*Gracilaria* spp.），占 5%。其他被开发利用的野生海藻包括掌状海带（*Laminaria digitata*）、角叉菜（*Sarcothalia crispata*）、巨藻（*Macrocystis* spp.）、海带（*Saccharina japonica*）、泡叶藻（*Ascophyllum nodosum*）、杉藻（*Gigartina skottsbergii*）等种类（Ferdouse，2018）。表 1-1 所示为全球主要生产国的野生海藻产量。

表 1-1　全球主要生产国的野生海藻产量（FAO，2020）

生产国和地区	2017 年产量 /t（鲜重）	2018 年产量 /t（鲜重）
智利	415463	247025
中国大陆地区	203490	183490
中国台湾地区	102	359
挪威	164820	169409
日本	69800	76200
印度尼西亚	46919	44383
法国	39072	40758
秘鲁	27779	38592
爱尔兰	29500	29500
印度	22635	22635
冰岛	21313	19000
摩洛哥	6908	14828
美国	4228	12428
加拿大	12864	11497
南非	6328	10809
韩国	8172	8501
俄罗斯	9272	8042
墨西哥	8657	6750
西班牙	3415	3255
澳大利亚	1923	1923
葡萄牙	2857	1848

续表

生产国和地区	2017 年产量 /t（鲜重）	2018 年产量 /t（鲜重）
意大利	1200	1200
新西兰	2462	801
马达加斯加	800	800
坦桑尼亚	660	600
菲律宾	352	346
爱沙尼亚	36	—
全球总量	1111026	954979

二、人工养殖海藻

海藻可以通过人工养殖大规模生产。联合国粮农组织《世界渔业和水产养殖状况 2020》报告显示，2018 年养殖海藻占全球水生藻类年产量的 97.1%，其中海藻养殖主要在东亚和东南亚的少数几个国家开展。全球海藻养殖产量从 2000 年的 1059.56 万吨上升到 2018 年的 3238.62 万吨（统计数据为鲜重）。尽管近年来增长速度减缓，因为麒麟菜、卡帕藻等热带海藻越来越多地用于卡拉胶的提取，其快速增长成为最近 10 年中海藻养殖业的主要推手（FAO，2020）。

目前全球海藻养殖产量远大于野生海藻的捕获量，其中的养殖品种主要为海带、麒麟菜、江蓠、紫菜、裙带菜、卡帕藻等。2018 年水生藻类的养殖总产量为 3238.62 万吨，其中主要的养殖国包括中国（1850.57 万吨，57.1%）、印度尼西亚（932.03 万吨，28.8%）、韩国（171.05 万吨，5.3%）、菲律宾（147.83 万吨，4.6%）、朝鲜（55.3 万吨，1.7%）、日本（38.98 万吨，1.2%）、马来西亚（17.41 万吨，0.54%）、坦桑尼亚（10.32 万吨，0.32%）、智利（2.07 万吨，0.064%）、越南（1.93 万吨，0.060%）、所罗门群岛（0.55 万吨，0.017%）、马达加斯加（0.53 万吨，0.016%）、印度（0.53 万吨，0.016%）、俄罗斯（0.45 万吨，0.014%）以及其他国家（2.1 万吨，0.065%）。表 1-2 所示为 2000—2018 年全球主要水生藻类养殖国的年产量。

表 1-2　2000—2018 年全球主要水生藻类养殖国的年产量（FAO，2020）　　单位：万吨（鲜重）

年份	中国	印度尼西亚	韩国	菲律宾	朝鲜	日本	全球总量
2000	822.76	20.52	37.45	70.7	40.10	52.86	1059.56

续表

年份	中国	印度尼西亚	韩国	菲律宾	朝鲜	日本	全球总量
2005	1077.41	91.06	62.12	133.86	44.43	50.77	1483.13
2010	1217.97	391.50	90.17	180.13	44.53	43.28	2017.43
2015	1553.79	1126.93	119.71	156.64	49.10	40.02	3106.38
2016	1642.74	1105.03	135.13	140.45	55.30	39.12	3165.05
2017	1746.17	1054.76	176.15	141.53	55.30	40.78	3261.29
2018	1850.57	932.03	171.05	147.83	55.30	38.98	3238.62

全球各地有 10 种海藻被规模化养殖，包括褐藻类的海带（*Saccharina japonica*）、裙带菜（*Undaria pinnatifid*）、羊栖菜（*Sargassum fusiforme*），红藻类的麒麟菜（*Eucheuma* spp.）、紫菜（*Porphyra* spp.）、卡帕藻（*Kappaphycus alvarezii*）和江蓠（*Gracilaria* spp.）以及绿藻类的条浒苔（*Enteromorpha clathrata*）、礁膜（*Monostroma nitidum*）和蕨藻（*Caulerpa* spp.）。海带是养殖量最大的一个品种，2018 年全球产量 1144.83 万吨，约占全球海藻养殖量的 35.3%，其次是麒麟菜 923.75 万吨，占 28.57%，其他主要的养殖海藻分别为江蓠 345.48 万吨，占 10.7%；裙带菜 232.04 万吨，占 7.2%；紫菜 201.78 万吨，占 6.2%；卡帕藻 159.73 万吨，占 4.9%。图 1-2 所示为全球主要养殖海藻的示意图。表 1-3 所示为 2000—2018 年全球主要水生藻类的养殖产量。

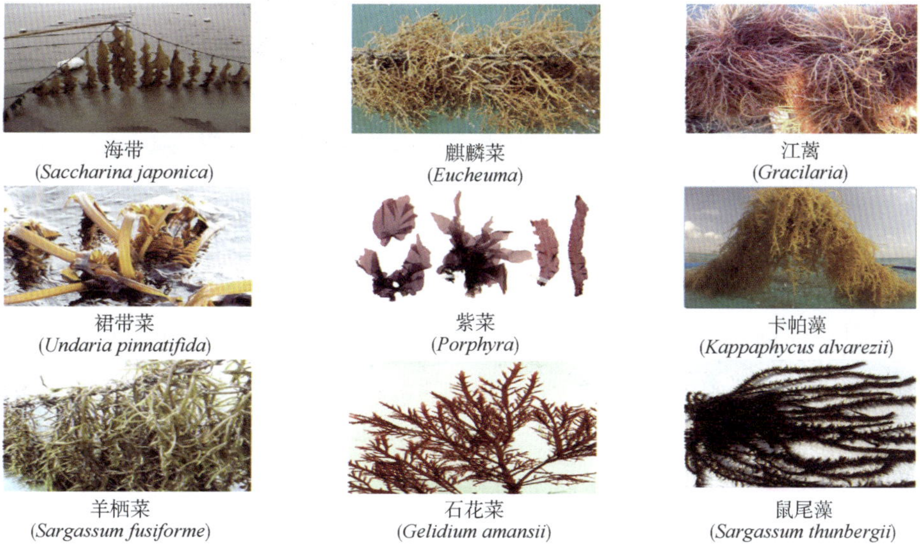

图 1-2　全球主要养殖海藻示意图

表 1-3　2000—2018 年全球主要水生藻类的养殖产量（FAO，2020）　　单位：万吨（鲜重）

年份	海带	麒麟菜	江蓠	裙带菜	紫菜	卡帕藻
2000	538.09	21.53	5.55	31.11	42.49	64.95
2005	569.91	98.69	93.32	243.97	70.31	128.35
2010	652.56	347.95	165.71	150.51	104.07	188.42
2015	1030.27	1018.98	376.70	221.56	110.99	175.18
2016	1066.26	977.59	424.89	206.35	131.29	152.45
2017	1117.45	957.80	417.42	234.17	173.31	154.52
2018	1144.83	923.75	345.48	232.04	201.78	159.73

图 1-3 所示为目前人工养殖海藻的两种基本方法。

第一种方法主要应用于热带地区的小规模养殖场，在潮间带的砂坪生产红藻，其中红藻苗被夹入由三股线组成的基底上，在 2~3 个月内，每公顷养殖区域可以生产出 3~5t（干重）的海藻生物质。这种生产方法是劳动密集型的，例如在坦桑尼亚的 Zanzibar 岛，一个劳动力的年产量约为 4t（Valderrama，2015）。

(1)在热带海域的潮间带养殖红藻　　(2)在寒温带海域养殖褐藻

图 1-3　人工养殖海藻的两种基本方法

第二种方法是褐藻的筏式养殖，在中国沿海地区已经广泛推广应用。经过半个多世纪的创新发展，中国的海带养殖已经发展成多种海洋生物集成的系统养殖体系。例如在山东半岛，海带与鲍鱼和海参的立体养殖方法已经实施 20 多年，该体系中鲍鱼在进食海带后产生的有机排出物成为海参的食料，而鲍鱼和海参生长中产生的废物又成了海带的营养物。与此类似，福建的海带养殖体系包括鱼、鲍鱼、牡蛎等海洋生物。

应该指出的是，通过人工手段栽培海藻在全球各地均有很长的历史。早在宋朝（960—1279），我国福建沿海居民就创造了在一定季节清理浅海岩礁增殖海萝的方法，使当地海萝产量占全国产量的1/4以上。三四百年前，福建平潭开始通过清理岩礁增殖紫菜，获得良好的效果。日本沿海居民也在三四百年前创造了插竹枝、网式增殖紫菜的方法，使紫菜生产一直在日本水产事业中占重要地位。爱尔兰人于20世纪初在每年一定的时期用翻石法开始增殖墨角藻，将长满杂藻的石头翻过来，使没有海藻的表面朝上，以便从墨角藻放散出来的受精卵合子附着和生长繁殖（赵淑江，2014）。

我国沿海从北到南均有海藻养殖，其中海带是规模最大的养殖品种。海带原产于日本、朝鲜、俄罗斯等太平洋西北部沿海，20世纪20年代自日本引进后在大连开始养殖。到20世纪50—60年代，山东科技工作者创造出海带自然光低温育苗和海带全人工筏式养殖技术,带来了我国海水养殖的“第一次浪潮”，使我国海带养殖从零开始一跃成为世界第一。

目前我国人工养殖海藻的主要品种有海带、麒麟菜、江蓠、裙带菜、紫菜、羊栖菜、石花菜、鼠尾藻等品种。

1. 海带

海带隶属于褐藻门（Phaeophyta）、褐藻纲（Phaeophyceae）、海带目（Laminariales）、海带科（Laminariaceae）、海带属（*Laminaria*），是一种具有很高食用价值的经济作物。海带属包括近50个物种，自2006年开始，国际上趋向于将海带属分为 *Laminaria* 和 *Saccharina* 二个属，其中我国长期栽培的海带等18种被划分在 *Saccharina* 属（何培民，2018）。

在曾呈奎等老一辈海藻科技工作者的领导下，我国的海藻学基础理论研究世界领先，直接带动了海带养殖业的发展。1952年在北方沿海把人工采苗、分苗和海区筏式培养结合起来，取得初步成功后放弃了传统的海底岩礁生产，转为以筏式培养为主的生产方法，并很快在辽宁大连、山东沿海进行推广应用。此后，海藻科技工作者进一步创造了低温育苗与自然光育苗法、建立了培育海带夏苗的方法和海带陶缸施肥法，并成功实施了海带南移栽培实验，使海带的人工栽培不但在北方也在南方沿海各地迅速应用于生产。

以海带为核心的海藻栽培业被誉为我国海水养殖的“第一次浪潮”，其蓬勃发展有效促进了我国相关产业的发展，尤其是形成了一个以海带为主要原料的海藻生物产业，其规模居世界首位，同时也为海水养殖的“第二次浪潮”（贝类养殖)、“第三次浪潮”(对虾养殖)、“第四次浪潮”(鱼类养殖)提供了成熟经验和技术模式(何培民，2018)。

2. 麒麟菜

麒麟菜是一种属于红藻纲红翎菜科的热带和亚热带海藻，自然生长在珊瑚礁上，在中国见于海南岛、西沙群岛及台湾等地沿海。目前麒麟菜已成为人工栽培的主要藻类，其藻体富含胶质，可提取卡拉胶作为食品和工业用原料。麒麟菜一年四季都可以生长，尤以春、夏、秋三季生长最快，一般雷雨过后生长更快。麒麟菜是多年生海藻，人工养殖主要是根据其出芽繁殖即营养繁殖进行的，其中主要的人工养殖方法是珊瑚枝绑苗投放种植。

3. 江蓠

江蓠是红藻门(Rhodophyta)、真红藻纲(Florideae)、杉藻目(Gigartinales)、江蓠科(Gracilariaceae)、江蓠属(*Gracilaria*)红藻的统称，有近100个种，中国沿海的野生江蓠属海藻包括龙须菜、江蓠、芋根江蓠、脆江蓠、凤尾菜、扁江蓠等10多种。江蓠是一种具有很高经济价值的红藻，是制造琼胶的重要原料。1949年前我国的江蓠都属自然生长，1958年以后采用各种方法进行人工栽培。20世纪80年代后江蓠养殖不断发展，产量不断提高，给蓬勃发展的鲍鱼养殖业提供了充足的饵料。江蓠属中的龙须菜是自然生长在海边石头上的植物，从生叶的形状像柳，根须长的有一尺多(1尺≈33.3cm)，因此也被称为石发，其藻体含有丰富的蛋白质、碳水化合物、钙、铁等，其中钙的含量为食品中魁首。龙须菜的人工养殖包括筏式单养、与海带筏式轮养、与牡蛎筏式轮养等方法，其中筏式单养是主要的栽培形式，大多是在秋、冬、春三季连续栽培龙须菜3茬，少数是全年筏架不上岸，连续栽培4茬。

4. 裙带菜

裙带菜是一种味道鲜美、营养价值高又可作为保健食品的经济海藻。我国的裙带菜自然生长在浙江，20世纪70年代开始筏式养殖，但产量不高、发展不快。20世纪80年代中期，辽宁省解决了裙带菜人工育苗问题，成功开始规模化人工养殖。目前辽宁和山东已成为我国裙带菜养殖的主要基地，年产量仅次于海带。

5. 紫菜

紫菜是我国人民喜爱的一种海洋食品。自20世纪50年代开始紫菜的半人工采苗和全人工采苗后，紫菜的人工栽培日益普及。20世纪60年代在福建开始人工栽培坛紫菜，20世纪80年代起，中国科学院海洋研究所大力发展北方的条斑紫菜人工养殖，在黄海南部江苏省广大潮间带海域发展生产。目前我国生产的紫菜有十几万吨，产量仅次于日本、韩国。由于沿海气候水文条件有利于紫菜的生长繁殖，20 世纪 70 年代后紫菜养殖业在福建省得到快速发展，其产量约占全国的一半。

6. 羊栖菜

羊栖菜为暖温性多年生海藻，在浙、闽沿海生长最好。我国自 1973 年开始进行羊栖菜的开发研究，但由于加工技术未过关，一直没有得到较大发展。近年来由于日本市场的打开，羊栖菜系列食品的研究开发、羊栖菜的人工养殖得到迅速发展，其中浙江温州制定了发展万亩羊栖菜的规划，山东荣成、海阳也大力发展羊栖菜养殖。羊栖菜的人工育苗也已获突破性进展，以羊栖菜为原料的系列食品、饮料也开始投放市场。

7. 石花菜

石花菜自然分布于中国北部沿海，浙江、福建、台湾也有生长，山东省养殖较多。石花菜养殖最初是用人工投石法进行移植，1933 年朝鲜人文德进从朝鲜济州岛向青岛移植长在石块上的石花菜苗种，进行海底繁殖。1950—1959 年，山东水产养殖场、中国科学院海洋研究所、山东省海水养殖研究所、黄海水产研究所等单位进行了石花菜人工移植、半人工采孢子、劈枝筏养试验研究。1973—1981 年，山东省海水养殖研究所等单位又先后进行了石花菜室内人工育苗、分枝养殖、下海养育、防除敌害等大量试验研究，并取得初步成效。1983 年，山东胶南、荣成等地推广了石花菜劈枝筏养技术，当年每亩每茬产石花菜干品 150kg 左右。1985 年,石花菜孢子育苗、夏茬养成和育种越冬试验均获成功，为大面积养殖石花菜提供了必要的技术条件。

8. 鼠尾藻

鼠尾藻是一种大型海洋褐藻，具有较高的经济价值，除在海洋生态系统中占有重要地位外，也是医疗、保健、化工等行业的重要原料。近年来随着海参、鲍鱼养殖业的发展，鼠尾藻被开发成为海参、鲍鱼的优质饵料，需求量增加，产品日趋紧俏，导致价格上扬。2003 年，浙江省洞头县东屏镇寮顶村庄瑞行等养民在县科技局的支持下,立项开展鼠尾藻人工栽培试验。从 2003 年 11 月开始，在洞头沿海采集鼠尾藻野生苗种，开展鼠尾藻人工栽培实验，养殖 11.5 亩，总产干品 4082.5kg。鼠尾藻的人工养殖有利于改善海洋环境，并且经济效益较高、市场前景好，有望成为一种新的藻类养殖产业。

表 1-4 所示为 2016 年全国各地区不同海藻的养殖产量。

表 1-4　2016 年全国各地区不同海藻的养殖产量（杜冰青，2018）　　单位：t（干重）

地区	海藻总量	海带	裙带菜	紫菜	江蓠	麒麟菜	羊栖菜	苔菜
福建	979472	693533	723	66440	173233	—	5511	—
山东	673036	533439	43961	972	51996	—	4000	—
辽宁	325559	218704	106855	—	—	—	—	—
广东	79099	4719	1029	7257	55501	2000	225	—
浙江	53202	10363	—	32178	635	—	9255	371
海南	30093	—	—	—	11814	3114	—	—
江苏	28801	300	4	28405	—	—	—	—
合计	2169262	1461058	152572	135252	293179	5114	18991	371

第三节　海藻活性物质

海藻活性物质是一类从海藻生物体中提取的，可以通过化学、物理、生物等作用机制对生命现象产生影响的生物质成分，包括海藻细胞外基质、细胞壁及原生质体的组成部分以及细胞生物体内的初级和次级代谢产物，其中初级代谢产物是海藻从外界吸收营养物质后通过分解代谢与合成代谢，生成的维持生命活动所必需的氨基酸、核苷酸、多糖、脂类、维生素等物质，次级代谢产物是海藻在一定的生长期内，以初级代谢产物为前体合成的一些对生物生命活动非必需的有机化合物，也称天然产物，包括生物信息物质、药用物质、生物毒素、功能材料等海藻基化合物（张国防，2016；张明辉，2007）。

由于海藻长期处于海水这样一个特异的闭锁环境中，并且海洋环境具有高盐度、高压力、氧气少、光线弱，甚至局部深海的高温等特点，海藻类生物的进化过程中形成的代谢系统和机体防御系统与陆上生物不同，使海藻生物体中蕴藏许多结构新颖、功效独特的生理活性物质，包括多糖类、肽类、多酚类、生物碱类、萜类、大环聚酯类、多不饱和脂肪酸类等化合物（康伟，2014）。相对于海绵、海鞘、软珊瑚等其他海洋生物，海藻代谢产物的结构相对简单，其最大特点是富含溴、氯、碘等卤素，尤其是含有大量多卤代倍半萜、二萜以及溴酚类代谢产物（史大永，2009），具有拒食、抗微生物、抗附着和生物毒性等特殊功效。

大量研究证明海藻代谢产物中含有丰富的生物活性物质。到 2009 年，世界各地已经从海藻中发现 3280 多种化合物，约占海洋生物中提取的化合物总数的 30%。在大型藻类中，褐藻和红藻是生物活性物质最丰富的种群，其中红藻中卤代产物更为丰富，这些物质主要包括海洋药用物质、生物信息物质、海洋生物毒素、生物功能材料等，是大量海洋生物天然产物的一部分。绿藻也含有丰富的生物活性物质（胡月，2019）。

海藻活性物质在新时代健康产业有重要的应用价值。随着社会的发展、人们生活习惯的改变、环境污染的加剧和人类寿命的延长，心脑血管疾病、恶性肿瘤、糖尿病、阿尔茨海默病、乙型肝炎等疾病日益严重地威胁着人类健康，艾滋病、马尔堡病毒病、埃博拉出血热、川崎病、克麦罗氏脑炎、新冠肺炎等新的疾患又不断出现，迫切需要人类社会寻找全新的解决方案用于各种疾病的预防和治疗。经过长期的开发利用，陆生药源中的新药源日渐减少，而海洋中生活着种类繁多的生物，蕴藏着大量的生物活性物质，已经成为健康产业领域一个重要的资源宝库。

除了药用物质，海洋中的藻类在食品领域也有重要的应用价值。表 1-5 所示为几种可食用海藻的主要组成部分，其共同特点是脂肪含量低、碳水化合物含量高，同时还富含对人体健康有益的蛋白质和矿物质成分，使海藻成为一种具有保健功效的健康食品。

表 1-5　几种可食用海藻的主要组成部分（Pereira，2011）

成分	含量 /%（干基）				
	裙带菜	海带	紫菜	江蓠	红翎菜
脂肪	1~5	1~2	2	0.3	0.2
总碳水化合物	45~51	52	44	74	63~67
蛋白质	12~23	7~8	31~44	12	5~6
矿物质	26~40	27~33	8	6	23~26

第四节　海藻活性物质的种类

按照化学结构，海藻活性物质可分为多糖类、多肽类、氨基酸类、脂质类、甾醇类、萜类、苷类、酶类、色素类、维生素类、酚类等 10 余个大类。下面介绍这几大类海藻活性物质的基本结构和性能。

一、海藻生物活性多糖

海藻中存在着大量多糖类物质，目前已经分离出的多糖已证明具有各种生物活性和药用功能，如抗肿瘤、抗病毒、抗心血管疾病、抗氧化、免疫调节等（刘莺，2006；Potin，1999）。由于从海藻中提取的褐藻胶、卡拉胶、琼胶等多糖在水中溶解形成黏稠溶液后具有凝胶功能，海藻源多糖也称为海藻胶或海洋亲水胶体。目前有 100 多万吨海藻用于亲水胶体的提取，海藻源多糖及其衍生制品的抗氧化、抗病毒、抗肿瘤、抗凝血等生物活性在功能性食品、生物医用材料、美容护肤品等行业有重要应用价值，其凝胶、增稠、乳化、成膜等优异的理化性能已经广泛应用于食品产业。

二、海藻生物活性肽

生物活性肽是介于氨基酸与蛋白质之间的聚合物，小至由两个氨基酸组成，大至由数百个氨基酸通过肽键连接而成，其生理功能主要有类吗啡样活性、激素和调节激素、改善和提高矿物质运输和吸收、抗细菌和病毒、抗氧化、清除自由基等作用。海藻生物活性肽的制备方法和途径有两条：一是从海藻生物体中提取其本身固有的各种天然活性肽类物质；二是通过海藻蛋白质资源水解的途径获得（林英庭，2009）。

三、海藻中的氨基酸

海藻中的氨基酸是其作为天然食品原料、食品添加剂及养殖饵料的基础，其在海藻中部分以游离状态存在，大部分结合成海藻蛋白质。表 1-6 所示为鲜海带中的氨基酸组分比例。

表 1-6　鲜海带中的氨基酸组分比例（甘纯玑，1999）

氨基酸品种	百分比 /%
谷氨酸	29.31
缬氨酸	9.52
组氨酸	9.05
丙氨酸	8.31
亮氨酸	7.25
脯氨酸	6.50

续表

氨基酸品种	百分比 /%
苯丙氨酸	5.44
甘氨酸	4.83
异亮氨酸	4.54
酪氨酸	4.54
精氨酸	4.54
丝氨酸	3.78
苏氨酸	3.47
赖氨酸	3.47
甲硫氨酸	2.12
天冬氨酸	1.47

除了常见的各种氨基酸，海藻有其特有的氨基酸：甜菜碱和真孢氨基酸。甜菜碱是一种氨基酸或亚氨苯酸的衍生物，最早在甜菜中发现。海藻中的甜菜碱包括季铵化合物和叔硫化合物两类，目前已经在海藻中发现 18 种甜菜碱及 3 类甜菜碱脂。甜菜碱普遍存在于动植物体内，是动物代谢的中间产物，在营养物质的代谢中起着十分重要的作用。作为一种重要的渗透调节物质，甜菜碱对植物抗盐碱、耐旱等抗逆性能有重要的增强作用。海藻的乙醇或水提取液中还含有一些具有特殊结构骨架的新型氨基酸和氨基磺酸类物质，具有显著的药理活性。根据其结构这些特殊氨基酸可分为酸性、碱性、中性氨基酸和含硫氨基酸，属于非蛋白质氨基酸。相对于组成蛋白质的 20 种常见氨基酸，非蛋白质氨基酸多以游离或小肽的形式存在于生物体的各种组织或细胞中，多为蛋白氨基酸的取代衍生物或类似物，如磷酸化、甲基化、糖苷化、羟化、交联等结构形式，还包括 D- 氨基酸及 β-、γ-、δ- 氨基酸等。据统计，从生物体内分离获得的非蛋白质氨基酸已达 700 多种，在动物中发现的有 50 多种，植物中发现的约 240 种，其余存在于微生物中。非蛋白质氨基酸在生物体内可参与储能、形成跨膜离子通道和充当神经递质，在抗肿瘤、抗菌、抗结核、降血压、护肝等方面发挥极其重要的作用，还可以作为合成抗生素、激素、色素、生物碱等其他含氮物质的前体（荣辉，2013）。

四、多不饱和脂肪酸

多不饱和脂肪酸（Polyunsaturated fatty acids，PUFAs）是指含有二个或二

个以上双键并且碳链长度为18~22个碳原子的直链脂肪酸，根据其中第一个不饱和键出现在碳链甲基端的第几个碳原子上，可分为3大类：*n*-3（或*ω*-3）PUFA，以二十碳五烯酸（EPA）和二十二碳六烯酸（DHA）为代表；*n*-6（或*ω*-6）PUFA，以花生四烯酸和*γ*-亚麻酸为代表；*n*-9（或*ω*-9）PUFA。

藻类是*ω*-3多不饱和脂肪酸的主要来源，也是EPA和DHA在植物界的唯一来源（Ackman，1964；Ohr，2005）。PUFAs在细胞中起关键作用，在人类心血管疾病的治疗中也有重要应用价值（Gill，1997；Sayanova，2004），对调节细胞膜的通透性、电子和氧气的转移以及热力适应等细胞和组织的代谢起重要作用，在功能性食品行业有巨大的应用潜力（Funk，2001）。海藻含有大量多不饱和脂肪酸，其中DHA具有抗衰老、防止大脑衰退、降血脂、抗癌等多种作用，EPA可用于治疗动脉硬化和脑血栓，还有增强免疫力的功能（刘峰，2007）。

五、甾醇类

甾醇类化合物是大型藻类和微藻的重要化学成分，也是水生生物食物中的一个主要营养成分。大型藻类是双壳纲动物的食物，在孵化厂培养双壳纲动物幼虫时一般使用微藻作为食物，其中甾醇类物质的数量和质量直接影响幼虫的成长（Delaunay，1993）。

六、萜类

萜类化合物是一类由二个或二个以上异戊二烯单体聚合成的烃类及其含氧衍生物的总称，根据其结构的不同，可以分为单萜、倍半萜、二萜以及多萜。萜类化合物广泛存在于植物、微生物以及昆虫中，具有较高的药用价值，已经在天然药物、高级香料、食品添加剂等领域得到广泛应用（徐忠明，2015）。

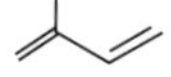

图1-4 异戊二烯的化学结构式

图1-4所示为异戊二烯的化学结构式。由一个异戊二烯单元构成的化合物称为半萜，异戊烯醇、异戊酸等异戊二烯的一些含氧衍生物也称为半萜；单萜由两个异戊二烯单元构成，其通式为$C_{10}H_{16}$，包括香叶醇、柠檬烯、松油醇等；倍半萜由三个异戊二烯单元构成，通式$C_{15}H_{24}$，如法呢醇；双萜由四个异戊二烯单元构成，通式为$C_{20}H_{32}$；三萜由六个异戊二烯单元构成，通式为$C_{30}H_{48}$，如角鲨烯；四萜由八个异戊二烯单元构成，通式为$C_{40}H_{64}$，如番茄红素以及*α*-、*β*-、*γ*-胡萝卜素；多萜由多个异戊二烯单元构成，其中天然橡胶就是一种多萜，

其分子链中的双键是顺式结构，而在杜仲胶中是反式结构。在萜类化合物中，倍半萜的结构多变，已知的有千余种，分别属于近百种碳架。海洋生物是倍半萜丰富的来源，其中不少有显著的生物活性。凹顶藻的代谢物中富含萜类，被誉为“萜类化合物的加工厂”（苏镜娱，1998）。

七、苷类

苷类或甙类化合物，又称配糖体，是由糖或糖衍生物的端基碳原子与另一类非糖物质（称为苷元、配基或甙元）连接形成的化合物。苷类化合物是一类重要的海洋药物，包括强心苷、皂苷（海参皂苷、刺参苷、海参苷、海星皂苷）、氨基糖苷、糖蛋白（蛤素、海扇糖蛋白、乌鱼墨、海胆蛋白）等。皂苷类成分能降低液体表面张力而产生泡沫，可作为乳化剂，内服后能刺激消化道黏膜、促进呼吸道和消化道黏液腺的分泌，具有祛痰止咳的功效。皂苷还具有降胆固醇、抗炎、抑菌、免疫调节、兴奋或抑制中枢神经、抑制胃液分泌、杀精子、杀软体动物等作用。卢慧明等（卢慧明，2011）用乙醇浸泡龙须菜，得到的提取物经石油醚、乙酸乙酯萃取后通过硅胶、十八烷基硅醚、葡聚糖凝胶、HPLC 等色谱分离手段，分别从石油醚溶解部分和乙酸乙酯溶解部分获得尿苷、腺苷等苷类化合物。

八、酶类

与其他生物体相似，海藻含有多种酶。李宪璀等（李宪璀，2002）的研究结果显示，海藻中提取的葡萄糖苷酶抑制剂不仅能调节体内糖代谢，还具有抗病毒感染的作用，对治疗糖尿病及其并发症和控制艾滋病的传染等具有重要作用。

九、色素类

海藻含有多种色素类化合物，其中类胡萝卜素是异戊二烯在酶催化下聚合后得到的一种天然色素，是一种含 40 个碳的高度共轭的结构。类胡萝卜素存在于所有植物中，而动物缺少内生合成类胡萝卜素的能力，只能从食物中摄取（Fennema，1996；Miki，1991）。作为一种抗氧化剂和维生素 A 的前体，类胡萝卜素具有抗肿瘤、抗衰老、抗心血管疾病等特性。类胡萝卜素在海藻中的含量受种类以及光强度、硝酸盐浓度、盐浓度等生长环境的影响。表 1-7 所示为几种海藻中类胡萝卜素的总含量。

表 1-7　海藻中类胡萝卜素的总含量（以干重计）（刘明华，2016）

海藻种类	总含量 /（mg/g）
刺松藻	4.56
小球藻	3.00
缘管浒苔	2.10
裙带菜	1.86
条斑紫菜	1.83
海黍子	1.80
鸭毛藻	1.77
鼠尾藻	1.41
红膜藻	0.90
海带	0.78
石花菜	0.54

十、维生素类

海藻含有多种维生素，其中以维生素 B 族为主，也含有大量的维生素 C、维生素 E 及烟酸，有些海藻还含有维生素 A、维生素 D、维生素 K 等。表 1-8 所示为海带和紫菜中的维生素含量。

表 1-8　海带和紫菜中的维生素含量（Xia，1987）

海藻种类	维生素含量（其中 A 采用 IU，其他 mg/100g）				
	A（IU）	B_1	B_2	B_3（烟酸）	B_6
海带	430	0.08	0.32	1.8	11.0
紫菜上叶片	44500	0.25	1.24	10.0	20.0
紫菜中叶片	38400	0.21	1.0	3.0	20.0
紫菜下叶片	20400	0.12	0.89	2.6	20.0
100g 鸡蛋	520	0.08	0.30	微量	0.0

注：IU=International Unit，国际单位。

十一、酚类

海藻是一类海洋植物，含有丰富的酚类化合物，根据酚羟基的数目和位置的不同，可以分为褐藻多酚类、黄酮类、酚酸类和卤代酚类，都具有很好的抗氧化活性（袁圣亮，2019）。

褐藻多酚是褐藻特有的一种多酚类化合物，是间苯三酚（图 1-5）通过不同的聚合方式形成的二聚体、三聚体、四聚体以及聚合度更大的寡聚、高聚物（许亚如,2014；袁圣亮,2019；Martinez,2013）。作为一类结构独特的海洋天然产物，褐藻多酚具有抑菌、抗凝血、降血脂、抗肿瘤、抗氧化等一系列优良的生物活性（Thomas,2011），已经在食品、医学、日化、生物刺激剂等领域得到广泛应用。

黄酮类化合物是以 15 个碳原子为基本骨架，并以 C6—C3—C6 为结构单元，由 A、B、C 3 个环组成，其中分子结构中的两边是苯环、中间是杂环。大多数黄酮类化合物存在于陆生植物中，但最近有研究发现海藻中也存在黄酮类化合物（袁圣亮，2019）。黄酮类化合物具有清除超氧阴离子和羟基自由基的能力，具有优良的健康功效（Seyoum，2006）。

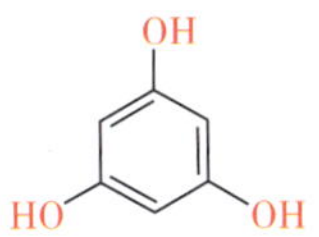

图 1-5　间苯三酚的化学结构式

酚酸类化合物是除了含酚羟基外，芳环上还有羧基取代的一类化合物。酚酸类化合物被认为是莽草酸途径的代谢产物，具有很好的自由基清除能力，能抑制铁离子诱导脂质体的氧化。研究显示，鱼腥藻等藻类含有儿茶酚酸、对羟基苯甲酸、绿原酸、丁香酸、咖啡酸、对香豆酸、水杨酸、肉桂酸等酚酸类化合物（Onofrejova，2010）。Mezghani 等（Mezghani，2016）从绿藻孔石莼中分离得到酚酸类化合物香草酸、奎宁酸和丁香酸。Agregan 等（Agregan，2017）在泡叶藻、二歧双叉藻和墨角藻中都发现了酚酸类化合物，其中 3 种海藻都含有奎尼酸衍生物，泡叶藻和二歧双叉藻含有迷迭香酸衍生物，墨角藻主要含有对香豆酸和阿魏酸衍生物，泡叶藻含有大量的羟基苯甲酸。

卤代酚类化合物主要存在于褐藻和红藻中，在绿藻少有，而且它们大部分都具有明显的自由基清除活性（La，2010），目前已从不同海藻中分离得到上百种卤代酚类化合物，其中主要的是溴代酚类（Li，2008）。溴代酚最有潜力成为糖尿病、癌症、炎症、神经退行性疾病等与自由基相关疾病的预防物质之一。

十二、其他海藻活性物质

植物激素是植物体内自然产生的对植物生长发育起调控作用的化学物质，目前公认的植物激素有生长素、赤霉素、细胞分裂素、脱落酸、乙烯等。海藻生长在恶劣的海洋环境中，其内源激素含量比陆地植物更加丰富，其中海藻源生长素主要为吲哚乙酸等吲哚类物质及其衍生物。赤霉素含有赤霉素烷骨架，其化学结构较为复杂，是一类双萜化合物，结构中有 4 个环，由于双键、羟基、羧酸基数目和位置的不同，形成各种类型的赤霉素类化合物，其中自由态的赤霉素是 19C 或 20C 的一羧酸、二羧酸或三羧酸，结合态的赤霉素多为葡萄糖苷或葡萄糖基酯。细胞分裂素是腺嘌呤的衍生物，当第 6 位氨基、第 2 位碳原子和第 9 位氨原子上的氢原子被取代时，可以形成各种不同的细胞分裂素，其活性因侧链长度、不饱和度和其他性质的不同而有很大差异（刘明华，2016）。脱落酸是一种具有倍半萜结构的植物激素，在农业生产领域是一种重要的生物刺激剂。

第五节　海藻活性物质的研究开发和应用

海藻中丰富的生物活性物质在健康领域有重要的应用价值，我国古代对海藻的食用和药用价值有大量的记载,《本草纲目》《本草经集注》《本草拾遗》《海药本草》等古代书籍均有关于海藻治疗多种疾病的记载,其具有清热、软坚散结、消肿止痛、利水等功效。世界各地海藻的种类繁多，并且由于海洋环境的不同，各种海藻中含有的生物质成分在组成、含量、活性上有很大的区别。在海藻活性物质的开发利用过程中，首先需要对海藻及其含有的活性物质进行筛选，在此基础上开展优质藻类的栽培以获得大量生物资源后开展海藻活性物质的分离、纯化和产品制备技术。如表 1-9 所示，海洋中的藻类都含有一些与各自生物特性相关的独特的活性物质，通过应用先进技术可提取出具有很高附加值的海藻源健康产品（徐秀丽，2004）。

表 1-9　几种海藻源生物活性成分

海藻种类	活性成分	含量 /%	与其他海藻含量比较
海黍子	有机碘	0.31	5~100 倍
羊栖菜	游离氨基酸	5.2	10~60 倍
鼠尾藻	多酚	3.25	4~120 倍

续表

海藻种类	活性成分	含量 /%	与其他海藻含量比较
巨藻	细胞激动素	0.01	6~150 倍
紫菜	不饱和脂肪酸	1.9	10~100 倍
浒苔	甜菜碱	2.2	5~80 倍

世界各地科研人员长期以来关注海藻资源的开发利用，早在 1811 年法国科学家科特瓦就在海藻中发现了碘、1837 年爱尔兰人在红藻中发现了卡拉胶。在对各种海藻的开发利用中发展出了大量的海藻生物制品，在功能性食品、美容护肤品、生物医用材料、生物刺激剂等领域产生很高的应用价值，形成一个独特的绿色、环保、可再生产业链（Chandini，2008；Wijesinghe，2011；Kim，2015；董彩娥，2015）。表 1-10 总结了几种主要海藻活性物质的发现时间。

表 1-10　几种主要海藻活性物质的发现时间（纪明侯，1997）

海藻活性物质	发现时间	发现者
碘	1811	法国人 Courtois
卡拉胶	1837	爱尔兰人
甘露醇	1844	英国人 Stenhouse
海藻酸	1881	英国人 Stanford
海带淀粉	1885	德国人 Schmiedeberg
岩藻多糖	1913	瑞典人 Kylin

一、海藻制碘

碘在拿破仑时代的法国被发现，并引发了对这种新型元素化学特性的研究，同时启动了海藻制碘行业的发展。到 20 世纪 50—60 年代，碘的重要性在中国上升到了国家战略的高度。在当时特殊的背景下，国外对我国实施经济封锁，我国面临缺少碘的严峻局面，促使政府通过海带加工利用，采取各种激励措施促成海藻提碘产业的历史性迅速大发展。有着“食品碘库”之称的海带是食品中碘的主要来源，同时，海带提供的碘源在医药、农业、染料、合成橡胶、国防及尖端技术等方面也有广泛的用途。如表 1-11 所示，褐藻中含有不同浓度的碘，其中以海带的碘含量最高，可以达到干重的 0.3%。

表 1-11　几种海藻中的碘含量（Morita，2010）

褐藻种类	碘含量 /（mg/kg 干重）
Laminaria japonica	3040 ± 32
Gracilaria conferoides	353 ± 24
Sargassum kjellmanianum	273 ± 6
Codium fragile	154 ± 9
Monostroma nitidum	63.6 ± 2.5
Dictyopteris divaricate	28.8 ± 0.5
Ulva pertusa	12.9 ± 0.2

二、海藻源食品胶

褐藻胶、卡拉胶、琼胶等海藻胶是整个海藻加工业的代表性产品，美、英、法、挪威等欧美国家早在 100 年前就开始了工业化生产海藻胶并开发下游产品的应用。表 1-12 总结了 1999 和 2009 年世界海藻胶的产量，目前已成为一项较大的产业（Bixler，2011）。我国的海藻胶工业仅有 40 多年的历史，但发展迅猛，目前产量和规模已进入海藻工业大国之列。海藻胶具有许多优良的性能，被广泛应用于食品、药品、化工、纺织印染等多个领域。在传统的应用领域之外，新的应用领域及其使用方法的开发研究方兴未艾，对其衍生物在药物辅料、改良剂、增效剂、生物医用材料、美容护肤品等方面的研究是当今研究的趋向。图 1-6 和图 1-7 分别所示为全球市场上海藻胶的销售额和全球市场上海藻胶的平均销售价格。

表 1-12　1999 年和 2009 年世界海藻胶产量

海藻胶种类	销售量 /t	
	1999 年	2009 年
琼胶	7500	9600
海藻酸盐	23000	26500
卡拉胶	42000	50000
总数	72500	86100

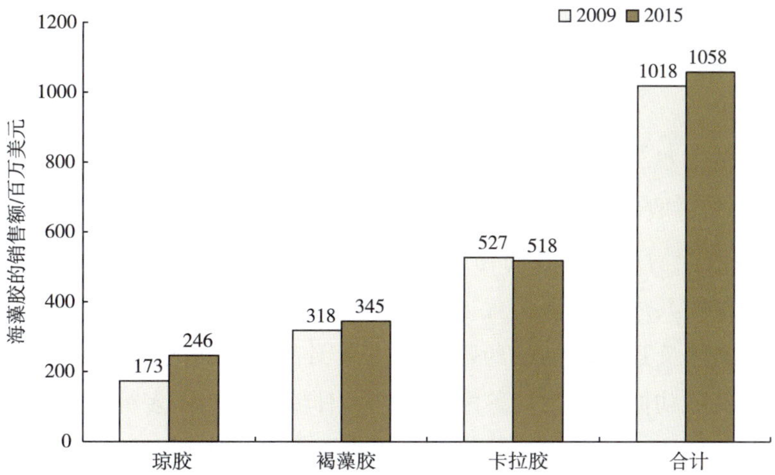

图 1-6　全球市场上海藻胶的销售额（Qin Y，2018）

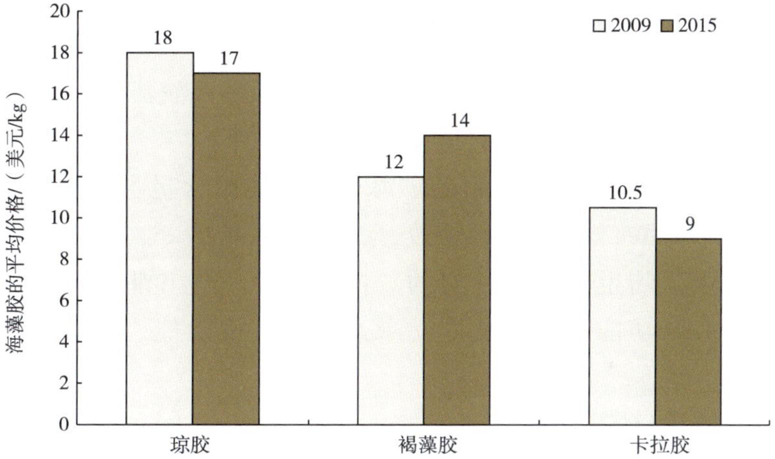

图 1-7　全球市场上海藻胶的平均销售价格（Qin Y，2018）

三、海藻源保健和药用制品

海藻具有多种药理功能，其保健和药用性能很久以前就被认识，世界各地均有将海藻直接作为配药原料的历史，其中我国以海藻作为中药配方治病的历史最为悠久。国内外大量研究已经证实食用海藻可以降低血脂和胆固醇、治疗脂肪肝、抑制脂肪生成、抗癌、抗衰老等功效。提取海藻中的有效生物活性物质用于制备保健和特效药物是海藻药用研究的主要内容，其中包括：

（1）提取海带、马尾藻、裙带菜等褐藻类海藻中的有机碘用于制备各种含碘制剂，防治碘缺乏病，预防小儿痴呆、发育迟缓以及地甲病等。我国自20世纪90年代至今已成功研制“海藻碘片”“海藻含碘制剂”“海藻碘晶”等产品。

（2）岩藻多糖活性聚合物及褐藻淀粉硫酸酯钠的药理应用。20世纪70年代，日本、挪威等国家已利用这些活性聚合物制成抗癌药物和降血脂、降胆固醇、血液澄清剂等特效药物。我国对岩藻多糖的药理功能和应用开展了大量的研究，证明其疗效显著，有很高的推广价值（秦益民，2020）。

（3）海藻酸及其衍生物的药物制备。我国在这方面的研究目前处于世界领先地位，已经成功商业化生产藻酸双酯钠、甘糖酯等褐藻多糖衍生物药物制剂。实践应用结果证明这些药物对治疗脑血栓、心血管疾病有良好效果。

（4）红藻多糖衍生物制剂。琼胶、卡拉胶等红藻多糖对身体无害又不能被消化，已被证明是治疗便秘的良药，这两种多糖的吸收和泌水性可起到整肠健胃的功效。用琼胶和卡拉胶作药基可制备各种内服药剂，既无任何刺激性又能使药物发挥应有功效，如带有碱基的药物与卡拉胶的硫酸基结合成盐可以在体内水解释放，对防治胃溃疡有相当的疗效。

（5）海藻源不饱和脂肪酸制品。海藻的脂肪酸含量虽然不高，但其含有的十八碳四烯酸、二十碳四烯酸、二十碳五烯酸、二十二碳六烯酸等不饱和脂肪酸是陆生植物所没有的。这些高度不饱和脂肪酸具有很高的生活活性，对肾功能、免疫反应、激素分泌、视功能、心脏电活性等均有调节作用。

四、海藻源饲料添加剂

海藻可以直接用于畜禽动物饲料或掺入基础饲料中作为营养添加剂，这一产品系列的研究开发始于20世纪50年代。海藻本身能提供丰富的碘化物、矿物质元素、维生素以及激素等成分，是很好的营养源。目前全世界海藻粉产量超过50000t，其中挪威占20000t，是世界上最大的海藻饲料生产国。挪威对海藻饲料的研究开发有较长的历史，通过多年大规模喂养动物的试验，充分验证了海藻作为饲料可以加快动物生长发育、防治体内寄生虫和病毒、改善动物肉类品质以及蛋、奶质量的功效。我国于20世纪80年代也对海藻饲料的生理功能进行了全面系统的研究。作为一种优质饲料，海藻不仅可以用在水产养殖中，也可以用在畜禽养殖中。藻类富含动物生长所需的多种营养素和生物活性物质，在动物饲养及其饲料中的应用效果显著，尤其是微藻作为优质饲料蛋白源得到科技工作者和行业从业者越来越多的重视，其中螺旋藻和小球藻的蛋白质含量高达60.0%以上。随着我国畜禽、水产养殖业的发展，饲料资源日益紧张，缓解这种紧张局势的一条有效途径是开发利用藻类生物资源。

五、海藻源生物刺激剂

海藻及海藻提取物富含多种可以促进植物生长的物质，被广泛应用于生物肥料的开发。与化学肥料相比，海藻生物肥料具有安全无毒、全面高效、环境友好等优势，已经成为肥料领域的热门产品（秦益民，2018；王明鹏，2015）。尽管海藻的氮、磷含量较少，但钾等无机元素的含量却超常丰富，此外，大多数速生大型海藻还含有生长激素，如细胞分裂素等活性物质。以褐藻为主要原料生产的海藻液体肥施用于谷物、水果、蔬菜、花卉等作物，对促进作物生长、改进果实质量等效果显著，对增强作物抗旱、抗寒、抑制病虫害也有独特的功效（严国富，2014）。

六、海藻源美容护肤品

在美容护肤品领域，面霜、乳液、膏油、面膜等产品中的活性成分与皮肤相互作用，对皮肤的美容保健起重要作用。随着消费者对安全性及功效要求的不断提高，美容护肤品中的活性成分正在从合成材料向天然材料转变，后者更不易产生副作用。在应用于美容护肤品的各种植物提取物中，海藻包含的生物活性物质的种类多、活性强，已经受到美容行业的重视（Heo，2008；Heo，2009；Heo，2010）。海藻活性物质具有优良的保湿、美白、抗衰老、抗皱等功效，在美容护肤品中有很高的应用价值（Jenkins，2009）。

七、海藻源生物医用材料

海洋生物医用材料源于海洋中的各种动物和植物，具有独特的生物相容性、生物可降解性、亲水性等优异性能，在与先进的提取、分离、纯化、材料加工技术结合后可以为医疗卫生领域带来绿色、健康、可持续发展的医用新材料，使海洋生物资源造福人类健康。从海藻中提取出的海藻酸制备成海藻酸盐纤维和医用敷料后在伤口护理中有广泛应用。1962年，英国伦敦大学的Winter博士在《自然》（*Nature*）杂志上发表了“痂的形成和小猪表皮创面的上皮化速度”，在此论文中显示湿润状态可以促进创面愈合（Winter，1962）。在湿润愈合理论的指导下，现代伤口敷料的研发、生产和应用发生了革命性的变化。1981年英国Courtaulds公司首次把海藻酸钙纤维的非织造布作为医用敷料在慢性伤口的“湿法疗法”市场上推广，基于其优良的使用功效很快在压疮、下肢溃疡、糖尿病足溃疡等慢性伤口敷料中得到广泛应用（秦益民，2018）。进入21世纪，面向中国正在崛起的功能性医用敷料市场，青岛明月生物医用材料有限公司开发出了一系列具有吸液力强、不粘连伤口、凝胶止血快、换药无疼痛、促进伤口愈合、有效避免感染、无毒副作用、不污染环境的海藻酸盐医用敷料（秦益民，2017）。

八、海藻源功能性食品

海藻富含各种营养成分，特别是不同于一般陆生植物的特殊成分。除了传统上食用海藻制品的中国、日本、韩国、东南亚国家等地区，海藻独特的风味和营养价值越来越引起欧洲、北美地区发达国家消费者的青睐，作为功能性食品、绿色食品、低热量低脂肪的海洋绿色食品正在日益风靡世界，人们公认食用海藻具有防止肥胖、胆结石、便秘、肠胃病等代谢性疾病以及降血脂、降胆固醇的功能。

海藻食品加工分为简单加工和深加工，或者直接加工和间接加工两种类型，其中直接加工食品是选取紫菜、海带、裙带菜、羊栖菜、麒麟菜、浒苔、红毛菜、鸡冠菜等可直接食用的海藻，经过净化、软化、熟化、杀菌、脱水、制形、干燥等工艺加工成海藻丝、卷、饼、末、粉或辅以调味佐料制成的复合型食品。这类简单加工的海藻食品产量很大、种类繁多，其制形多种多样、包装精美，深受人们喜爱，在日本直接加工的海藻食品有200多种。

间接加工食品是指以海藻为原料提取其中的有效成分，或以海藻的简单加工品作为添加剂做成的食品。这类产品大多属于有疗效的功能性食品，是当今海藻食品研究开发的一个主要方向，目前已经有海藻豆腐、海藻糖果、海藻糕点、海藻面包、海藻挂面、海藻沙拉、海藻罐头、海藻茶、海藻饮料、海藻酒等许多种类的特色产品。

第六节　海藻生物产业

海藻是海洋中规模最大的生物资源，在亿万年的化学生态演化过程中，海藻生物体衍生出大量海藻活性物质，其营养、药理等生物活性在功能性食品、美容护肤品、生物医用材料、海洋药物、生物刺激剂等领域有很高的应用价值。海藻活性物质的生物相容性、安全性、亲水性等特性具有很多陆地生物和合成产物不具备的独特性能。随着海水养殖技术的发展以及新的提取技术的进步，海藻活性物质将具有更加广泛的绿色、可持续发展前景，在新时代健康产业中有重要的应用价值，已经形成蓝色海洋经济中一个特色鲜明的生物产业。图 1-8 所示为海藻综合应用的示意图。

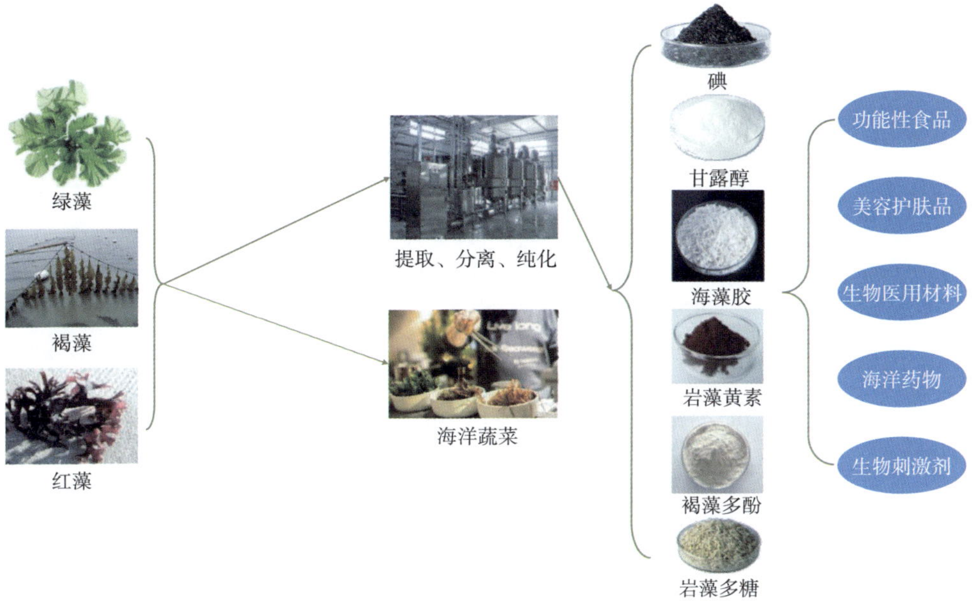

图 1-8　海藻综合应用示意图

第七节　小结

作为海洋中生物多样性最丰富、规模最大的生物资源，海藻是海洋中第一大健康资源宝库，可以为人类提供丰富的食物资源。浩瀚的海洋中，大量对人体有营养价值的成分通过海藻聚集在一起，成为 21 世纪健康生活的源泉。从古到今，海藻及其丰富的衍生制品以其独特的性能和功效造福人类健康，随着海藻活性物质研究和开发的进一步深入，海藻在健康产品领域将得到越来越广泛的应用。

参考文献

[1] Ackman R G. Origin of marine fatty acids. Analysis of the fatty acids produced by the diatom *Skeletonema costatum* [J]. J Fish Res Bd Can, 1964, 21: 747-756.

[2] Agregan R, Munekata P E S, Franco D, et a1. Phenolic compounds

from three brown seaweed species using LC-DAD-ESI-MS/MS [J]. Food Research International, 2017, 99 (Pt 3): 979-985.

[3] AlgaeBase: www.algaebase.org.

[4] Bixler H J, Porse H. A decade of change in the seaweed hydrocolloids industry [J]. J Appl Phycol, 2011, 23: 321-335.

[5] Chandini S K, Ganesa P, Bhaskar N. *In vitro* antioxidant activities of three selected seaweeds of India [J]. Food Chem, 2008, 107: 707-713.

[6] Delaunay F. The effect of mono specific algal diets on growth and fatty acid composition of *Pecten maximus* (L.) larvae [J]. J Exp Mar Biol Ecol, 1993, 173: 163-179.

[7] FAO. Fishery and Aquaculture Statistics 2018 [M]. Rome: FAO, 2020.

[8] FAO. The State of World Fisheries and Aquaculture [M].Rome: FAO, 2020.

[9] Fennema O R. Food Chemistry [M]. New York: Marcel Dekker, 1996: 651-722.

[10] Ferdouse F, Holdt S L, Smith R, et al. The global status of seaweed production, trade and utilization [M]. Rome: FAO, 2018.

[11] Funk C D. Prostaglandins and leukotrienes: advances in eicosanoids biology [J]. Science, 2001, 294: 1871-1875.

[12] Gill I, Valivety R. Polyunsaturated fatty acids: Part 1. Occurrence, biological activities and application [J]. Trends Biotechnol, 1997, 15: 401-409.

[13] Heo S J, Jeon Y J. Protective effect of fucoxanthin isolated from *S. siliquastrum* on UV-B induced cell damage [J]. J Photoch Photobiol B, 2009, 95: 101-107.

[14] Heo S J, Ko S C, Kang S M, et al. Cytoprotective effect of fucoxanthin isolated from brown algae *S. siliquastrum* against H_2O_2-induced cell damage [J]. Eur Food Technol, 2008, 228Z: 145-151.

[15] Heo S J, Ko S C, Cha S H, et al. Effect of phlorotannins isolated from *E. cava* on melanogenesis and their protective effect against photo-oxidative stress induced by UV-B radiation [J]. Toxicol In Vitro, 2009, 23: 1123-1130.

[16] Heo S J, Ko S C, Kang S M, et al. Inhibitory effect against UV-B radiation-induced cell damage [J]. Food Chem Toxicol, 2010, 48: 1355-1361.

[17] Jenkins G. Molecular mechanisms of skin aging [J]. Mech Ageing Dev, 2002, 123: 801-810/Reszko A E, Berson D, Lupo M P. Cosmeceuticals: practical applications [J]. Dermatol Clin, 2009, 27: 401-416.

[18] Kim S K. Handbook of Marine Biotechnology [M]. New York: Springer, 2015.

[19] La B S, Potin P, Leblanc C, et a1. The halogenated metabolism of brown algae (Phaeophyta), its biological importance and its environmental

significance[J]. Marine Drugs, 2010, 8(4): 988-1010.
[20] Li K, Li X, Ji N, et al. Bromophenols from the marine red alga polysiphonia urceolata with DPPH radical scavenging activity[J]. Journal of Natural Products, 2008, 71(1): 28-30.
[21] Martinez J H I, Castaneda H G T. Preparation and chromatographic analysis of phlorotannins[J]. Journal of Chromatographic Science, 2013, 51: 825-838.
[22] Mezghani S, Csupor D, Bourguiba I, et al. Characterization of phenolic compounds of ulva rigida (Chlorophyeae) and its antioxidant activity[J]. European Journal of Medicinal Plants, 2016, 12(1): 1-9.
[23] Miki W. Biological functions and activities of animal carotenoids[J]. Pure Appl Chem, 1991, 63: 141-146.
[24] Morita T, Niwa K, Fujimoto K, et al. Detection and activity of iodine-131 in brown algae collected in the Japanese coastal areas[J]. Sci Total Environ, 2010, 408(16): 3443-3447.
[25] Ohr L M. Riding the nutraceuticals wave[J]. Food Technol, 2005, 59: 95-96.
[26] Onofrejova L, Vasickova J, Klejdus B, et al. Bioactive phenols in algae: the application of pressurized liquid and solid-phase extraction techniques[J]. Journal of Pharmaceutical and Biomedical Analysis, 2010, 51(2): 464-470.
[27] Pereira L. A review of the nutrient composition of selected edible seaweeds. In Seaweed: Ecology, Nutrient Composition and Medicinal Uses[M]. Pomin V H (Ed). Hauppauge: Nova Science Publishers, 2011: 15-50.
[28] Potin P. Oligosaccharide recognition signals and defense reactions in marine plant-microbe interactions[J]. Curr Opin Microbiol, 1999, 2: 276-283.
[29] Qin Y. Bioactive Seaweeds for Food Applications[M]. San Diego: Academic Press, 2018.
[30] Sayanova O V, Napier J A. Eicosapentaenoic acid: biosynthetic routs and the potential for synthesis in transgenic plants[J]. Phytochemistry, 2004, 65: 147-158.
[31] Seyoum A, Asres K, El-Fiky F K. Structure-radical scavenging activity relationships of flavonoids[J]. Phytochemistry, 2006, 67(18): 2058-2070.
[32] Thomas N V, Kim S K. Potential pharmacological applications of polyphenolic derivatives from marine brown algae[J]. Environmental Toxicology and Pharmacology, 2011, 32(3): 325-335.
[33] Valderrama D, Cai J, Hishamunda N, et al. The economics of Kappaphycus seaweed cultivation in developing countries: a comparative analysis of farming systems[J]. Aquaculture Economics and Management, 2015, 19: 251-277.
[34] Wijesinghe W A J P, Jeon Y J. Biological activities and potential cosmeceutical

applications of bioactive components from brown seaweeds: a review [J] . Phytochem Rev，2011，10: 431-443.
[35] Winter G D. Formation of scab and the rate of epithelialization of superficial wounds in the skin of the young domestic pig [J] . Nature，1962，193：293-294.
[36] Xia B，Abbott I A. Edible seaweeds of China and their place in the Chinese diet [J] . Economic Botany，1987，41（3）：341-353.
[37] 赵淑江. 海洋藻类生态学 [M] . 北京：海洋出版社，2014.
[38] 丁兰平，黄冰心，谢艳齐. 中国大型海藻的研究现状及其存在问题 [J] . 生物多样性，2011，19（6）：798-804.
[39] 黄冰心，丁兰平，栾日孝，等. 中国海洋褐藻门新分类系统 [J] . 广西科学，2015，22（2）：189-200.
[40] 丁兰平，黄冰心，王宏伟. 中国海洋红藻门新分类系统 [J] . 广西科学，2015，22（2）：164-188.
[41] 丁兰平，黄冰心，栾日孝. 中国海洋绿藻门新分类系统 [J] . 广西科学，2015，22（2）：201-210.
[42] 黄冰心，丁兰平. 中国海洋蓝藻门新分类系统 [J] . 广西科学，2014，21（6）：580-586.
[43] 何培民，张泽宇，张学成，等.海藻栽培学 [M] . 北京：科学出版社，2018.
[44] 杜冰青，于宁，杜逢超. 鲁闽海藻产业发展对比分析及山东省海藻产业发展研究 [J] . 中国渔业经济，2018，36（2）：71-77.
[45] 张明辉. 海洋生物活性物质的研究进展 [J] . 水产科技情报，2007，34（5）：201-205.
[46] 康伟. 海洋生物活性物质发展研究 [J] . 亚太传统医药，2014，10（3）：47-48.
[47] 史大永，李敬，郭书举，等. 5种南海海藻醇提取物活性初步研究 [J] . 海洋科学，2009，33（12）：40-43.
[48] 胡月，彭雍博，张雪楠，等. 松藻主要生物活性物质研究进展 [J] . 水产科学，2019，38（1）：127-134.
[49] 刘莺，刘新，牛筛龙. 海洋生物活性多糖的研究进展 [J] . Herald of Medicine，2006，25（10）：1044-1046.
[50] 林英庭，朱风华，徐坤，等. 青岛海域浒苔营养成分分析与评价 [J] . 饲料工业，2009，30（3）：46-49.
[51] 甘纯玑，彭时尧，施木田，等. 海带工业废弃物综合利用现状和展望 [J] . 环境科学进展，1999，7（1）：50-53.
[52] 荣辉，林祥志. 海藻非蛋白质氨基酸的研究进展 [J] .氨基酸和生物资源，2013，35（3）：52-57.
[53] 刘峰，王正武，王仲妮. α-亚麻酸的分离技术及功能 [J] . 食品与药品，

2007，9（8A）：60-63.
[54] 徐忠明. 羊栖菜中萜类成分的提取与纯化方法研究［D］. 杭州：浙江工商大学，2015.
[55] 苏镜娱，曾陇梅，彭唐生，等. 中国南海海洋萜类的研究［C］. 中国第五届海洋湖沼药物学术开发研讨会，1998：1-4.
[56] 卢慧明，谢海辉，杨宇峰，等. 大型海藻龙须菜的化学成分研究［J］. 热带亚热带植物学报，2011，19（2）：166-170.
[57] 李宪璀，范晓，韩丽君，等. 海藻提取物中α-葡萄糖苷酶抑制剂的初步筛选［J］. 中国海洋药物，2002，86（2）：8-11.
[58] 刘明华，张新颖. 海洋藻类资源高效利用技术［M］. 北京：化学工业出版社，2016.
[59] 许亚如. 褐藻多酚的抗氧化活性研究［D］. 宁波：宁波大学，2014.
[60] 袁圣亮，段智红，吕应年，等. 海藻多酚类化合物及其抗氧化活性研究进展［J］.食品与发酵工业，2019，45（5）：274-280.
[61] 徐秀丽，范晓，宋福行. 中国经济海藻提取物生物活性［J］. 海洋与湖沼，2004，35（1）：55-63.
[62] 董彩娥. 海藻研究和成果应用综述［J］. 安徽农业科学，2015，43（14）：1-4.
[63] 纪明侯 . 海藻化学［M］. 北京：科学出版社，1997.
[64] 严国富，李三东，汤洁. 不同提取方法获得的海藻活性物质对大豆生长的影响［J］. 现代农业科技，2014，（14）：11-12.
[65] 王明鹏，陈蕾，刘正一，等. 海藻生物肥研究进展与展望［J］. 生物技术进展，2015，5（3）：158-163.
[66] 张国防，秦益民，姜进举. 海藻的故事［M］. 北京：知识出版社，2016.
[67] 秦益民. 海藻酸盐纤维的生物活性和应用功效［J］. 纺织学报，2018，39（4）：175-180.
[68] 秦益民，宁宁，刘春娟，等. 海藻酸盐医用敷料的临床应用［M］. 北京：知识出版社，2017.
[69] 秦益民，赵丽丽，申培丽，等. 功能性海藻肥［M］. 北京：中国轻工业出版社，2018.
[70] 秦益民，李可昌，张健，等. 海洋功能性食品配料［M］. 北京：中国轻工业出版社，2019.
[71] 秦益民，张全斌，梁惠，等. 岩藻多糖的功能与应用［M］. 北京：中国轻工业出版社，2020.

第二章　海藻活性物质在食品领域的应用

第一节　引言

海洋中的海藻长期生长在盐度高、氧气少、光线弱、压力大、侵食动物多的环境中，在进化过程中形成与陆地生物很不相同的代谢机制和防御系统，使其生物体中蕴藏着大量结构新颖、功能独特、数量繁多的生理活性物质，在健康领域有特殊的应用价值（康伟，2014）。到2017年，全球各地已经从海藻中发现4000多种化合物，其中从褐藻、红藻、绿藻中发现的化合物分别为1500、2000、450种（Qin，2018）。基于其良好的健康功效和鲜美的口感，海藻一直是深受世界各地人们喜爱的一种海洋蔬菜。从褐藻和红藻中提取的褐藻胶、卡拉胶、琼胶等海藻胶在食品领域已经有很长的应用历史，岩藻多糖、海藻胶寡糖、海藻酸丙二醇酯等海藻活性物质在功能性食品领域也得到越来越广泛的应用。

第二节　海藻的食用价值

一、海藻的食用史

海藻活性物质在食品领域的应用主要有2个途径，即海藻作为海洋蔬菜被食用和从海藻中提取出活性物质后用于食品加工。作为海洋蔬菜，海藻中的膳食纤维丰富，对清理肠道毒素、排除体内垃圾有特效。经常食用海藻可以平衡体内环境、保证排泄畅通、减少有害物质在人体内的积聚，对于防治便秘有明显效果。

全球各地都有很久以前食用海藻的记载。在智利的一项考古挖掘中发现，有9种海藻与14000年前的壁炉、石器等一起存在，说明它们在远古时代就已经作为食品或药品使用，而这几种海藻目前也被当地人作为药品使用（Dillehay，2008）。中国南齐陶弘景（公元456—536）所著《神农本草经》记载了羊栖菜的食疗性质和应用方法。公元600年爱尔兰已经有食用海藻的文字记载（Newton，1951；Aaronson，1986；Turner，2003；Gantar，2008）。在欧洲，爱尔兰、苏格兰、法国、冰岛沿海的红皮藻很久以前就被食用。北欧的维京人在发现北美大陆时，曾把干燥的红皮藻（Dulse）带在船上作为食物以避免坏血病（Mouritsen，2013；Mouritsen，2017）。图2-1为红皮藻。

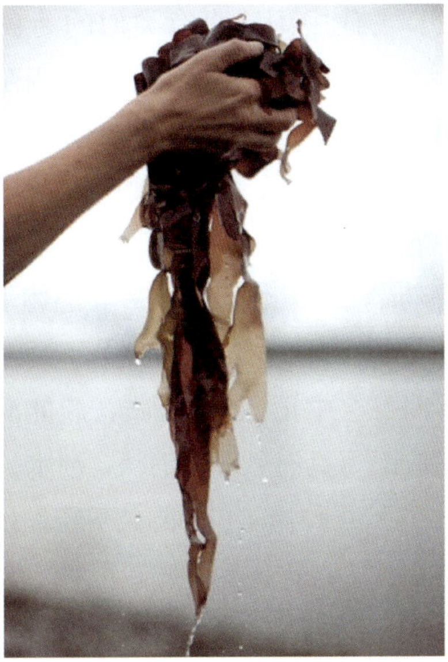

图2-1　红皮藻

从古到今，全球各地的人们把海藻当作一种优良的功能性食品，古罗马人利用海藻的自然颜色制成各种食用色素，夏威夷人用海藻医治胃痛，而航海家们常用海藻包扎伤口。在韩国，妇女产后的第一碗汤就是海带汤，因为韩国人相信海带有食疗滋补作用。

世界各国对海藻食品的消费有很大区别，其中日本人的消费量最大，2014年日本人均海藻食用量为9.6g/d。从全球食品消费的趋势看，应用于食品营养领域的海藻产品在不断增加，其驱动力源于人类社会对健康的更大关注和食品添加剂的更广泛应用。海藻及其衍生制品具有独特的健康功能特性，在食品和保健品中有很高的应用价值，具有抗氧化、抗菌、抗炎、改善胃肠道、减肥、预防心血管疾病、抗肿瘤等一系列健康功效（Bagchi，2006；Hafting，2012；Holdt，2011）。FAO估计在2012年全球收获的2380万吨海藻中，38%直接用于食用，还有很大部分用于提取褐藻胶、卡拉胶、琼胶后成为食品和饮料的添加剂（FAO，2014）。2018年全球海藻食品及相关产业的价值约为117亿美元，其中95%来自海洋水产养殖，最大的养殖国为中国和印度尼西亚（FAO，2018）。

二、海藻的健康价值

古希腊的希波克拉底（Hippocrates）在2000多年前提出了药食同源的理念，倡导“让食品成为药品”。古代中国一直有类似的药食同源理论和实践，尤其在海藻生物保健食品领域。2200年前，秦始皇派徐福东渡寻找长生不老药是基于东瀛人长寿的传说，而这种使人长寿的药草其实就是原产于日本、朝鲜等地的海带。今天的日本人平均寿命较长，与其食用海带及其他海藻类食品有一定的相关性。古代中国的许多医药名著都有关于海藻健康功效的记载，如《神农本草经》《名医别录》《海药本草》《本草纲目》等记述了海藻对水肿、脚气、排尿不便、瘿瘤痰瘀、瘰疬等的疗效（Xia，1987）。

明代李时珍在《本草纲目》中记载：“海藻，咸能润下，寒能泄热引水，故能消瘦瘤、结核、阴溃之坚聚”，具有软坚、消痰、利水、泄热等功效，主治瘰疬、瘿瘤、积聚、水肿、脚气、睾丸肿痛。《神农本草经》记载海藻“主瘿瘤气、颈下核，破散结气、痈肿百瘕坚气、腹中上下鸣，下十二水肿。”《名医别录》记载：“疗皮间积聚、暴㿗、留气、热结，利小便。”《药性论》记载：“治气痰结满，疗疝气下坠、疼痛核肿，去腹中雷鸣、幽幽作声。”孟诜记载：“主起男子阴气，常食之，消男子㿗疾。”《海药本草》记载：“主宿食不消、五鬲痰壅、水气浮肿、脚气、奔豚气。”《本草蒙筌》记载：“治项间瘰疬，消颈下瘿囊，利水道，通癃闭成淋，泻水气，除胀满作肿。”张元素记载：“海藻，治瘿瘤马刀诸疮坚而不溃者。”

日常生活中，褐藻、红藻、绿藻类的很多海藻是人们熟知的海洋蔬菜。作为食物，海带、海苔、紫菜、裙带菜、鹿角菜、羊栖菜、南极冰藻、石莼、石花菜等海藻的营养丰富，具有独特的保健功效，被人们誉为“长寿菜”。海藻生物体中含有丰富的生物活性物质，例如鲜海带中含有至少19种有益于人体健康的营养成分，包括膳食纤维、褐藻胶、甘露醇、碘、谷氨酸、天冬氨酸、甘氨酸、丙氨酸、丝氨酸、脯氨酸、甲硫氨酸、镁、钾、钙、铁、锌、锰、磷、钠等，具有很高的食用价值（姜雪，2018）。研究显示每 100g 海带干品含有胡萝卜素 0.57mg、硫胺素（维生素 B_1）0.69mg、核黄素（维生素 B_2）0.36mg、尼克酸 1.6mg、粗蛋白 8.2g、脂肪 0.1g、糖类 57g、粗纤维 9.8g、无机盐 12.9g、钙元素 2.25g、铁元素 0.15g，而其释放出的热量仅为 262kcal，在具有很高营养价值的同时是一种低热量食物（赵素芬，2012）。

图 2-2 所示为五种主要的食用海藻（Teas，2017；Fukuda，2006）。这些海藻含有陆地食物中没有的凝集素、植物蛋白、多肽、氨基酸、多酚、多糖等生物活性物质，具有抗病原体、抗肿瘤、抗凝血以及调节胃肠道健康、减肥、预防糖尿病等健康功效。

(1)海带(*Saccharina japonica*)　(2)裙带菜(*Undaria pinnatifida*)　(3)羊栖菜(*Sargassum fusiforme*)
(4)紫菜(*Porphyra tenera*)　(5)海蕴(*Nemacystus decipiens*)

图 2-2　五种主要的食用海藻

作为一种海洋植物，海藻含有人体肠道消化酶不能降解的多种多糖成分，是膳食纤维的重要来源，也是一种重要的益生元。海藻源益生元具有多种有益于健康的功能特性，如在上消化道内不消化、耐酸和酶的降解、有益于益生菌的增长、诱发对人体健康有益的腔内或全身效应等。海藻源膳食纤维的化学结构和理化性能与陆生植物中获取的完全不同，其总膳食纤维含量为每 100g 中 33~50g，高于大多数水果和蔬菜的膳食纤维含量。食用海藻源膳食纤维具有以下促进健康的功效。

（1）保护有益的肠道菌群并促进其增长；

（2）减少总体的血糖反应；

（3）大大增加粪便体积；

（4）降低患结肠癌的风险。

除了提供膳食纤维，每天食用海藻被认为与日本人绝经期后乳腺癌发病率和死亡率低相关（Teas，2013）。在美国进行的一项试验中，15 个健康的绝经后妇女参与了为期 3 个月的试验，其中 5 个没有患过乳腺癌的作为对照组、10 个是患过乳腺癌的幸存者。结果显示食用裙带菜对泌尿道人类尿激酶类型的原激活剂受体（uPAR）的浓度有明显影响，食用海藻后其浓度约降低一半。临床上 uPAR 浓度与乳腺癌发生率呈正相关性，食用海藻可以降低 uPAR 浓度可能解释了日本绝经后妇女乳腺癌发病率和死亡率低的现象。

表 2-1 所示为紫菜中的主要营养成分。与紫菜相似，海藻均含有较多的蛋白质和碳水化合物，但是其能量较低，食用 1kg 海藻产生的能量只有 10~18MJ。作为一种海洋蔬菜，海藻含有大量人体必需的氨基酸，其必需氨基酸指数在中等（0.77~0.86）到高（0.93~1.07）（Tibbetts，2016）。除了大量营养元素，海藻还含有人体需要的多种微量营养元素。表 2-2 和表 2-3 所示分别为裙带菜和紫菜中含有的微量元素和维生素（Taboada，2013）。表 2-4 所示为可食用海藻中的生物活性物质含量（Ferraces-Casais，2012）。

表 2-1　紫菜中的主要营养成分（Venkatraman，2019）

营养成分	含量 /（g/100 g 干重）
碳水化合物	44.4~45.4
蛋白质	24.11~50
脂质	1~3
灰分	7.8~20.53
多酚	5.53
膳食纤维	12.04~48.02

表 2-2　裙带菜和紫菜中主要的矿物质和微量元素成分（Taboada，2013）

成分	含量 /（mg/100g 干重）	
	裙带菜	紫菜
钙	693.2 ± 7.6	359.2 ± 4.1
磷	1070.0 ± 7.0	720.2 ± 6.1
铁	7.94 ± 0.80	10.5 ± 0.11
镁	630.2 ± 8.2	233.9 ± 7.2
锌	3.86 ± 0.27	3.29 ± 0.24
碘	9.6 ± 0.73	0.54 ± 0.05
钠	3511.0 ± 26.0	728.2 ± 4.04
钾	5679.0 ± 22.3	1602.0 ± 4.03
锰	0.69 ± 0.02	2.53 ± 0.05
铜	0.19 ± 0.01	0.57 ± 0.02

表 2-3　裙带菜和紫菜中的各种维生素含量（Taboada，2013）

维生素类别（干重含量）	裙带菜	紫菜
维生素 A/（UI/kg）	4729 ± 23.3	23830 ± 17.2
维生素 B_1/（mg/kg）	0.30 ± 0.03	0.40 ± 0.02
维生素 B_2/（mg/kg）	0.68 ± 0.03	1.89 ± 0.09
维生素 B_5/（mg/kg）	2.0 ± 0.11	2.7 ± 0.12
维生素 B_8/（μg/g）	0.22 ± 0.01	0.10 ± 0.01
维生素 B_{12}/（μg/100g）	0.16 ± 0.01	2.90 ± 2.7
维生素 B_6/（mg/kg）	1.5 ± 0.02	0.9 ± 0.08
维生素 B_3/（mg/kg）	<5	<5
叶酸 /（μg/g）	0.79 ± 0.08	<0.02
维生素 C/（mg/100g）	3.10 ± 0.11	9.73 ± 0.31
维生素 E/（mg/kg）	6.3 ± 0.12	9.3 ± 0.27

表 2-4　可食用海藻中的生物活性物质含量（Ferraces-Casais，2012）

海藻类别	奎诺二甲基丙烯酸酯 /（μg/100g）	维生素 C/（mg/100g）	β- 类胡萝卜素 /（mg/100g）	维生素 E/（mg/100g）
海带	96.98 ± 10.63	1.34 ± 0.06	2.20 ± 0.12	0.28 ± 0.04

续表

海藻类别	奎诺二甲基丙烯酸酯 /（μg/100g）	维生素 C/（mg/100g）	β- 类胡萝卜素 /（mg/100g）	维生素 E/（mg/100g）
紫菜	795.51 ± 21.27	33.29 ± 8.46	3.87 ± 0.50	0.34 ± 0.11
红皮藻	19.45 ± 1.25	0.61 ± 0.02	1.95 ± 0.25	0.17 ± 0.06

作为重要的蔬菜种类之一，海藻类食品因其特殊的美味而被用作配菜，例如海带炖肉、海带烧肉、海带鸡肉卷、海带酥鱼、凉拌海带等都是人们常吃的菜肴。

进入 21 世纪，随着生活水平的不断提高，人们的饮食结构和消费方式也在逐渐向健康和保健方向转移，海藻及其各种衍生制品以其对人类健康所起的特殊作用，正在受到各界的广泛关注，是健康产品领域的一个热点（李子昆，1997；Yan，1999；魏玉西，2002）。流行病学研究中，通过比较日本人和西方人的饮食结构可以看出，食用海藻与癌症、高脂血症、冠心病等慢性疾病的低发生率相关（Iso，2011；Kim，2009）。日本人平均每天消费的海藻远高于美国和欧洲（Matsumura，2001），与此相对应的成年人中冠心病的发病率，日本大大低于美国和欧洲（Verschuren，1995；Menotti，2008）。有趣的是，随着近年来日本人更多食用含肉和奶制品的西方食品，慢性疾病在最近 10 年有所增加（Cavalli-Sforza，1996；Drewnowski，1997）。但是尽管癌症、心脏病和中风是日本社会的三大疾病（Sauvaget，2003），这些疾病的发生率还是低于西方国家。东南亚国家乳腺癌的发生率低于西方国家 20%~50%（Jemal，2011），尽管发病率也在上升，目前其低发病率的原因可能是由于较多食用海藻的良好饮食结构。东南亚国家的饮食对乳腺癌的预防作用可以从移民到美国的日本人身上体现出来，在他们接受了与当地西方人相似的生活方式后，几代之后乳腺癌的发病率提高到了与西方人相似的水平（Ziegler，1993）。以紫菜为例，表 2-5 所示为海藻中的生物活性物质及其药理效应。

表 2-5　紫菜中的生物活性物质及其药理效应（Venkatraman，2019）

药理效应	活性物质
抗氧化	紫菜聚糖 藻胆蛋白 肽类

续表

药理效应	活性物质
免疫调节	类菌胞素氨基酸 紫菜聚糖 藻胆蛋白 肽类
降血压	肽类
抗炎	藻胆蛋白
抗肿瘤	紫菜聚糖
抗凝血	紫菜聚糖 肽类

随着对海藻健康价值研究的深入，食用海藻对消化系统微生物群的影响也得到了更多的认识。肥胖、慢性疲劳综合征、癌症、心血管疾病、神经系统疾病、结肠炎、肠易激综合征、类风湿关节炎等人类众多疾病的表现被认为与肠道微生物失调有着内在的联系。在生物的进化史上，微生物与海藻之间存在共同进化的历史，因此海藻对微生物的生长有一定影响。正常人体中的微生物群由超过一万亿的微生物组成，包括约 2000 种分布在肠道内的共生细菌，其中大多数存在于结肠中，起到消化食物、释放营养物质、生物活性分子和各种代谢物的作用。这些微生物在肠道和大脑之间传递信号，促进免疫功能、代谢活动、神经系统的正常发展，对人体健康起关键作用。在人类发展的早期，海藻及其涉及的微生物群对人体消化系统的发展有重要影响，使海藻对人体微生物群有特殊的作用，在人类健康中也有重要的作用（Cornish，2019）。

三、食用海藻的案例

海藻的主要市场是海洋蔬菜，在亚洲各国有很大的消费需求。从古到今，全球各地均有食用海藻的传统。日本 73% 的领土是山地，源于海洋的海藻是其食物的重要组成部分，为居民提供必需的维生素和矿物质。由于洋流的持续流动造成非常干净的海域，日本沿海有很多富含维生素和矿物质并且口感很好的海藻。在中国，海带和裙带菜是人们喜爱的食物，有非常多的食用方法。红藻类的石花菜、鸡毛菜等也是沿海地区居民喜爱的海洋蔬菜，在夏季经常被加工成凉粉销售。

据统计，国产的大型食用藻类至少有 50~60 种，其中作为商品出售的食用海藻包括海带、裙带菜、紫菜、礁膜、石莼、石花菜等。海藻类食品在我国不但有悠久的历史，其食用方法之多也是世界闻名的。图 2-3 所示为几种常见的海藻食品。

(1)海带卷

(2)海茸

(3)海藻沙拉

(4)海带汤

图 2-3　几种常见的海藻食品

在现代食品工业中，海藻可以与其他食材复配后食用，例如，把海藻与牛油混合后制成的海藻牛油在英国深受消费者喜爱；把粉碎的海藻与面粉混合后加工制成的海藻面条兼具面条与海藻的口感和营养价值。图 2-4 所示为海藻作为海洋蔬菜的创新应用。

海带是全球产量最大的海洋蔬菜，其在食品领域的应用包括果味、抹茶味等特殊口味的海带小零食、海带糕点、不同口味的即食海带、海带茶、海带饮料、海带面包、海带挂面等，以及具有保健功能的海带酸奶、海带八宝粥、海带罐头、海带豆腐等。海带深加工产品的种类也很多，包括海带胶囊、海带酥糖、海带脯等，还有系列减肥、抗癌、排铅、抗糖尿病、降血脂等保健品，已经研制成功的海藻源药品有海藻碘片、肾海康、抗艾滋病药等（郭峰君，2020）。酶解后的海带通过脱水干燥、粉碎、筛分后可以制成不同细度的海带膳食纤维粉，可添加于饼干、面条、粉丝中制成可以调节肠道功能、润肠通便的功能性食品，有效提高海带资源的经济价值（姚骏，2018）。

(1)海藻黄油　(2)海藻丸　(3)海藻汉堡

(4)海藻片　(5)海藻面条　(6)海藻意大利面

(7)海藻拼盘　(8)海藻堡　(9)紫菜包饭团

图 2-4　海藻作为海洋蔬菜的创新应用

第三节　海藻活性物质在功能性食品中的应用

作为海洋中规模最大的生物群，海藻是一类重要的生物质资源。表 2-6 所示为海藻中各种功能活性物质的种类及其功效，经过有效提取、分离、纯化后，这些纯天然的生物制品在与人体健康密切相关的功能性食品、美容护肤品、生物医用材料、生物刺激剂等领域有很高的应用价值。

表 2-6　海藻中功能活性物质的种类及其功效

活性物质种类	功效
γ- 亚麻酸（γ-Linolenic acid）	抑制血管凝聚物形成
β- 胡萝卜素（β-Carotene）	消除毒物自由基、防肿瘤、清血

续表

活性物质种类	功效
类胡萝卜素（Carotene）	调节皮肤色素沉积、防皮肤癌变
硒多糖（Selenipolyglycan）	抑制癌细胞繁殖、防治癌变
碘多糖（Iodopolyglycan）	促进神经末梢细胞增长、增智
锌多糖（Zincopolyglycan）	调节血液物质平衡、防皮肤瘤
游离氨基酸（Free amino acid）	调节体液 pH、物质平衡
多不饱和脂肪酸（PUFA）	调节胆固醇增殖、抗动脉硬化
藻蛋白（PC，PE）	刺激复活免疫系统、抗治动脉粥样硬化
岩藻多糖（Fucoidan）	抑制乙肝抗原和转氨酶活性、抗血凝、促进脂蛋白分解
褐藻淀粉（Laminaran）	抑制转氨酶活性、血管软化
角叉菜多糖（λ-Carrageenan）	抑制逆转录酶活性、抑制艾滋病病毒（HIV）的复制
超氧化歧化酶（Superoxide dismutase）	消除化学物自由基、维持人体物质平衡、长寿剂
羊栖菜多糖（SFPS）	抑制致癌物、增强免疫力
螺旋藻多糖（Spirulinan）	增强免疫力、抗癌变
褐藻多酚（Phlorotannin）	抗氧化活性、植物生长刺激剂
磷脂（Phospholipids）	抑制血糖增殖、抑制癌细胞生长
甜菜碱类似物（Betaine analogue）	消解胆固醇、降血压、植物生长刺激剂
脱落酸（Abscisic acid）	抗盐碱渗透、促进植物生长
萜类化合物（Terpnoid）	调节渗透压、促进细胞增殖
细胞激动素（Cytokinin）	刺激细胞分裂、促生长
赤霉素（Gibberellic acid）	抑制病毒、有助于植物体抗病害
吲哚乙酸（Indoleacetic acid）	抗寒温、促进种子发芽

食品是海藻活性物质最大的应用领域。表 2-7 总结了几种主要的海藻活性物质在海藻生物体中的生物作用及其在功能性食品中的应用价值（Qin，2018）。从海藻中提取出的褐藻胶、卡拉胶、琼胶等海藻胶是一类性能优良的海洋源功能性食品配料，在食品行业有广泛的应用和广阔的发展前景（Bixler，2011；Imeson，1992；秦益民，2019）。

表 2-7　海藻活性物质在海藻生物体中的作用及其在功能性食品中的应用价值

活性物质的种类	在海藻生物体中的作用	在食品中的应用价值
褐藻胶、卡拉胶、琼胶等海藻胶	海藻细胞壁和细胞外基质的主要成分	起增稠、凝胶、成膜、乳化、稳定等作用
甘露醇	调节海藻细胞的渗透压	食品涂膜覆盖
褐藻多酚	海藻防御侵食动物的主要成分	具有抗氧化功效
岩藻黄素	褐藻中的色素	具有减肥、抗氧化功效
岩藻多糖	海藻抵抗脱水、氧化的主要成分	具有抗菌、抗肿瘤、免疫调节等健康功效
维生素、氨基酸、蛋白质等其他活性成分	海藻细胞和植物结构的重要组分	可以从海藻中分离纯化后应用于食品配料，也可以通过食用海藻的方式提供必要的营养元素
矿物质	海藻细胞和植物结构的重要元素	提供钙、碘、铁以及其他元素

第四节　海藻胶在功能性食品中的应用

海藻胶是一类亲水性高分子，其中褐藻胶、卡拉胶、琼胶在食品行业有重要的应用价值，可以通过很多种方式应用于食品生产，具有一系列独特的使用功效。表 2-8 总结了海藻胶食品配料的主要功能和应用。

表 2-8　海藻胶的主要功能和应用

功能	应用示例
黏合	糖衣、糖霜、浆汁
黏结	重组食品、宠物食品
结晶抑制	冰激凌、糖浆、冷冻食品
澄清	啤酒、葡萄酒
膳食纤维	谷物、面包
乳化	沙拉酱
包埋	食用粉末香精
成膜	香肠衣、保护膜
絮凝	葡萄酒

续表

功能	应用示例
泡沫稳定	搅打起泡的饮料、啤酒
凝胶	布丁、甜食、糖果糕点
保护胶体	食用乳化香精
稳定	沙拉酱、冰激凌
悬浮	巧克力牛奶
膨化	肉制品
防脱水	奶酪、冷冻食品
增稠	果酱、馅饼馅料、酱汁
发泡	配料、棉花糖

一、海藻胶在凝胶食品中的应用

凉粉是我国传统的凝胶类食品，市场上有很多种类的产品，包括豌豆凉粉、玉米凉粉、绿豆凉粉、米凉粉、麦子凉粉等以淀粉为原料做成的凉粉和以石花菜等海藻为原料做成的凉粉、以明胶为原料做成的凉粉等。这些凉粉的制作工艺基本相似，即用热水溶解原料，冷却后得到凉粉。利用海藻酸钠与钙离子结合后形成凝胶的特性制作的凉粉，其功能特性包括热不可逆、低热量、可凉拌、煎炸、蒸煮、涮火锅、煲汤等，食用后起到饱腹、减肥、补钙等健康功效。图 2-5 所示为一种海藻凝胶食品的效果图。

图 2-5　凝胶食品效果图

二、海藻胶在仿生食品中的应用

利用海藻酸钠在钙离子作用下形成凝胶的特性，以海藻酸钠作凝胶成型剂、分离大豆蛋白作填充剂，在搅拌下成型后可以制备具有耐热性能的仿肉纤维。这种仿肉纤维可以在调味后烘干或油炸，参照肉类制品的烹调方法，可以制得多种色、香、味俱佳的大豆蛋白仿肉制品，如五香仿肉脯、美味仿虾条、糖醋仿肉丸、麻辣仿肉丝等。利用海藻酸盐的成胶特性还可以加工制备各种类型的仿生食品。图 2-6 所示为一种以海藻酸盐为主要原料制备的人造鱼子酱。

图 2-6　人造鱼子酱

三、海藻胶在肉制品中的应用

作为一种天然高分子，海藻酸盐具有优良的成膜性能，可用于制备香肠的肠衣。生产过程中，肉的混合物挤出后首先在其表面覆盖一层海藻酸钠水溶液，然后与氯化钙水溶液接触后成膜，这样形成的海藻酸钙肠衣可保护香肠，减少水分和油脂的流失。图 2-7 所示为海藻酸钙用作肠衣的效果图。

图 2-7　海藻酸钙用作肠衣的效果图

脂肪替代品是利用海藻酸钠与钙形成热不可逆凝胶的特性及其与其他高分子多糖的良好配伍性，结合动物脂肪或植物油脂，通过高速搅拌、静置成型制备的肉制品脂肪替代物，具有类似固体脂肪的高强度、高弹性、高韧性，可应用于萨拉米等香肠制品，显著提高肠体的硬度和弹性、降低产品脂肪含量、赋予产品良好的外观，满足消费者对低脂、营养餐食的需求。图 2-8 所示为海藻胶用于制备脂肪替代品的效果图。

图 2-8　海藻胶用于制备脂肪替代品的效果图

四、海藻胶在乳制品和饮料中的应用

在冰激凌中应用海藻酸盐等海藻胶可提高产品抗冻融稳定性，使冰激凌膏体细腻、口感好。在发酵酸奶中加入海藻酸盐等海藻胶可以起到增稠、乳化作用，稳定蛋白、乳化脂肪、改善口感、保护香气。在中性饮料中可以通过增稠作用，提高体系稳定性，防止产品分层。图 2-9 所示为海藻胶用于饮料的效果图。

图 2-9　海藻胶用于饮料的效果图

五、海藻胶在面制品中的应用

在面制品中加入海藻酸盐，可使产品增筋、不混汤、抗冻融、抗老化、耐煮、爽滑、减少断条率。

六、海藻胶在焙烤制品中的应用

在焙烤制品中加入海藻酸盐等海藻胶可以起到保水、增稠、塑形的作用，使产品组织细腻。

第五节　海藻胶衍生物在食品生产中的应用

海藻酸盐、卡拉胶、琼胶等海藻胶可以通过化学、物理、生物等改性技术的应用制备衍生制品。例如海藻酸丙二醇酯（Propylene Glycol Alginate，PGA）是海藻酸与环氧丙烷反应后得到的一种非离子型衍生物（Steiner，1947）。由于海藻酸中的羧酸基被丙二醇酯化，PGA 溶解于水中形成的黏稠胶体抗盐性强，对钙、钠等金属离子很稳定，即使在浓电解质溶液中也不盐析，其分子结构中含有的丙二醇酯基的亲油性强、乳化稳定性好，能有效应用于乳酸饮料、果汁饮料等低 pH 的食品和饮料中。

图 2-10 所示为以海藻酸盐为原料制备的各种衍生制品。在海洋功能性食品领域，海藻酸丙二醇酯和褐藻胶寡糖是两类重要的海藻酸盐衍生物，其独特的结构和性能赋予两类产品优良的使用功效。作为海藻酸的酯化衍生物，海藻酸丙二醇酯具有独特的乳化、增稠、稳定性能，在乳制品、功能饮料、啤酒、焙烤制品等领域有独特的应用价值。

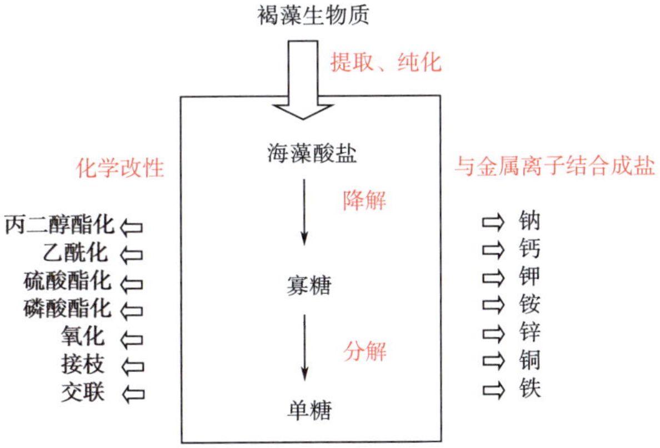

图 2-10　以海藻酸盐为原料制备的各种衍生制品

海藻胶寡糖一般是聚合度为 2~10 的低聚糖，以海藻酸盐为例，其寡糖的分子质量低、易溶于水，具有很多独特的理化性能和生物活性，如抗肿瘤、抗氧化、抑菌、抗炎、免疫调节等，在食品、化妆品、生物医药、农林牧渔等领域越来越受到青睐，具有广阔的开发前景和巨大的应用价值（张真庆，2003）。

第六节　岩藻多糖在功能性食品中的应用

岩藻多糖也称褐藻糖胶、褐藻多糖硫酸酯、岩藻依聚糖、岩藻聚糖硫酸酯等，是一种水溶性硫酸杂多糖，富含 L- 岩藻糖和有机硫酸盐，是海洋独有的天然功能性多糖（Li，2008；Lowenthal，2015）。岩藻多糖主要存在于海带、海蕴、裙带菜等褐藻表面的黏液中，是褐藻特有的生物活性物质。岩藻多糖在褐藻中的含量很少，新鲜海带中的含量约为 0.1%，干海带中的含量约为 1%，是一种非常宝贵的海藻活性物质（秦益民，2020；Morya，2012）。

作为一种生物质成分，岩藻多糖存在于褐藻表层的细胞壁基质、细胞间隙和黏液中，对藻体起到保湿、抗菌、抗紫外损伤等重要作用。岩藻多糖分子链的主要成分是岩藻糖和硫酸基，还含有少量的木糖、甘露糖、半乳糖、阿拉伯糖、葡萄糖醛酸等，其分子链骨架主要有两种结构，一种是 α-1，3-L- 岩藻糖重复片段，另一种是 α-1，3- 和 α-1，4-L- 岩藻糖重复片段（Chevolot，1999）。岩藻多糖具有抗凝血、抗氧化、保护神经细胞、免疫调节、降血糖和血脂、保护肾脏、抗肿瘤、抗病毒等多种生理活性，其研究开发是目前海洋药物和功能性食品领域的热点之一。

第七节　小结

人类居住的地球是一颗蓝色星球，大海是生命的摇篮，蕴含着健康的奥秘。随着蓝色经济的蓬勃发展，以海洋资源为原料的健康产业正在兴起。作为人类食物资源的宝库，海洋中的海藻可为人类社会提供丰富的功能性食品配料。大量科学研究已经证明褐藻胶、卡拉胶、琼胶、岩藻多糖等海藻活性物质具有独特的性能和功效，在食品领域有很高的应用价值。

参考文献

[1] Aaronson S. A role for algae as human food in antiquity [J]. Food Foodways, 1986, 1: 311-315.

[2] Bagchi D. Nutraceuticals and functional foods regulations in the United States and around the world [J]. Toxicology, 2006, 221: 1-3.

[3] Bixler H J, Porse H. A decade of change in the seaweed hydrocolloids industry [J]. Journal of Applied Phycology, 2011, 23: 321-335.

[4] Cavalli-Sforza L T, Rosman A, de Boer A S, et al. Nutritional aspects of changes in disease patterns in the Western Pacific region [J]. Bull World Health Organ, 1996, 74: 307-318.

[5] Chevolot L, Foucault A, Chaubet F, et al. Further data on the structure of brown seaweed fucans: relationships with anticoagulant activity [J]. Carbohyd Res, 1999, 319: 154-165.

[6] Cornish M L, Mouritsen O G, Critchley A T. A mini-review on the microbial continuum: consideration of a link between judicious consumption of a varied diet of macroalgae and human health and nutrition [J]. Journal of Oceanology and Limnology, 2019, 37 (3): 790-805.

[7] Dillehay T D, Ramirez C, Pino M, et al. Monte Verde: Seaweed, food, medicine, and the peopling of South America [J]. Science, 2008, 320: 784-786.

[8] Drewnowski A, Popkin B M. The nutrition transition: new trends in the global diet [J]. Nutr Rev, 1997, 55: 31-43.

[9] FAO. The state of the world fisheries and aquaculture 2014 [M]. Rome: FAO, 2014: 223.

[10] FAO. The state of world fisheries and aquaculture [M].Rome: FAO, 2018.

[11] Ferraces-Casais P, Lage-Yusty M A, de Quiros A R, et al. Evaluation of bioactive compounds in fresh edible seaweeds [J]. Food Anal Methods, 2012, 5: 828-834.

[12] Fukuda S, Saito H, Nakaji S, et al. Pattern of dietary fiber intake among the Japanese general population [J]. Eur J Clin Nutr, 2006, 61: 99-103.

[13] Gantar M, Svircev Z. Microalgae and cyanobacteria: food for thought [J]. Journal of Phycology, 2008, 44: 260-268.

[14] Hafting J T, Critchley A T, Cornish M L, et al. On-land cultivation of functional seaweed products for human usage [J]. Journal of Applied Phycology, 2012, 24: 385-392.

[15] Holdt S L, Kraan S. Bioactive compounds in seaweed: functional food applications and legislation [J]. Journal of Applied Phycology, 2011, 23: 543-597.
[16] Imeson A. Thickening and Gelling Agents for Food [M]. Glasgow: Blackie Academic and Professional, 1992.
[17] Iso H. Lifestyle and cardiovascular disease in Japan [J]. J Atheroscler Thromb, 2011, 18: 83-88.
[18] Jemal A, Bray F, Center M M, et al. Global cancer statistics [J]. CA Cancer J Clin, 2011, 61: 69-90.
[19] Kim J, Shin A, Lee J S, et al. Dietary factors and breast cancer in Korea: an ecological study [J]. Breast J, 2009, 15: 683-686.
[20] Li B, Lu F, Wei X, et al. Fucoidan: structure and bioactivity [J]. Molecules, 2008, 13 (8): 1671-1695.
[21] Lowenthal R M, Fitton J H. Are seaweed-derived fucoidans possible future anti-cancer agents? [J]. Journal of Applied Phycology, 2015, 27: 2075-2077.
[22] Matsumura Y. Nutrition trends in Japan [J]. Asia Pac J Clin Nutr, 2001, 10 (Suppl 1): S40-S47.
[23] Menotti A, Lanti M, Kromhout D, et al. Homogeneity in the relationship of serum cholesterol to coronary deaths across different cultures: 40-year follow-up of the Seven Countries Study [J]. Eur J Cardiovasc Prev Rehabil, 2008, 15: 719-725.
[24] Morya V K, Kim J, Kim E K. Algal fucoidan: structural and size-dependent bioactivities and their perspectives [J]. Applied Microbiology & Biotechnology, 2012, 93 (1): 71-82.
[25] Mouritsen O G, Dawczynski C, Duelund L, et al. On the human consumption of the red seaweed dulse (*Palmaria palmata* (L.) Weber & Mohr) [J]. J Appl Phycol, 2013, 25: 1777-1791.
[26] Mouritsen O G. Those tasty weeds [J]. J Appl Phycol, 2017, 29: 2159-2164.
[27] Newton L. Seaweed Utilization [M]. London: Sampson Low, 1951.
[28] Qin Y. Bioactive Seaweeds for Food Applications [M]. San Diego: Academic Press, 2018.
[29] Sauvaget C, Nagano J, Allen N, et al. Intake of animal products and stroke mortality in the Hiroshima/Nagasaki Life Span Study [J]. Int J Epidemiol, 2003, 32: 536-543.
[30] Steiner A B. Manufacture of glycol alginates [P]. US Patent 2426215, 1947.
[31] Taboada M C, Millan R, Miguez M I. Nutritional value of the marine algae

wakame（*Undaria pinnatifida*）and nori（*Porphyra purpurea*）as food supplements［J］. J Appl Phycol，2013，25：1271-1276.

［32］Teas J，Irhimeh M R. Melanoma and brown seaweed：an integrative hypothesis［J］. J Appl Phycol，2017，29：941-948.

［33］Teas J，Vena S，Cone D L，et al. The consumption of seaweed as a protective factor in the etiology of breast cancer：proof of principle［J］. Journal of Applied Phycology，2013，25：771-779.

［34］Tibbetts S M，Milley J E，Lall S P. Nutritional quality of some wild and cultivated seaweeds：Nutrient composition，total phenolic content and in vitro digestibility［J］. J Appl Phycol，2016，28：1-11.

［35］Turner N J. The ethnobotany of edible seaweed and its use by first nations on the pacific coast of Canada［J］. Canadian Journal Botany，2003，81：283-293.

［36］Venkatraman K L，Mehta A. Health benefits and pharmacological effects of *Porphyra* species［J］. Plant Foods for Human Nutrition，2019，74：10-17.

［37］Verschuren W M，Jacobs D R，Bloemberg B P，et al. Serum total cholesterol and long-term coronary heart disease mortality in different cultures：Twenty five year follow-up of the Seven Countries Study［J］. JAMA，1995，274：131-136.

［38］Xia B，Abbott I A. Edible seaweeds of China and their place in the Chinese diet［J］. Economic Botany，1987，41（3）：341-353.

［39］Yan X，Fang X. Studies on free radical scavenging activity in Chinese seaweeds，Part I，screening results［J］. Chin J Oceanol Limnol，1999，17（3）：240-246.

［40］Ziegler R G，Hoover R N，Pike M C，et al. Migration patterns and breast cancer risk in Asian-American women［J］. J Natl Cancer Inst，1993，85：1819-1827.

［41］康伟. 海洋生物活性物质发展研究［J］. 亚太传统医药，2014，10（3）：47-48.

［42］姜雪. 海带营养品质评价及蒸煮加工对水溶性膳食纤维特性的影响［D］. 上海：上海海洋大学，2018.

［43］赵素芬. 海藻与海藻栽培学［M］. 北京：国防工业出版社，2012.

［44］李子昆. 海藻提物的减肥及保湿作用研究［J］. 四川日化，1997，（1）：12-15.

［45］魏玉西，于曙光. 两种褐藻乙醇提取物的抗氧化活性研究［J］. 海洋科学，2002，26（9）：49.

［46］郭峰君，易灵红，容英霖，等. 海带加工现状研究［J］. 河北渔业，2020，（4）：45-48.

[47] 姚骏，张弘，郭森，等. 海带营养调味料的研究进展［J］. 食品研究与开发，2018，39（4）：213-217.
[48] 张真庆，江晓路，管华诗. 寡糖的生物活性及海洋性寡糖的潜在应用价值［J］. 中国海洋药物，2003,（3）：51-55.
[49] 秦益民，李可昌，张健，等. 海洋功能性食品配料［M］. 北京：中国轻工业出版社，2019.
[50] 秦益民，张全斌，梁惠，等. 岩藻多糖的功能与应用［M］. 北京：中国轻工业出版社，2020.

第三章　膳食纤维及其健康功效

第一节　引言

膳食纤维自然存在于人们日常消费的谷物、水果、蔬菜、豆类、坚果、籽等植物类食品及其简单加工的制品，也可以从天然产物中提取或通过合成途径制备后作为膳食补充剂为人体提供必需的营养元素。人类在很早以前就认识到了膳食纤维的健康价值，公元前 350 年到公元 600 年之间的很长时间里，古希腊、波斯、古代中国等很多地方的医学家已经认识到粗粮是人类健康的重要来源（Dreher，1987）。古希腊医学家希波克拉底在公元前 371 年注意到粗麸皮比精制的面粉具有对人体更好的健康功效（Dreher，2018；Deehan，2016）。

作为一个学术概念，膳食纤维最早由 Hipsley（Hipsley，1953）在 1953 年提出，最初指的是构成植物细胞壁的纤维素、半纤维素、木质素等植物中不可被消化的成分。Trowell 等在 1972 年和 1976 年基于可食性和在人体小肠中的耐消化性对膳食纤维的定义进行了修正，其中增加了植物胶、改性纤维素、植物黏液和果胶（Trowell，1972；Trowell，1976）。

1998 年，美国国际谷物化学家协会（AACCI）对膳食纤维进行了一次重要的总结并对其进行定义，在 2001 年发表了膳食纤维的定义（Anon，2001）：膳食纤维是能抵抗人体小肠的消化和吸收而在大肠中完全或部分发酵的植物的可食用部分或类似的碳水化合物，包括多糖、低聚糖、木质素和相关的植物质。膳食纤维有益于通便、降低血液胆固醇以及降低血糖。

2005 年 11 月 21—25 日召开的营养和特殊饮食用途食品法典委员会（CCNFSDU）第 27 次会议提出了与 AACCI 相似的定义："膳食纤维是指聚合度不低于 3、在小肠中既不消化也不被吸收的碳水化合物高聚物，其中聚合度不低于 3 的要求主要是为了排除单糖和双糖，而不是显示其平均聚合度。膳食纤维包括下列种类的一种或多种：消费者食用的食品中自然存在的可食用碳水化合物聚合物；通过物理、酶或化学方法从原料中获得的碳水化合物聚合物；合成的碳水化合物聚合物。”

2006 年 7 月 17—18 日由 FAO/WHO 召开的“关于人类营养中碳水化合物的专家组会议”建议膳食纤维的定义应该更紧密联系水果、蔬菜和全谷物。为了实现这个目标，需要对膳食纤维有明确的定义：①能表明膳食纤维是食物的固有成分；②能对膳食纤维的组分进行分析检测。FAO/WHO 关于膳食纤维的定义是：膳食纤维由细胞壁固有的多糖组成。

基于 CCNFSDU 的定义，2009 年 6 月国际食品法典委员会（CAC）确定了膳食纤维的定义：膳食纤维由不被人体小肠中的内源性酶水解的、聚合度为 10 以上的碳水化合物聚合物组成，包括：①食品中自然存在的可食性碳水化合物聚合物；②通过物理、酶或化学方法从原料中获得的、向主管当局证明具有普遍接受的科学证据显示有益于健康的生理作用的碳水化合物聚合物；③向主管当局证明具有普遍接受的科学证据显示有益于健康的生理作用的合成碳水化合物聚合物。其中在从植物源获取时，膳食纤维可以包括木质素或其他与植物细胞壁中多糖相关的物质。与 AOAC 检测方法 991.43 中的多糖相关的物质包括蛋白质成分、酚类物质、蜡类、皂苷、植酸、角质、植物甾醇等。此外，聚合度为 3~9 的寡糖由每个国家根据其有益于健康的生理作用确定是否属于膳食纤维。

第二节　膳食纤维的种类及其理化性能

膳食纤维广泛存在于粗粮、豆类、蔬菜、水果、海藻、食用菌等植物中，食用后能抵抗人体小肠消化吸收，而在大肠中能部分或全部发酵，具有润肠通便、调控血糖、降低血脂等多种生理功能，已经成为人体不可缺少的“第七营养素”，是功能性食品中不可缺少的成分之一，越来越受到消费者的重视和青睐（Dreher，2018）。

如表 3-1 所示，日常生活中膳食纤维的来源很多，其中涉及的膳食纤维在结构和性能上有很大差异（修建成，2006）。食物中的膳食纤维包括总膳食纤维（Total Dietary Fiber，TDF）、可溶性膳食纤维（Soluble Dietary Fiber，SDF）

和不可溶性膳食纤维（Insoluble Dietary Fiber，IDF），其中可溶性膳食纤维包括聚葡萄糖、菊粉、果胶、树胶、海藻胶、豆胶、瓜尔豆胶、改性纤维素等，可以在热水或温水中吸水后膨胀，达到原有体积和质量的几十倍后形成凝胶状物质，一方面产生饱腹感，另一方面可以延缓糖的吸收、避免突然的高血糖现象，从而提高人体耐糖程度，有助于稳定糖尿病患者的病情。SDF 还能与胆酸结合后随粪便排出，有助于降低胆固醇，减少高胆固醇导致的高血压、心脏病等症状。不可溶性膳食纤维包括纤维素、半纤维素、木质素等植物细胞成分，能吸收水分、软化粪便、增加粪便体积、刺激肠的蠕动、加速排便，还可以减少粪便中有害物质与肠道的接触，降低结直肠癌的发生率。

表 3-1　日本人饮食中膳食纤维的来源（Nakaji，2002）　　单位：g/d

食物种类	年份					
	1952	1960	1970	1980	1990	1998
大米	2.5	2.6	2.2	1.6	1.4	1.2
大麦和小麦	5.1	3.3	1.9	2.5	2.3	2.5
籽类	0.0	0.0	0.1	0.1	0.1	0.2
土豆	1.7	1.1	1.0	1.1	1.0	1.2
糖果	0.0	0.0	0.7	0.5	0.4	0.4
豆类	5.2	5.7	2.1	1.9	2.0	2.1
水果	0.6	0.9	1.1	1.9	1.5	1.3
蔬菜	4.5	4.3	4.6	4.3	4.1	4.5
菌菇类	0.0	0.0	0.0	0.3	0.3	0.4
海藻	0.8	0.9	1.3	0.9	1.1	1.1
其他	0.0	0.0	0.0	0.2	0.1	0.1
合计	20.5	18.8	14.9	15.2	14.4	15.0

图 3-1 所示为膳食纤维的分类，主要包括植物源、动物源、微生物源、改性类、合成类等种类，其中植物是膳食纤维最大的来源，包括以下的种类。

（1）谷物类纤维　主要包括燕麦纤维、小麦纤维、米糠纤维、玉米纤维等，其中燕麦膳食纤维是公认的优质膳食纤维，能显著降低血液中胆固醇含量，降低心脏病和中风的发病率。

- 膳食纤维
  - 动物源
    - 甲壳素、壳聚糖
    - 透明质酸，等
  - 植物源
    - 谷物类纤维
    - 豆类纤维
    - 水果类纤维
    - 蔬菜类纤维
    - 海藻类纤维
    - 其他，如树胶，等
  - 微生物源
    - 细菌源，如结冷胶、黄杆菌胶，等
    - 真菌源，如红曲霉多糖、茁霉胶，等
  - 改性类
    - 物理改性，高压处理、纳米化，等
    - 化学改性，醚化、酯化、氧化，等
    - 生物改性，酶降解、异构化，等
  - 合成类
    - 抗性膳食纤维
    - 聚葡萄糖

图 3-1　膳食纤维的分类

（2）豆类纤维　主要包括大豆纤维、豌豆纤维、瓜尔豆胶、刺槐豆胶等。

（3）水果类纤维　主要包括全果纤维、果皮纤维、果渣纤维、果胶等。

（4）蔬菜类纤维　主要包括胡萝卜纤维、甜菜纤维、竹笋纤维、茭白纤维以及各类蔬菜粉等。

（5）海藻类纤维　以褐藻、红藻、绿藻等海藻为原料提取的褐藻胶、卡拉胶、琼胶等可溶性膳食纤维以及原藻中的纤维素等不可溶性膳食纤维。

（6）其他类纤维　包括黏质、树胶等。

动物源膳食纤维的典型代表是甲壳素、壳聚糖及其衍生物。微生物源的膳食纤维包括结冷胶、黄原胶等很多性能优良的食品胶，是一个产品种类和规模都在快速增长的领域。改性类的膳食纤维是以植物、动物、微生物源的膳食纤维为原料，通过物理、化学、生物等技术手段的应用，改变其结构特征后使功能更加突出、性能更加优越、成分更加明确、纯度得到提高，这类产品目前在膳食纤维领域最受欢迎、应用最为广泛，其中包括各种改性纤维素、抗性糊精、水解瓜尔豆胶、微晶纤维素、海藻胶衍生物等。

膳食纤维也可以通过化学合成的方法进行规模化生产，如聚葡萄糖是其中一个典型的产品。聚葡萄糖是以葡萄糖、山梨醇和柠檬酸为原料经真空缩聚得到的一种 D-葡萄糖多聚体，至今已有 50 多个国家批准作为健康食品配料使用，被大量用于制造强化纤维食品，食用后具有保持胃肠通畅的功能。聚葡萄糖除具有不溶性膳食纤维所特有的明显增加粪便体积、增强通便、降低肠道癌风险等作用外，还具有不溶性膳食纤维所不具备或不明显的功能，如结合清除体内胆酸、明显降低血清胆固醇、容易引起饱腹感、明显降低饭后血糖水平等。

膳食纤维中的不溶性成分的主要功能是刺激肠道产生机械蠕动，而可溶性成分可发挥代谢功能，对膳食纤维的生理功能起重要作用。高品质膳食纤维中 SDF 的含量应该在 10% 以上，然而大多数植物源膳食纤维中的 SDF 含量少，影响其质量和功效。对天然膳食纤维进行改性处理可以使不溶性膳食纤维的大分子结构发生变化，使其物理、化学、生物特性更好地满足应用需求。目前膳食纤维的改性方法主要有超微粉碎技术、超高压技术等物理方法，酸法和碱法等化学方法以及酶法、发酵法等生物方法，也可将上述方法联合使用后获得高品质的膳食纤维（王瑶，2019）。以魔芋胶为例，张单皓等（张单皓，2019）通过对魔芋胶进行脱乙酰基、氧化、接枝、交联等处理，在分子链上脱去或引入部分基团后提高溶解度、黏度和稳定性，衍生出很多种具有不同加工特性的改性魔芋胶膳食纤维。图 3-2 所示为魔芋胶的化学结构。

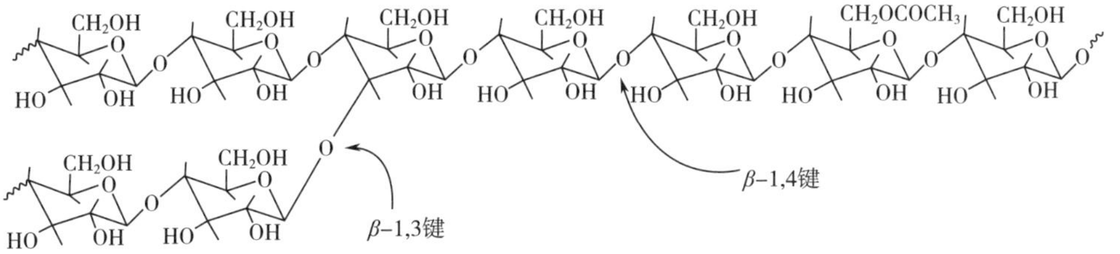

图 3-2　魔芋胶的化学结构

膳食纤维的化学组成决定其理化性质，其中主要有 8 个方面。

（1）膳食纤维的持水性　膳食纤维的化学结构中含有羧基、羟基、氨基、醛酮基等大量亲水基团，具有很高的持水性，可润肠通便，预防便秘等肠道疾病，降低肠癌发病率。

（2）膳食纤维的高膨胀性　相对密度小、体积大、富含膳食纤维的食物与消化道中的水分结合后膨胀，占据消化道的容积，在减少进食量的同时引起饱感，可降低肥胖症的发生。

（3）膳食纤维的黏性　可溶性膳食纤维在消化道与水结合后形成高黏度的胶体，可改变食物在胃肠道内的流动性能，并影响机体对食物其他成分的消化吸收，有利于减肥。

（4）膳食纤维的可逆交换特性　膳食纤维分子结构中包含羧基等侧链基团，能可逆交换阳离子，一方面影响矿物质元素的吸收，调节渗透压、氧化还原电位、pH 等；另一方面也可通过交换重金属离子降低其毒性。

（5）膳食纤维的吸附性能　膳食纤维对脂类有机物有吸附作用，还能吸附 NO_2^-、雌激素等消化道内的有害物质并促进其排出体外。

（6）膳食纤维的抗氧化性能　高膳食纤维摄入可减少慢性肠道紊乱、糖尿病、肥胖病、心血管疾病、癌症等的发生。这些功能与膳食纤维的抗氧化性，尤其是与其结合的多酚类物质的强抗氧化性相关（谌小立，2009）。

（7）膳食纤维的发酵性能　膳食纤维不易在胃和小肠内被消化酶降解，但在大肠内可被双歧杆菌等微生物酵解。这些微生物能以部分膳食纤维为营养进行代谢，同时产生大量短链脂肪酸，促进有益菌群的增殖。可溶性多糖的酵解率比细胞壁内多糖的酵解率高，在促进有益菌群增殖的同时可减少肠毒素的累积、减少对肠黏膜的刺激，从而保护肠道健康、预防结肠癌的发生。

（8）膳食纤维对肠道有益菌的调节作用　膳食纤维虽不能被小肠中内源酶分解，但能作为大肠中寄生的各种微生物的初级原料被不同程度地分解发酵，有利于很多益生菌的生长，改善肠道环境。

第三节　膳食纤维的制备

膳食纤维是谷物、豆类、蔬菜、水果、竹笋、茶叶等农产品的组成部分，在食品加工过程中产生的麦麸、米糠、山药皮、火龙果皮、脐橙皮、香蕉皮、茶梗、苹果渣等下脚料和废弃物中也有较高的含量（张宏邦，2019；李放，2015；王瑶，2019；郑文新，2017；邢家溧，2019；杨辉，2015；刘田，2020；江东文，2009；徐灵芝，2013）。通过物理、化学、生物技术的应用，可以从各种来源的生物质中提取出膳食纤维，有效提高农产品的附加值（郑文新，2017；叶秋萍，2019）。

一、膳食纤维的物理提取

膳食纤维提取过程中的物理方法包括对原料进行预处理以改变产品的物理特征、采用微波和超声波辅助提取等技术提高膳食纤维的提取效率以及采用高压处理加快可溶性膳食纤维的溶解分离等。

1. 物理和机械预处理

通过研磨减小膳食纤维的粒子尺寸可提高其水化性能。在用微射流技术对桃和燕麦中的不溶性膳食纤维进行处理时，当粒径达到亚微米级时，一些不溶性膳食纤维变为可溶。微射流处理后，桃和燕麦中不溶性膳食纤维的平均粒径分别从 204.6 μm 和 111.1 μm 降低到 35.3 μm 和 74.4 μm（Chen，2013）。微射流处理后桃中膳食纤维的溶解性、持水力、膨胀力和持油力分别提高了 2.1、1.5、2.2 和 3.1 倍。

2. 微波和超声波法

微波和超声波可用于辅助膳食纤维的提取，其中微波有强大的穿透能力，植物中的细胞经微波处理后，通过吸收能量使胞内液体温度升高、水分子蒸发、细胞壁破裂，进而使胞内物质得到更好的释放。在果胶的提取过程中，微波辅助法的收率为 24.2%，而传统浸提法的收率为 18.32%（Meryem，2014）。超声波是频率高于 20000Hz 的一种弹性波，其方向性好、穿透力强，能产生强大的能量并将其传递出去。当大能量的超声波作用于液体时，振动处会产生空化状态，此时超声波的穿透力比电磁波更强、停留时间也更长，可以把液体击化成很多小空穴。小空穴闭合产生的瞬间压力高达 3000MPa，这个作用称为空化作用，能使溶液破裂。此外，超声波的乳化扩散、机械振动、击碎等多级效应有利于溶液中有效成分的提取、扩散和转移。

3. 高压法

高压处理是提取可溶性膳食纤维的新兴技术。高压处理不同于常规的热处理，具有均匀和瞬时的效果，该方法的主要优势是处理时间短。Guo 等（Guo，2012）的研究显示，在压力 100~600MPa、温度 10~30℃、处理时间 5~30min 的高压条件下对果胶的提取收率为 20.44%，明显高于传统热法的 15.47% 和微波法的 18.13%。此外，得到的果胶黏度、流变特性、活化能和凝胶特性均有改善。

二、膳食纤维的化学提取

用水或溶剂浸泡生物质后提取膳食纤维的浸提法是一种常用的方法，其中使用的提取介质、温度、pH、时间等工艺条件取决于膳食纤维的特性，一般情况下水温在 60~100 ℃、提取时间在 20~720min，例如提取果胶的常用方法是直接煮 2h 以上，用浸提法在不同温度下提取李子中的果胶，其提取率可达 12%（Basanta，2012）。浸提法与酸性介质、溶剂、螯合剂等新工艺结合后有助于从细胞壁中释放膳食纤维。但是化学提取法经常在酸或碱条件下结合高温对可溶性膳食纤维进行提取，其主要缺点是时间和温度等处理条件可能对食品基质造成损伤，同时这种方法可能会使提取出的多糖的官能团损坏，从而影响膳食纤维的功能特性。

三、膳食纤维的酶法提取

酶解提取法是近年来发展的新工艺，其基本原理是通过酶的作用破坏植物细胞壁后使其中的多糖更好地溶解于提取液中，例如在浸提过程中加入纤维素酶可以充分破坏细胞的组织结构，其优点是工艺条件温和，对膳食纤维的活性影响较小，可加快提取过程、提高提取效率。大量研究显示，酶提取技术与其他技术结合可有效提高膳食纤维的产量和功能（Gamel，2014；Villanuevasuarez，2013；Meyer，2009；Dominiak，2014；陈小举，2015；李梁，2017；Thomassen，2011）。

四、微生物发酵法

发酵法的基本原理是利用微生物消耗原料中的碳源、氮源，除去原料中的植酸，减少蛋白质、淀粉等成分，最后获得膳食纤维，其中采用的微生物主要有曲霉、乳酸菌、链孢霉等。曲霉发酵麦麸、果渣或豆渣是通过菌体分泌纤维素酶、半纤维素酶后使不溶性纤维的糖苷键断裂，生成小分子多糖后转化为可溶性纤维。令博等（令博，2012）利用保加利亚乳杆菌和嗜热链球菌组成的混合菌作为发酵菌种在 40℃下发酵 21h 后从葡萄皮渣中提取出的可溶性膳食纤维为 17.25%。

第四节 膳食纤维的应用

膳食纤维的传统功能是促进肠道运动和粪便堆积，可以改善通便、缓解便秘。随着对其健康功效研究的日益深入，膳食纤维在建立和维持健康的结肠微生物群方面的作用也得到普遍认识，结肠微生物群通过把膳食纤维发酵成短链脂肪酸及促进益生菌在调节免疫和炎症的体内平衡中起重要作用。

欧美一些国家在 20 世纪 80—90 年代就将膳食纤维普遍应用于食品和医药保健品中，产品年销售额在 300 亿美元以上。在日本，1991 年膳食纤维类产品就超过 100 亿美元（修建成，2006）。我国人民的饮食以蔬菜为主，因此历史上膳食纤维的摄入比较充足。近年来随着经济的高速发展及快餐文化的日益普及，与饮食习惯密切相关的肥胖症、糖尿病、高血压等疾患越来越多，严重威胁着人们的健康。随着老龄化社会的到来，我国的医疗卫生系统面临前所未有的挑战。据调查，我国中老年人中 15%~20% 有便秘，我国有 22% 的人超重，6000 多万人因肥胖而就医，高血压患者 2 亿多人、糖尿病人有 9000 多万、高血脂患者 1.6 亿人。

膳食纤维对便秘、肥胖、高血脂、动脉粥样硬化、冠心病、糖尿病、肠道癌等“富贵病”有独特的预防和治疗功效。2002 年，基于预防冠心病（CHD），美国国家科学院医学研究所确定充足的膳食纤维摄入量为 14g/1000kcal，相当于男人 38g/d 和女人 25g/d [Institute of Medicine（IOM），2005]。2003 年世界卫生组织的一份报告建议全人群的膳食纤维摄入量应该至少从水果、蔬菜、全谷物等富含膳食纤维的食物中摄取 25g/d [World Health Organization/Food and Agriculture Organization（WHO/FAO），2003]。2010 年，欧洲食品安全局（EFSA）建议为了保证肠功能，膳食纤维摄入量在 25g/d 时能满足成年人正常的通便，而为了保证健康，膳食纤维的摄入量应该 >25g/d。在多数发达国家，成年男性的膳食纤维摄入量要求在 30~35g/d、成年女性在 25~32g/d。对于儿童，各国的要求有所区别，其每天的摄入量约为儿童的年龄 +5g。对于青少年，女孩的摄入量应该在 20~26g/d、男孩在 24~38g/d。图 3-3 所示为不同年龄和性别的人群每天需要的总膳食纤维摄入量。

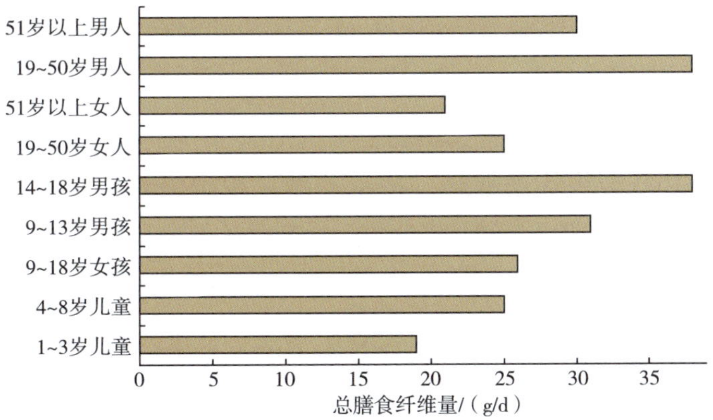

图 3-3　不同年龄和性别的人群每天需要的总膳食纤维摄入量（Dreher，2018）

除了水果、蔬菜、全谷物等天然食品，人体需要的膳食纤维可以通过膳食纤维补充剂的形式添加到人们日常消费的各种食品、保健品和医药制品中，在补充人体生理所需的膳食纤维量的同时增强产品的保健功能、改进风味、提高品质和附加值，其具体应用范围如下。

1. 作为食品乳化稳定剂和增稠剂

在食品配料中使用膳食纤维，可提高配料的分散性和稳定性，增加产品的持水性和持气性，使其体积变大、更加疏松柔软，还可延长保质期。例如在酱油中使用膳食纤维可使其质地均匀、不易产生沉淀、黏稠度增加，不但稳定性好，而且口感更加滑润。

2. 作为脂肪替代物

膳食纤维应用于火腿肠、午餐肉、三明治、肉松等肉糜制品以及乳酪、蛋黄酱等食品中，可作为低热量的基料和非营养拼料取代脂肪，用于制造低脂肪和无脂肪的食物是非常适用的，是减肥食品很好的基料。

3. 在高纤维饮料中的应用

膳食纤维可以应用在各种高纤维饮料中，包括固体饮料（速溶饮品、麦片和豆奶粉）、碳酸饮料、矿泉水、运动饮料、植物蛋白饮料、全营养饮料、果汁等各种功能性饮品，除有生理活性外，还可明显提高食品的稳定性、分散性和冲调性，防止结块。

4. 添加于乳制品中

将膳食纤维添加到乳粉、乳酸菌乳和冰激凌等乳制品中，可使小孩和中老年人服用后减轻上火、便秘或其他肠胃不适。在乳酸菌奶中添加膳食纤维还能作为活性菌的营养源以保持其活性，使产品货架期延长，增强乳制品良好的口感和风味。

5. 添加于保健品中

国内保健品行业中润肠通便、排毒养颜和减肥美容类产品最为流行，市场前景良好。膳食纤维在这些产品中的应用功效尤为突出，被作为主要配料得到广泛应用。对于补钙和补血的保健品，添加膳食纤维可促使体内产生乳酸，而乳酸可以分离溶解钙、镁、铁等矿物质，促进人体吸收。

第五节　膳食纤维的作用机制

膳食纤维在人类的进化史上一直起重要作用，尽管如此，对其健康价值的科学认识开始于 20 世纪 70 年代，其中的文化背景是人类社会从传统的饮食向低纤维含量的加工食品转变，导致由于膳食纤维摄入不足引起的一系列健康问题。随着人们对膳食纤维健康价值的认识不断深化，其健康功效也变得越来越明确。目前人们已经普遍接受膳食纤维具有促进健康的结肠微生物群、改善能量代谢、降低血脂、维持免疫和炎症稳态、促进消化健康、改善身体质量指数、预防心脏代谢疾病、维持健康老化、减少过早死亡等一系列健康功效（Dreher，2018；Dahl，2015；Slavin，2008；Ros，2013；McRorie，2015）。表 3-2 总结了膳食纤维对人体的各种健康作用。

表 3-2　膳食纤维对人体的健康作用

作用对象	健康作用
进食	减缓进食速度、降低饥饿感；降低食物能量密度；增加食物体积、黏性
胃	延迟排空速度；增加饱腹感
小肠	降低餐后吸收率；增加饱腹感肽的释放
结肠	促进结肠健康，如降低 pH、改善松弛、促进短链脂肪酸的发酵、改善钙的吸收和健康的微生物群；刺激胰高血糖素样肽 -1 神经肽的释放；减少内毒素进入循环系统；降低憩室和结肠直肠息肉的风险
粪便	增加粪便中营养素和胆汁酸排泄；降低可代谢的能量
胰腺	降低胰岛素反应和 β- 细胞活性
肝脏	增加脂蛋白摄取和胆汁酸合成分泌；减少脂肪生成和炎症
循环系统	降低餐后脂质、葡萄糖、胰岛素和炎症标记物；稀释空腹血糖、胰岛素、全身炎症、LDL- 胆固醇；促进胰岛素敏感性和增加脂联素含量
体重及组成	降低体重增加和肥胖的风险；降低腹部或内脏高脂肪的风险

根据其组成和物理特性，充足的膳食纤维摄入可以产生具有很强生物活性的次生发酵代谢产物，对结肠微生物群的多样性和健康、体重调节、降低心血管疾病和结肠直肠癌的风险以及改善健康老化和寿命产生积极影响。1999—2010 年美国国家健康与营养检验调查的结果显示，增加膳食纤维摄入可以降低 C- 反应蛋白升高的风险、减缓肥胖和代谢综合征。富含纤维的食物或简单加工的食物还具有能量密度低、饱和脂肪酸少、反式脂肪酸和钠低以及富含必需营养素和植物化学物质等优良性能。表 3-3 总结了膳食纤维对胃肠道、心脏、能量代谢以及重大慢性疾病风险的主要生理指标的影响（Dreher，2018）。

表 3-3　膳食纤维对胃肠道、心脏、能量代谢以及重大慢性疾病风险的主要生理指标的影响

作用对象	对生理指标的影响	
	提高	降低
进食	进食时间	食物能量密度；饥饿感
胃	食物体积、黏性；饱感	胃排空率
小肠、胰腺、结肠、粪便、循环系统	食物体积、黏性；饱腹感肽的释放；消化酶分泌；通便；发酵成短链脂肪酸；健康的微生物群；肠促胰岛素的释放；胆汁酸；未吸收的食物脂肪和其他大量营养素；饱腹感的激素；胰岛素敏感性；脂联素；白细胞端粒链长度	脂质乳化；黏膜摄取和再分泌；餐后大量营养素的吸收率；胰岛素反应；β- 细胞活性；pH；肠通过时间；致病性；炎症活动；致癌物质浓度；内毒素进入循环；憩室和结肠息肉；可代谢能量；餐后脂类、葡萄糖和胰岛素；空腹总胆固醇和 LDL-C；高血压患者的血压；C-反应蛋白；空腹血糖和胰岛素
体重及组成	体重控制；能量代谢	能量摄取；体重增加和肥胖；腹部和内脏体脂
肝脏	脂蛋白摄取；胆汁酸的合成和分泌；解毒过程	脂肪生成；炎症

第六节　膳食纤维的健康功效

全球各地的大量研究显示，全谷物、水果、蔬菜以及聚葡萄糖、魔芋胶、瓜尔豆胶、菊粉、海藻胶等富含膳食纤维的食品配料可以有效促进消化系统健康、改善心血管系统、预防 2 型糖尿病、减少肥胖。Dreher（Dreher，1987；Dreher，2018）系统总结了膳食纤维的健康功效。

一、促进消化系统健康

古希腊医学家希波克拉底早在公元前 371 年就观察到粗麸皮与消化系统健康之间的相关性并认识到粗制而不是磨细的面粉更有益于人体（Dahl，2015；Burkitt，1995；Dreher，1987）。良好的消化系统健康与合理的营养吸收、肠道运动和免疫功能以及平衡的结肠微生物群有关，而在此过程中，膳食纤维是食品中有益于消化系统健康的重要组分，可改善通便、通过发酵产生具有生物活性的短链脂肪酸、维持一个健康的结肠微生物生态体系（Slavin，2013）。

1. 改善通便

膳食纤维通过增大粪便体积、软化粪便、缩短滞留时间并借助于纤维的亲水和发酵特性改善大便规整性而改善通便（Anderson，2009）。麦麸、车前草纤维、甲基纤维素等结合了发酵性低和亲水性强双重特性的膳食纤维对促进通便尤其有效（Cummings，2001）。在随机对照试验中，与低纤维的对照组相比，麦麸和车前草纤维都降低通便时间、增加大便规整性和重量，并促进大便的质构，其中麦麸更有益于缩短通便时间，而车前草更有益于增加大便的水分和重量（Stevens，1988）。研究显示，低纤维摄入的人群中有硬便的人数是高纤维摄入者的 5 倍。粗麦麸在增加大便体积方面优于精制麦麸，但是后者更容易发酵后生成有益于结肠健康的短链脂肪酸（Brodribb，1978；Jenkins，1999）。综合 65 项试验结果，每克麦麸使大便重量增加 3.7g，同时使通便时间缩短 45min（de Vries，2015）。

高度可发酵的膳食纤维可能会引起胃肠过度膨胀或肠胃气胀（Grabitske，2009）。膳食纤维的过多摄入也会由于水分随着未消化的碳水化合物进入大肠而导致腹泻（Saibil，1989）。当膳食纤维摄入量突然增加时，人们可能会感到腹部绞痛、腹胀或胀气，但是逐渐增加膳食纤维的摄入可以避免或缓解这些症状。

膳食纤维尤其是可溶性膳食纤维主要通过在结肠中发酵产生丁酸、乙酸等短链脂肪酸（SCFA）发挥改善肠动力的作用。SCFA 可促进肠道对水电解质的吸收、双向调节肠动力，能修复肠道上皮细胞的紧密连接，还能改善肠黏膜屏障的通透性、调节肠道菌群。因此，膳食纤维被广泛应用于危重症病人腹泻和便秘、糖尿病和慢性便秘病人的肠动力障碍辅助治疗，也为各种原因引起的肠动力障碍提供了新的防控策略（陈亭，2017）。从公共卫生的角度看，膳食纤维对消化系统产生的健康功效可以为卫生系统节约大量的费用。例如在美国，有研究显示向麦麸中每天增加 9g 膳食纤维，也就是每天早餐吃一份高纤维谷类早餐食品就可以每年减少 10 亿美元与便秘相关的医疗费用（Schmier，2014）。

2. 促进结肠微生物群健康

近年来，随着对其健康作用越来越多的认识，结肠微生物群已经被看作为一个共生的人体器官，其生物功能包括营养物质的吸收、维生素的合成、食物发酵成短链脂肪酸、胆汁酸的转化、对病原体的屏障作用等，其免疫系统功能包括炎症反应、免疫球蛋白 A、T- 细胞稳态等，还有胰岛素敏感性、饱腹感激素和心脏代谢危险因素等与代谢健康相关的因素（Sonnenburg，2014；Musilova，2014；刘贺，2019）。结肠微生物群的基因补体比整个人类基因组至少多 150 倍，可以生成大量有益健康的生物活性物质，如短链脂肪酸、次级胆汁酸、胆碱，以及潜在的有毒代谢物，如氨、含硫化合物、吲哚、酚类化合物等。结肠微生物群的组成和活性受饮食、遗传、生活方式、疾病和抗生素的使用等多种因素影响（Conlon，2015），其中增加膳食纤维的摄入对结肠微生物群的健康有积极作用（Deehan，2016；Boulange，2016）。增加膳食纤维有利于降低结肠 pH，从而增加共生菌的多样性、减少致病菌，并通过提高粪便丁酸盐浓度促进结肠腺细胞健康。膳食纤维作为脂多糖吸收的屏障可以抑制结直肠癌的产生和增长，减轻结肠炎症、继发胆汁酸形成、心脏代谢功能障碍、胰岛素抵抗和不健康老化（Claesson，2012；Tap，2015）。此外，高膳食纤维摄入可以提高普氏菌属 / 拟杆菌属之间的比例、增加粪便中的短链脂肪酸、调控微生物群代谢途径的表达。纤维摄取量、肠道微生物群短链脂肪酸和结肠 pH 之间在酸性范围内维持的平衡提供了一个阻止致病菌在结肠中扩展的屏障。

在膳食纤维摄入充足的情况下，结肠中一般有更多的产丁酸盐的细菌，使结肠的 pH 维持在 5.5 的微酸性环境中。丁酸盐是结肠细胞重要的能量来源，还参与调节细胞增殖、增强结肠屏障、支持结肠抗炎。在膳食纤维有限的情况下，结肠 pH 上升到 6.5，此时短链脂肪酸的生成量降低，使包括各种病原菌在内的变形菌门细菌增多，导致内毒素增加的风险（Musilova，2014）。正因为如此，目前西方国家的低纤维饮食文化与其他传统的高纤维饮食相比更容易产生不正常的微生物群（Lynch，2015）。研究显示，在养老院中经常食用低膳食纤维食品的老人比居住在家中食用正常食品的老人的虚弱程度明显提高（Claesson，2012）。

二、改善体重指数

1. 减少成年人肥胖

大量研究及对不同膳食文化的比较显示食用高纤维含量的食品可以减少肥胖（Shay，2012；Liu，2003；Tucker，2009）。体重正常的人群对肉类、脂肪、含糖饮料、碳酸饮料的摄入较少，而更多食用蛋白质、纤维、维生素 A 和维生素 C、镁、非血红素铁等含量高的食品。一项涉及 74091 个平均年龄为50岁的美国妇女的研究显示，摄入膳食纤维最多的妇女比摄入膳食纤维最少的妇女平均体重少1.5kg（Liu，2003）。另一项研究发现食物中每增加1g膳食纤维可以使体重降低0.25kg、身体脂肪减少0.25%（Tucker，2009）。有三个试验周期为1~4年的临床试验结果显示进食>30g/d的高纤维食物产生的减肥效果与低能量饮食产生的效果相似（Esposito，2004；Ma，2015；Pal，2011）。与≥30g/d的高纤维含量的膳食相比，膳食纤维补充剂对促进饱腹感、降低能量摄入、减少体重方面的效果相对较差，主要原因是加工过程对膳食纤维的部分物理性能造成影响以及补充剂对其他食物中能量吸收的影响较小（Wanders，2011）。膳食纤维因其独特的胶体特性，可以刺激咀嚼和唾液的分泌，促进饱腹感信号的产生，并在胃部吸水膨胀进一步强化机体的饱腹感。此外,水合后的膳食纤维增大了体系的黏度,减缓胃的排空，从而延长机体的饱腹感。

作为肠道微生物的主要能量来源，膳食纤维对肠道微生物的种群组成具有决定性作用，而肠道微生物对宿主食欲的影响也正在引起相关学者的关注。伴随着居民生活水平的不断提升，肥胖引发的健康问题也日渐凸显。以能量密度低、饱腹感强的膳食纤维为食品配料调控消费者食欲为手段、改善消费者膳食习惯为目的而设计的体重控制产品，相较于手术或者药物减肥更易被消费者接受。科学客观地评价食品产生饱腹感能力的大小是合理设计这类产品的前提，目前检验进食前后饱腹感相关激素水平的变化成为客观监测饱腹感的主要手段，可以采用功能性磁共振成像技术和正电子发射型计算机断层显像技术直接截获大脑中的饱腹感信号，但目前仍只能区分极饿和极饱2种极端状态，相关技术仍需进一步发展。对于主观饱腹感的评价，功能日渐完善的电子食欲评分系统（Electronic Appetite Rating System，EARS）相较于传统的VAS、AUC和SQ更为方便和精确（商龙臣，2018）。

2. 改善儿童和青少年体质

几项纵向研究一致发现，健康的饮食模式或添加纤维与儿童和青少年较低的身体质量指数（BMI）和体脂有关（Davis，2009；Altman，2015）。一项涉及85个青少年的研究显示，膳食纤维平均降低3g/1000kcal后，内脏脂肪组织体积与膳食纤维增加的人群相比显著增加21%（Davis，2009）。图3-4所示为膳食纤维摄入量对内脏脂肪组织体积的影响。

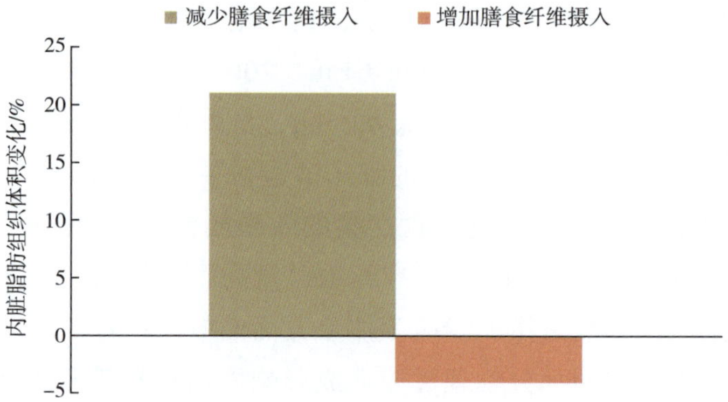

图 3-4　膳食纤维摄入量对内脏脂肪组织体积的影响

三、降低慢性病风险

1. 预防心血管疾病

几项前瞻性队列研究的结果显示，膳食纤维摄入量与心血管疾病风险之间存在负相关性，每天膳食纤维摄入量增加 7~10g 可以使心血管疾病风险下降 9%~11%（Threapleton，2013）。临床证据表明健康的饮食方式可以使心血管疾病风险下降 22%~59%［Dietary Guidelines Advisory Committee（DGAC），2015］。2008 年，在对已有数据进行详细评估的基础上，美国营养和饮食学会认为高纤维摄入有助于降低血脂水平、血压和全身炎症指标，从而对心血管系统起保护作用（Dahl，2015）。一项在欧洲开展的有 22915 人参与的癌症前瞻性研究发现膳食纤维摄入与总胆固醇、LDL-C 和甘油三酯呈负相关性，而与 HDL-C 呈正相关性（Wu，2007）。

陈新宇等（陈新宇，2019）综述了小米、燕麦、荞麦、薏米等几种常见杂粮在降血脂功效方面的研究进展，结果表明，杂粮中具有降血脂作用的主要功能成分是膳食纤维、亚油酸、黄酮和多酚类物质。曾琳娜等（曾琳娜，2014）的研究表明，可溶性膳食纤维具有降低胆固醇的作用，复合膳食纤维对高胆固醇血症小鼠有明显的降脂作用。

2. 降低冠心病风险

美国国家科学院的医学研究院在确定膳食纤维摄入量时的主要依据是其对降低冠心病风险的影响［IOM（Institute of Medicine），2005］。研究显示，每天增加 10g 膳食纤维摄入可使冠心病风险下降 8%~11%、死亡率下降 24%（Wu，2015）。大量研究显示，从全谷物，特别是燕麦和大麦、水果、蔬菜、豆类、坚果等食物中每天摄入≥ 26~30g 膳食纤维，或≥ 3~12g 车前草、瓜尔豆胶、果胶等提取的可溶性、黏性膳食纤维补充剂可以使 LDL-C 降低 4%~8%（Brown，1999；Whitehead，2014；Ravn-Haren，2013）。一项在芬兰开展的涉及 21930 名吸烟者的试验显示膳食纤维摄入能使冠心病风险下降 31%，其中谷物纤维比蔬菜或水果纤维的效果更好、水溶性纤维比不溶性纤维更有效（Pietinen，1996）。

3. 降血压

充足的膳食纤维摄入对降低血压有一定影响，尤其是对于高血压人群。三项研究显示，膳食纤维摄入量每天增加 6~11.5g 可以使收缩血压降低 0.9~1.2mmHg、舒张压降低 0.7~1.7mmHg（Evans，2015；Streppel，2005；Whelton，2005）。进一步分析显示，在老年人和高血压患者中，收缩血压降低 6mmHg、舒张压降低 4.2mmHg，显示出更好的降压效果。β- 葡聚糖具有非常好的降压功效，每天摄入 4g 可使收缩血压降低 2.9mmHg、舒张压降低 1.5mmHg（Evans，2015）。

4. 降低中风的风险

充足的膳食纤维摄入可以降低中风的风险。几项前瞻性研究的荟萃分析一致发现，膳食纤维摄入量与中风风险之间存在剂量 - 反应负相关性（Chen，2013；Threapleton，2013；Casiglia，2013），其中一项涉及 314864 人的荟萃分析结果显示，每天摄入的 10g 膳食纤维可使中风风险下降 12%，另一项涉及 1023131 人的荟萃分析结果显示，最高膳食纤维摄入人群比最低摄入人群的中风风险下降 17%。

5. 降低 2 型糖尿病发病率

膳食纤维在预防和治疗 2 型糖尿病方面有重要作用。高膳食纤维的摄入能控制血糖及糖化血红蛋白水平、提高胰岛素敏感性，从而降低 2 型糖尿病的发病率、避免或延缓患者并发症的发生。膳食纤维对 2 型糖尿病控制血糖也是有利的，能降低胰岛素的使用量（刘长伟，2013）。一项涉及 488293 人的荟萃分析结果显示，在每天膳食纤维摄入量超过 25g 时，膳食纤维的增加与糖尿病风险的下降呈线性关系（Yao，2014）。另一项涉及 617968 人的研究显示，每天摄入的 10g 膳食纤维可以使糖尿病风险下降 9%，其中谷物纤维的下降率为 25%、蔬菜纤维的下降率为 7%、水果纤维的下降率为 5%（The InterAct Consortium，2015）。一项涉及 522 个中年肥胖人群的研究显示，结合锻炼等健康生活方式，摄入 15g/1000kcal 的膳食纤维在 3 年内可使糖尿病风险下降 58%（Tuomilehto，2001）。膳食纤维对糖尿病的影响部分由于膳食纤维具有降低肥胖的作用（Tuomilehto，2001）。图 3-5 所示为 17 项前瞻性队列研究显示的增加膳食纤维摄入量对 2 型糖尿病风险的影响（Yao，2014）。

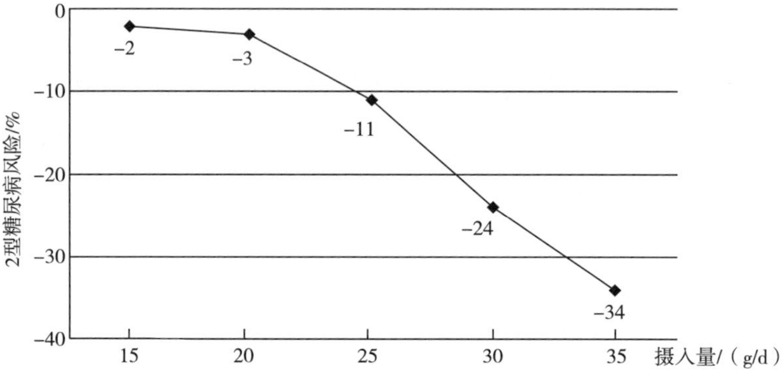

图 3–5　增加膳食纤维摄入量对 2 型糖尿病风险的影响

四、预防肿瘤

基于食用高纤维含量传统食品的非洲人中结直肠癌的发生率很低，国际医疗界在 20 世纪 70 年代就已经认识到膳食纤维可以降低癌症发生的风险（Burkitt，1971），其可能的作用机制包括短链脂肪酸对结肠 pH 的影响、丁酸盐对细胞分解速率的影响、膳食纤维降低肥胖的影响等（Sengupta，2006；Lipkin，1999；Gallagher，2015）。

1. 减少结直肠癌发病率

充足的膳食纤维摄入可以减少结直肠癌发生率。2011 年，世界癌症研究基金会（WCRF）和美国癌症研究中心的报告的结论是，有令人信服的证据表明，富含膳食纤维的饮食可以预防结直肠癌的风险（World Cancer Research Fund，2011）。一项涉及 1985552 人的荟萃分析结果显示每天摄入 10g 膳食纤维可以降低结直肠癌风险 10%，更高的摄入量可以进一步降低结直肠癌风险（Aune，2011）。在一项欧洲进行的涉及 477312 人的研究中发现，每天摄入 10g 膳食纤维可以降低结直肠癌风险 13%（Murphy，2012）。在美国进行的一项综合研究中发现，膳食纤维摄入 ≥ 12.8g/1000kcal 的人群比摄入 <9.9g/d 的人群的偶发远端结直肠腺瘤或直肠腺瘤风险低 24%，其中谷物和水果源膳食纤维最有

效（Kunzmann，2015）。在北美进行的一项涉及 96354 人的研究显示，素食与普通饮食相比可以使总结直肠癌风险下降 22%（Orlich，2015）。图 3-6 所示为在 11 年的跟踪期内增加膳食纤维摄入量对降低平均年龄 52 岁的成年人结直肠癌风险的影响（Murphy，2012）。

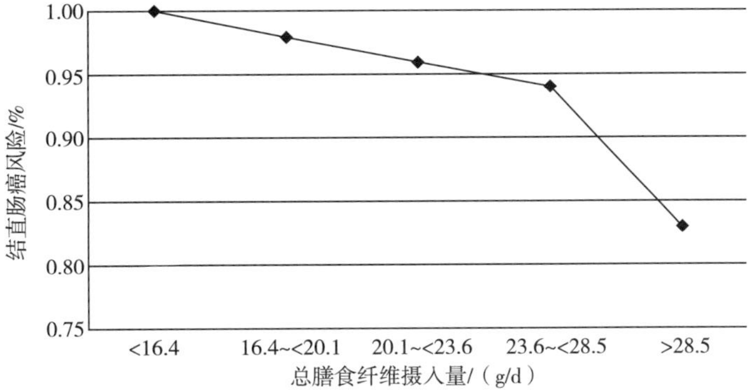

图 3-6　增加膳食纤维摄入量对降低平均年龄 52 岁的成年人结直肠癌风险的影响

2. 降低乳腺癌发病率

几项对乳腺癌的荟萃分析结果显示每天增加 10g 膳食纤维摄入可以使患乳腺癌风险下降 5%~7%（Dong，2011）。欧洲一项涉及 334849 个妇女的前瞻性调查发现总膳食纤维摄入可以使患乳腺癌风险下降 5%，而非淀粉蔬菜源的膳食纤维导致的下降为 10%。对于蔬菜源膳食纤维，雌激素受体阴性和孕酮受体阴性肿瘤有较强的相关性，高膳食纤维摄入人群与低摄入人群之间的乳腺癌风险差别为 26%，而对于雌激素受体阳性和孕酮受体阳性肿瘤，高膳食纤维摄入人群与低摄入人群之间的乳腺癌风险差别为 8%（Ferrari，2013）。一项在美国开展的涉及 90534 个女性的研究显示，在青春期和成年早期有充足的膳食纤维摄入对乳腺癌发生有预防作用，高摄入人群的乳腺癌发生率比低摄入人群降低 25%（Farvid，2016）。膳食纤维对乳腺癌的预防作用可能是由于其对消化系统中雌激素的隔离作用以及降低结肠中 β- 葡萄糖醛酸酶的活性，从而导致更多的雌激素从粪便排出。

3. 预防其他癌症

充足的膳食纤维摄入对前列腺癌和胃癌也有预防作用。Yang 等（Yang，2015）的研究显示低膳食纤维含量的饮食与高前列腺癌死亡率相关。一项涉及 580064 人的荟萃分析结果显示，每天增加摄入 10g 膳食纤维可以使胃癌风险下降 44%（Zhang，2013）。

五、改善老年健康

1. 有益于健康的老龄化过程

健康的老龄化具有如下 4 个特征。

（1）避免过早患上重大慢性疾病。

（2）保持良好的身体和认知功能，日常生活的核心活动不受限制。

（3）没有严重的抑郁症状。

（4）对身体健康有良好的自我感觉。

健康的饮食方式在控制能量摄入的同时提供足够的微量营养素、膳食纤维和抗氧化剂，在 45~65 岁人群的老龄化过程中起重要作用。一项在法国开展的涉及 2796 个平均年龄 52 岁的中年人的研究显示，中等能量（男人≤ 2500kcal/d、女人≤ 1820kcal/d）的健康饮食能使健康老龄化的概率提高 46%（Assmann，2015）。Gilhooly 等（Gilhooly，2008）的研究显示，高膳食纤维摄入能显著控制能量摄入，从而改善身体质量指数（BMI）。有几项研究显示，富含膳食纤维的饮食可以显著降低老龄化过程中一个重要的因素系统性炎症（石立民，2014；Jiao，2015；North，2009；Grooms，2013）。一项在澳大利亚开展的研究显示，最高膳食纤维摄入人群比最低摄入人群的成功老化概率提高 79%（Gopinath，2016）。

2. 延长寿命

前瞻性研究表明，健康的饮食方式可以提高预期寿命（Harmon，2015），充足的纤维摄入在降低全因和特定疾病死亡率方面起独立的作用。一项涉及 72113 名女性的研究显示，健康的饮食和足够的纤维摄入可以显著降低全因死亡风险 17%，而低纤维饮食可以提高全因死亡风险 21%（Heidemann，2008）。一项涉及 1752848 个中年人的荟萃分析结果显示，增加膳食纤维摄入可以降低死亡风险（Liu，2015）。美国国家卫生研究院的一项涉及 567169 人的饮食与健康研究结果显示，每天膳食纤维摄入量增加 15g 可以显著降低全因死亡率 22%（Park，2011）。与此相似，欧洲的一项涉及 452717 人的研究结果显示，每天摄入 10g 膳食纤维可以使总死亡率风险降低 10%（Chuang，2012）。

图 3-7 总结了膳食纤维的健康功效。

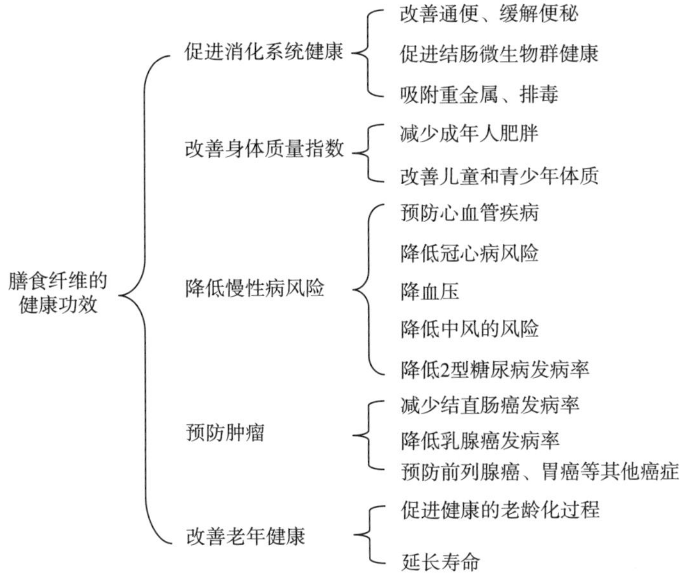

图 3-7 膳食纤维的健康功效

第七节 小结

胃肠道在人体健康中起重要作用，其与便秘和结肠疾病、肥胖、糖尿病以及心脏、肾脏、认知和免疫功能密切相关，也与乳腺癌、结肠癌等癌症的形成和治疗相关。膳食纤维在胃肠道健康及其相关的人体健康中扮演一个十分重要的角色。食物中充足的膳食纤维可以降低体重增加和肥胖的风险、预防各种慢性疾患、促进健康老化。充足的膳食纤维摄入是更好地控制饥饿、能量代谢、心血管代谢性，维持健康的结肠菌群、润肠、免疫等有益于人体健康以及预防慢性疾患过程中的一个关键要素。日常生活中膳食纤维的种类很多，拥有很多不同的理化特性，在结肠中的发酵程度也不一样，其中膳食纤维摄入的一个标记物是结肠发酵产生的丙酸通过肝脏合成的十七烷酸，其与糖尿病和冠心病发生的风险呈负相关性。食物本身含有的膳食纤维以及作为膳食补充剂的膳食纤维均具有减轻餐后血糖反应、降低血脂、促进通便等健康功效。大量科学研究已经证实增加膳食纤维摄入量与改善健康状况、降低慢性疾病风险和人的健康老化密切相关。

参考文献

[1] Altman M, Holland J C, Lundeen D, et al. Reduction in food away from home is associated with improved child relative weight and body composition outcomes and this relation is mediated by changes in diet quality[J]. J Acad Nutr Diet, 2015, 115: 1400-1407.

[2] Anderson J W, Baird P, Davis R H Jr, et al. Health benefits of dietary fiber[J]. Nutr Rev, 2009, 67 (4): 188-205.

[3] Anon. The definition of dietary fiber[J]. Cereal Foods World, 2001, 46: 112-126.

[4] Assmann K E, Lassale C, Andreeva V A, et al. A healthy dietary pattern at midlife, combined with a regulated energy intake, is related to increased odds for healthy aging[J]. J Nutr, 2015, doi: 10.3945/jn.115.210740.

[5] Aune D, Chan D S, Lau R, et al. Dietary fiber, whole grains, and risk of colorectal cancer: systematic review and dose-response meta-analysis of prospective studies[J]. BMJ, 2011, 343: d6617. doi: 10.1136/bmj.d6617.

[6] Basanta M F, Ponce N M A, Rojas A M, et al. Effect of extraction time and temperature on the characteristics of loosely bound pectin from Japanese plum[J].Carbohydrate Polymers, 2012, 89 (1): 230-235.

[7] Boulange C L, Neves A L, Chilloux J, et al. Impact of the gut microbiota on inflammation, obesity, and metabolic disease[J]. Genome Med, 2016, 8: 42. doi: 10.1186/s13073-016-0303-2.

[8] Brodribb A J M, Groves C. Effect of bran particle size on stool weight[J]. Gut, 1978, 19: 60-63.

[9] Brown L, Rosner B, Willett W, et al. Cholesterol lowering effects of dietary fiber. A meta-analysis[J]. Am J Clin Nutr, 1999, 69: 30-42.

[10] Burkitt D. Historical aspects. In: Kritchevsky D, Bonfield C (ed). Dietary Fiber in Health and Disease[M]. New York: Egan Press, 1995: 3-25.

[11] Burkitt D P. Possible relationships between bowel cancer and dietary habits[J]. Proc Res Soc Med, 1971, 64: 964-965.

[12] Casiglia E, Tikhonoff V, Caffi S, et al. High dietary fiber intake prevents stroke at the population level[J]. Clin Nutr, 2013, 32 (5): 811-818.

[13] Chen J L, Gao D X, Yang L T, et al. Effect of microfluidization process on the functional properties of insoluble fiber[J]. Food Research International, 2013, 54 (2): 1821-1827.

[14] Chen G C, Lv D B, Pang Z, et al. Dietary fiber intake and stroke risk: a meta-analysis of prospective cohort studies[J]. Eur J Clin Nutr, 2013, 67: 96-100.

[15] Chuang S C, Norat T, Murphy N, et al. Fiber intake and total and cause-

specific mortality in the European Prospective Investigation into Cancer and Nutrition cohort[J]. Am J Clin Nutr，2012，96：164-174.

[16] Claesson M J，Jeffery I B，Conde S. Gut microbiota composition correlates with diet and health in the elderly[J]. Nature，2012，488：178-185.

[17] Conlon M A，Bird A R. The impact of diet and lifestyle on gut microbiota and human health[J]. Forum Nutr，2015，7：17-44.

[18] Cummings J H. The effect of dietary fiber on fecal weight and composition. In：3rd ed. Spiller G A（ed）. CRC Handbook of Dietary Fiber in Human Nutrition[M]. Boca Raton，FL：CRC Press，2001，183-241.

[19] Dahl W J，Stewart M L. Position of the academy of nutrition and dietetics：health implications of dietary fiber[J]. J Acad Nutr Diet，2015，115：1861-1870.

[20] Davis J N，Alexander K E，Ventura E E，et al. Inverse relation between dietary fiber intake and visceral adiposity in overweight Latino youth[J]. Am J Clin Nutr，2009，90：1160-1166.

[21] Deehan E C，Walter J. The fiber gap and disappearing gut microbiome：implications for human health[J]. Trends Endocrinol Metab，2016，27（5）：239-241.

[22] de Vries J，Miller P E，Verbeke K. Effects of cereal fiber on bowel function：A systematic review of intervention trials[J]. World J Gastroenterol，2015，21（29）：8952-8963.

[23] Dietary Guidelines Advisory Committee（DGAC）. Scientific Report. Advisory Report to the Secretary of Health and Human Services and the Secretary of Agriculture. Part D. Chapter 2：Dietary patterns，foods and nutrients and health outcomes[M]. 2015，1-35.

[24] Dominiak M，Sondergaard K M，Wichmann J，et al. Application of enzymes for efficient extraction，modification，and development of functional properties of lime pectin[J]. Food Hydrocolloids，2014，40（11）：273-282.

[25] Dong J Y，He K，Wang P，et al. Dietary fiber intake and risk of breast cancer：a meta-analysis of prospective cohort studies[J]. Am J Clin Nutr，2011，94：900-905.

[26] Dreher M L. Handbook of Dietary Fiber. An Applied Approach[M]. New York：Marcel Dekker，1987：1-16.

[27] Dreher M L. Dietary Fiber in Health and Disease[M]. Cham：Humana Press，2018.

[28] Esposito K，Marfella R，Ciotola M，et al. Effect of a Mediterranean-style diet on endothelial dysfunction and markers of vascular inflammation in the metabolic syndrome：a randomized trial[J]. JAMA，2004，292（12）：1440-1446.

[29] Evans C E L, Greenwood D C, Threapleton D E, et al. Effects of dietary fiber type on blood pressure: a systematic review and meta-analysis of randomized controlled trials of healthy individuals [J] . J Hypertens, 2015, 33 (5): 897-911.

[30] Farvid M S, Eliassen H, Cho E, et al. Dietary fiber intake in young adults and breast cancer risk [J] . Pediatrics, 2016, 137 (3): e20151226. doi: 10.1542/peds.2015-1226.

[31] Ferrari P, Rinaldi S, Jenab M, et al. Dietary fiber intake and risk of hormonal receptor-defined breast cancer in the European Prospective Investigation into Cancer and Nutrition study [J] . Am J Clin Nutr, 2013, 97: 344-353.

[32] Gallagher E J, LeRoith D. Obesity and diabetes: the increased risk of cancer and cancer-related mortality [J] . Physiol Rev, 2015, 95 (3): 727-748.

[33] Gamel T H, Abdel-Aal E S M, Ames N P, et al. Enzymatic extraction of beta-glucan from oat bran cereals and oat crackers and optimization of viscosity measurement [J] . Journal of Cereal Science, 2014, 59 (1): 33-40.

[34] Gilhooly C H, Das S K, Golden J K, et al. Use of cereal fiber to facilitate adherence to a human caloric restriction program [J] . Aging Clin Exp Res, 2008, 20 (6): 513-520.

[35] Gopinath B, Flood V M, Kifley A, et al. Association between carbohydrate nutrition and successful aging over 10 years [J] . J Gerontol A Biol Sci Med Sci, 2016, 71 (10): 1335-1340.

[36] Grabitske H A, Slavin J L. Gastrointestinal effects of low-digestible carbohydrates [J] . Crit Rev Food Sci Nutr, 2009, 49 (4): 327-360.

[37] Grooms K N, Ommerborn MJ, Quyen D, et al. Dietary fiber intake and cardiometabolic risk among US adults, NHANES 1999-2010 [J] . Am J Med, 2013, 126 (12): 1059-1067.

[38] Guo X F, Han D M, Xi H P, et al. Extraction of pectin from orange peel assisted by ultra-high pressure, microwave or traditional heating: A comparison [J] . Carbohydrate Polymers, 2012, 88 (2): 441-448.

[39] Harmon B E, Boushey C J, Shvetsov Y B, et al. Associations of key diet-quality indexes with mortality in the Multiethnic Cohort: The Dietary Patterns Methods Project [J] . Am J Clin Nutr, 2015, 101: 587-597.

[40] Heidemann C, Schulze M B, Franco O H, et al. Dietary patterns and risk of mortality from cardiovascular disease, cancer, and all-causes in a prospective cohort of women: Heidemann-dietary patterns and mortality [J] . Circulation, 2008, 118 (3): 230-237.

[41] Hipsley E. Dietary fiber and pregnancy toxaemia [J] . Br Med J, 1953, 2: 420-422.

[42] Institute of Medicine (IOM) . Dietary Reference Intakes for Energy,

Carbohydrate, Fiber, Fat, Fatty Acids, Cholesterol, Protein, and Amino Acids[M]. Washington, DC: National Academies Press, 2005.

[43] IOM (Institute of Medicine). Dietary reference intakes for energy, carbohydrate, fiber, fat, fatty acids, cholesterol, protein, and amino acids [M]. Washington, DC: National Academies Press, 2005.

[44] Jenkins D J, Kendall C W, Vuksan V, et al. The effect of wheat bran particle size on laxation and colonic fermentation[J]. J Am Coll Nutr, 1999, 18(4): 339-345.

[45] Jiao J, Xu J Y, Zhang W, et al. Effect of dietary fiber on circulating C-reactive protein in overweight and obese adults: a meta-analysis of randomized controlled trials[J]. Int J Food Sci Nutr, 2015, 66 (1): 114-119.

[46] Kunzmann A T, Coleman H G, Huang W Y, et al. Dietary fiber intake and risk of colorectal cancer and incident and recurrent adenoma in the Prostate, Lung, Colorectal, and Ovarian Cancer Screening Trial[J]. Am J Clin Nutr, 2015, 102: 881-890.

[47] Lipkin M, Reddy B, Newmark H, et al. Dietary factors in human colorectal cancer[J]. Annu Rev Nutr, 1999, 19: 545-586.

[48] Liu S, Willett W C, Manson J E, et al. Relation between changes in intakes of dietary fiber and grain products and changes in weight and development of obesity among middle-aged women[J]. Am J Clin Nutr, 2003, 78: 920-927.

[49] Liu L, Wang S, Liu J. Fiber consumption and all-cause, cardiovascular, and cancer mortalities: A systematic review and meta-analysis of cohort studies[J]. Mol Nutr Food Res, 2015, 59: 139-146.

[50] Lynch D B, Jeffery I B, Cusack S, et al. Diet microbiota health interactions in older subjects: implications for healthy aging[J]. Interdiscip Top Gerontol, 2015, 40: 141-154.

[51] Ma Y, Olendzki B C, Wang J, et al. Single-component versus multi-component dietary goals for the metabolic syndrome: a randomized trial[J]. Ann Intern Med, 2015, 162: 248-257.

[52] McRorie J W. Evidence-based approach to fiber supplements and clinically meaningful health benefits, part 1[J]. Nutr Today, 2015, 50 (2): 82-89.

[53] Meryem B, Chahrazed B, Loic P, et al.Bio-refinery of orange peels waste: A new concept based on integrated green and solvent free extraction processes using ultrasound and microwave techniques to obtain essential oil, polyphenols and pectin[J].Ultrasoniscs Sonochemistry, 2014, 24: 72-79.

[54] Meyer A S, Dam B P, Laerke H N. Enzymatic solubilization of a pectinaceous dietary fiber fraction from potato pulp: Optimization of the fiber extraction process[J]. Biochemical Engineering Journal, 2009, 43 (1): 106-112.

[55] Murphy N, Norat T, Ferrari P, et al. Dietary fiber intake and risks of cancers of the colon and rectum in the European Prospective Investigation into Cancer and Nutrition (EPIC)[J]. PLoS One, 2012, 7(6): e39361. doi: 10.1371/journal.pone.0039361.

[56] Musilova S, Rada V, Vlkova E, et al. Beneficial effects of human milk oligosaccharides on gut microbiota[J]. Benef Microbes, 2014, 5(3): 273-283.

[57] Nakaji S, Sugawara K, Saito D, et al. Trends in dietary fiber intake in Japan over the last century[J]. Eur J Nutr, 2002, 41: 222-227.

[58] North C J, Venter C S, Jerling J C. The effects of dietary fiber on C-reactive protein, an inflammation marker predicting cardiovascular disease[J]. Eur J Clin Nutr, 2009, 63: 921-933.

[59] Orlich M J, Singh P N, Sabate J, et al. Vegetarian dietary patterns and the risk of colorectal cancers[J]. JAMA Intern Med, 2015, 175(5): 767-776.

[60] Pal S, Khossousi A, Binns C, et al. The effect of a fiber supplement compared to a healthy diet on body composition, lipids, glucose, insulin and other metabolic syndrome risk factors in overweight and obese individuals[J]. Br J Nutr, 2011, 105: 90-100.

[61] Park Y, Subar A F, Hollenbeck A, et al. Dietary fiber intake and mortality in the NIH-AARP Diet and Health Study[J]. Arch Intern Med, 2011, 171(12): 1061-1068.

[62] Pietinen P, Rimm E B, Korhonen P, et al. Intake of dietary fiber and risk of coronary heart disease in a cohort of Finnish men[J]. Circulation, 1996, 94: 2720-2727.

[63] Ravn-Haren G, Dragsted L O, Buch-Andersen T, et al. Intake of whole apples or clear apple juice has contrasting effects on plasma lipids in healthy volunteers[J]. Eur J Nutr, 2013, 52: 1875-1889.

[64] Ros E, Hu F B. Consumption of plant seeds and cardiovascular health epidemiological and clinical trial evidence[J]. Circulation, 2013, 128: 553-565.

[65] Saibil F. Diarrhea due to fiber overload[J]. N Engl J Med, 1989, 320: 599.

[66] Schmier J K, Miller P E, Levine J A, et al. Cost savings of reduced constipation rates attributed to increased dietary fiber intake: a decision-analytical model[J]. BMC Public Health, 2014, 14: 374. doi: 10.1186/1471-2458-14-374.

[67] Sengupta S, Muir J G, Gibson P R. Does butyrate protect from colorectal cancer?[J]. J Gastroenterol Hepatol, 2006, 21: 209-218.

[68] Shay C M, Van Horn L, Stamler J, et al. Food and nutrient intakes and their associations with lower BMI in middle-aged US adults: The international study

of Macro-/Micronutrients and Blood Pressure（INTERMAP）[J] . Am J Clin Nutr，2012，96（3）：483-491.
[69] Slavin J L. Position of the American Dietetic Association：health implications of dietary fiber[J] . J Am Diet Assoc，2008，108：1716-1731.
[70] Slavin J. Fiber and prebiotics：mechanisms and health benefits [J] . Forum Nutr，2013，5：1417-1435.
[71] Sonnenburg E D，Sonnenburg J L. Starving our microbial self：the deleterious consequences of a diet deficient in microbiota accessible carbohydrates [J] . Cell Metab，2014，20：779-786.
[72] Stevens J，Van Soest P J，Robertson J B，et al. Comparisons of the effects of psyllium and wheat bran on gastrointestinal transit time and stool characteristics [J] . J Am Diet Assoc，1988，88（3）：323-326.
[73] Streppel M T，Arends L R，van Veer P，et al. Dietary fiber and blood pressure：a meta-analysis of randomized placebo controlled trials [J] . Arch Intern Med，2005，165（2）：150-156.
[74] Tap J，Furet J P，Bensaada M，et al. Gut microbiota richness promotes its stability upon increased dietary fiber intake in healthy adults [J] . Environ Microbiol，2015，17（12）：4954-4964.
[75] The InterAct Consortium. Dietary fiber and incidence of type 2 diabetes in eight European countries：the EPIC-InterAct Study and a meta-analysis of prospective studies[J] . Diabetologia，2015，58（7）：1394-1408.
[76] Thomassen L V，Vigsnaes L K，Licht T R，et al. Maximal release of highly bifidogenic soluble dietary fibers from industrial potato pulp by minimal enzymatic treatment [J] . Applied Microbiology and Biotechnology，2011，90（3）：873-884.
[77] Thomassen L V，Larsen D M，Mikkelsen J D，et al. Definition and characterization of enzymes for maximal biocatalytic solubilization of prebiotic polysaccharides from potato pulp [J] . Enzyme & Microbial Technology，2011，49（3）：289-297.
[78] Threapleton D E，Greenwood D C，Evans C E L，et al. Dietary fiber intake and risk of cardiovascular disease：systematic review and meta-analysis [J] . BMJ，2013，347 doi：10.1136/bmj.f6879.
[79] Threapleton D E，Greenwood D C，Evans C E，et al. Dietary fiber intake and risk of first stroke：a systematic review and meta-analysis [J] . Stroke，2013，44（5）：1360-1368.
[80] Trowell H C，Southgate D A T，Wolever T M S，et al. Dietary fiber redefined [J] . Lancet，1976，1：967-971.
[81] Trowell H C. Crude fiber，dietary fiber and atherosclerosis [J] . Atherosclerosis，1972，16：138-141.

[82] Tucker L A, Thomas K S. Increasing total fiber intake reduces risk of weight and fat gains in women[J] . J Nutr, 2009, 139: 576-581.

[83] Tuomilehto J, Linstrom J, Eriksson J G, et al. Prevention of type 2 diabetes mellitus by changes in lifestyle among subjects with impaired glucose tolerance [J] . N Engl J Med, 2001, 344: 1343-1350.

[84] Villanuevasuarez M J, Perezcozar M L, Redondocuenca A. Sequential extraction of polysaccharides from enzymatically hydrolyzed okara byproduct: Physicochemical properties and *in vitro* fermentability[J] . Food Chemistry, 2013, 141 (2): 1114-1119.

[85] Wanders A J, van den Borne J J, de Graaf C, et al. Effects of dietary fiber on subjective appetite, energy intake and body weight: A systematic review of randomized controlled trials[J] . Obes Rev, 2011, 12 (9): 724-739.

[86] Whelton S P, Hyre A D, Pedersen B, et al. Effect of dietary fiber intake on blood pressure: a meta-analysis of randomized, controlled clinical trials[J] . J Hypertens, 2005, 23 (3): 475-481.

[87] Whitehead A, Beck E J, Tosh S, et al. Cholesterol-lowering effects of oat β-glucan: a meta-analysis of randomized controlled trials [J] . Am J Clin Nutr, 2014, 100: 1413-1420.

[88] World Cancer Research Fund, American Institute of Cancer Research. Continuous Update Project. [M] . London: Colorectal Cancer 2011 Report Food, Nutrition, Physical Activity, and the Prevention of Colorectal Cancer, 2011.

[89] World Health Organization/Food and Agriculture Organization (WHO/FAO) . Diet, Nutrition and Prevention of Chronic Diseases: Report of a Joint WHO/ FAO Expert Consultation[M] . WHO Technical Report Series 916, 2003.

[90] Wu K, Bowman R, Welch A A, et al. Apolipoprotein E polymorphisms, dietary fat and fiber, and serum lipids: The EPIC Norfolk study[J] . Eur Heart J, 2007, 28 (23): 2930-2936.

[91] Wu Y, Qian Y, Pan Y, et al. Association between dietary fiber intake and risk of coronary heart disease: a meta-analysis[J] . Clin Nutr, 2015, 34 (4): 603-611.

[92] Yang M, Kenfield S A, Van Blarigan E L, et al. Dietary patterns after prostate cancer diagnosis in relation to disease-specific and total mortality[J] . Cancer Prev Res, 2015, 8 (6): 545-551.

[93] Yao B, Fang H, Xu W, et al. Dietary fiber intake and risk of type 2 diabetes: a dose-response analysis of prospective studies[J] . Eur J Epidemiol, 2014, 29 (2): 79-88.

[94] Zhang Z, Xu G, Ma M, et al. Dietary fiber intake reduces risk for gastric cancer: A meta-analysis[J] . Gastroenterology, 2013, 145 (1): 113-120.

[95] 修建成，曹荣安，孔保华，等. 膳食纤维的分类与应用［J］. 农产品加工，2006,（10）：31-33.
[96] 王瑶，张明，王兆升，等. 果蔬加工副产物膳食纤维改性及应用研究进展［J］. 中国果菜，2019,（1）：36-41.
[97] 张单皓，张晓寒，薛兆轩，等. 魔芋葡甘聚糖改性研究进展［J］. 食品安全质量检测学报，2019，10（24）：8389-8398.
[98] 谌小立，赵国华. 抗氧化膳食纤维研究进展［J］. 食品科学，2009，30（5）：291-294.
[99] 张宏邦，罗洁，易翠平，等. 稻米膳食纤维的提取、改性及应用研究进展［J］. 中国粮油学报，2019，34（6）：141-145.
[100] 李放，康玉凡. 豆类膳食纤维研究进展［J］.粮食与油脂，2015，28（3）：14-18.
[101] 郑文新，刘占英，石雅丽，等. 粮食加工副产品中可溶性膳食纤维制备的研究进展［J］.粮食与饲料工业，2017,（12）：9-13.
[102] 邢家溧，杜志红，周静，等. 麦麸膳食纤维加工和利用研究进展［J］. 食品研究与开发，2019，40（3）：195-199.
[103] 杨辉，任雁宇，王涛. 苹果渣可溶性膳食纤维的研究进展［J］. 粮油食品科技，2015，23（5）：61-67.
[104] 刘田，崔同，高哲，等. 山楂膳食纤维的研究进展［J］. 食品研究与开发，2020，41（6）：199-204.
[105] 江东文，鲍金勇，袁根良，等. 香蕉皮膳食纤维的研究进展［J］. 食品研究与开发，2009，30（10）：146-149.
[106] 徐灵芝，黄亮，王平. 竹笋膳食纤维提取方法的研究进展［J］. 中国酿造，2013，32（3）：16-18.
[107] 郑文新，刘占英，石雅丽，等. 可溶性膳食纤维提取的研究进展［J］. 安徽农业科学，2017，45（27）：107-109.
[108] 叶秋萍，曾新萍，郑晓倩. 膳食纤维的制备技术及理化性能的研究进展［J］. 食品研究与开发，2019，40（17）：212-217.
[109] 陈小举，吴学凤，姜绍通，等.响应面法优化半纤维素酶提取梨渣中可溶性膳食纤维工艺［J］.食品科学，2015，36（6）：18 -23.
[110] 李梁，聂成玲，薛蓓，等.响应面法优化酶辅助提取苹果梨渣中可溶性膳食纤维工艺及品质分析［J］.中国食品添加剂，2017,（1）：156-163.
[111] 令博，田云波，吴洪斌，等.微生物发酵法制取葡萄皮渣膳食纤维的工艺优化［J］.食品科学，2012，33（15）：178-182.
[112] 陈亭，许红霞，孙海岚，等. 膳食纤维对肠动力障碍改善作用的研究进展［J］. 肠外与肠内营养，2017，24（4）：122-126.
[113] 刘贺，赵亚凡，杨立娜，等. 膳食纤维的结构特性及其调控肠道菌群改善糖尿病的研究进展［J］. 渤海大学学报（自然科学版），2019，40（4）：289-296.

[114] 商龙臣，李晶，李斌. 膳食纤维饱腹感的研究进展 [J]. 食品安全质量检测学报，2018，9（2）：372-379.
[115] 陈新宇，兰凤英，张宗颖. 几种常见杂粮降血脂功效研究进展 [J]. 粮食与油脂，2019，32（8）：18-20.
[116] 曾琳娜，刘博，林亲录，等.可溶性膳食纤维抗高脂血症研究进展 [J]. 粮食与油脂，2014，27（1）：1-4.
[117] 刘长伟，李梅.高膳食纤维摄入防治糖尿病的研究进展 [J]. 医学综述，2013，19（23）：4326-4328.
[118] 石立民，刘博，曾琳娜，等. 可溶性膳食纤维抗炎症研究进展 [J]. 粮食与油脂，2014，27（9）：20-22.

第四章 海藻源膳食纤维

第一节 引言

海藻是一类海洋蔬菜，含有丰富的膳食纤维。除了纤维素、半纤维素等陆地植物中含有的传统膳食纤维，海藻类海洋植物中还含有大量结构新颖、功效独特的碳水化合物，使其成为优质膳食纤维的一个重要来源。研究显示海带、江蓠、麒麟菜、马尾藻等海藻的膳食纤维提取率分别为27.3%、28.3%、32.41%和27.9%，其质量和功能指标远超麸皮膳食纤维，在预防人体胃肠道疾病和维护胃肠道健康方面功效显著（李来好，2005）。以褐藻、红藻为原料可提取褐藻胶、卡拉胶、琼胶等海藻胶以及岩藻多糖等种类繁多的海藻源膳食纤维，并且通过生物技术的应用进一步制备海藻胶寡糖、海藻酸丙二醇酯等具有抗氧化、凝胶、增稠、乳化等独特理化特性的海藻多糖衍生物，在膳食纤维领域有重要的应用价值。

第二节 海藻源膳食纤维的特性

海藻是生长在海洋环境中的藻类植物，是一类由基础细胞构成的单株或一长串的简单植物，无根、茎、叶等高等植物的组织构造。海藻的植物细胞含有细胞壁、原生质体、后含物、生理活性物质等成分，这些海藻活性物质是海藻生长繁殖的物质基础，其中海洋大型藻类的细胞外基质为海藻生物体提供其生存所需要的结构强度，包含褐藻胶、卡拉胶、琼胶等海藻特有的结构成分以及纤维素、半纤维素等植物中共有的膳食纤维，使海藻成为膳食纤维含量最丰富的一类植物。图4-1和图4-2以褐藻为例，分别为海藻的显微结构以及海藻细胞壁的基本组成。

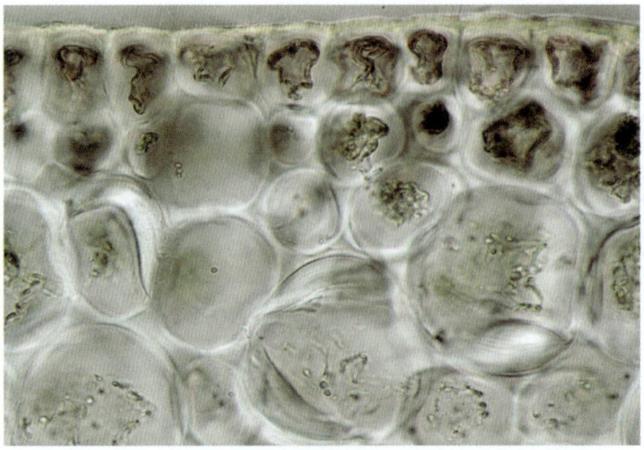

(1)潮湿状态

(2)干燥状态

图 4-1　褐藻的显微结构

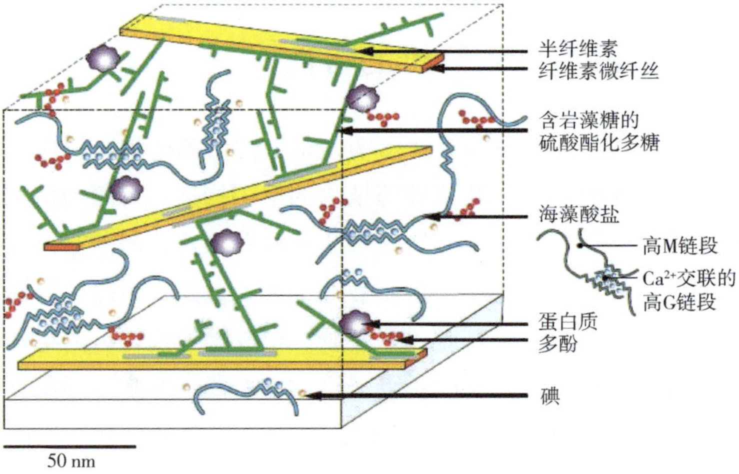

图 4-2　褐藻细胞壁的基本组成

表 4-1 总结了绿藻、红藻、褐藻细胞中的多糖组分，它们既是海藻植物的结构成分，也用于能量的存储。人类拥有可以把海藻淀粉降解的酶，但是对于结构更复杂的多糖，人类没有相应的降解酶（Saiki，1906），这些耐降解的多糖是海藻源膳食纤维的主要来源（Cian,2015）。与陆地植物含有的纤维素不同，海藻细胞壁含有的多糖可能是甲基化、乙酰化、丙酮化或硫酸酯化的（Fleurence，2016；Tiwari，2015）。从海藻中提取的褐藻胶、卡拉胶、琼胶、岩藻多糖等海藻多糖是重要的海藻源食品配料，已经广泛应用于肉制品、乳制品、面制品、饮料等健康产品。

表 4-1　绿藻、红藻、褐藻细胞中的多糖组分（Khan，2009）

海藻	多糖组分
绿藻	直链淀粉、支链淀粉、纤维素、复杂的半纤维素、葡甘露聚糖、甘露聚糖、菊粉、褐藻淀粉、果胶、硫酸黏液、木聚糖
红藻	卡拉胶、琼胶、紫菜胶、纤维素、复杂的黏液、帚叉藻聚糖、糖原、甘露聚糖、木聚糖
褐藻	海藻酸盐、岩藻多糖、褐藻淀粉、纤维素、复杂硫酸酯化葡聚糖、含岩藻糖的聚糖、类地衣淀粉葡聚糖

可食用海藻中一般含有大量膳食纤维，其干基含量在 23.5%~64.0%，超出麦麸的膳食纤维含量（McDermid，2005；Benjama，2012）。在绿藻和红藻中，水溶性纤维占总纤维的 52%~56%，而在褐藻中是 67%~85%（Lahaye，1991），其中大部分膳食纤维通过发酵可以转化为短链脂肪酸，如乙酸、丙酸和丁酸（Michel，1996），可以滋养大肠的上皮细胞，并为宿主提供其他益处，例如乙酸和丙酸通过血液输送到人体的很多器官中，通过氧化提供能量并起到特殊的生理作用。发酵过程产生的短链脂肪酸也滋养了大肠中的菌群使其发挥益生菌作用。目前关于海藻多糖通过肠道菌群产生的健康功效有很多,包括降低糖尿病、高血压和心脏病风险等（Backhed，2005）。

表 4-2 所示为瑞典沿海几种海藻的碳水化合物和蛋白质含量,可以看出绿藻、红藻、褐藻的共同特点是含有丰富的碳水化合物。基于其良好的营养组成，这些海藻作为海洋蔬菜在预防人体胃肠道疾病和维护胃肠道健康方面有显著的功效（刘生利，2010）。

表 4-2　瑞典沿海几种海藻的碳水化合物和蛋白质含量（Olsson，2020）

海藻门类	海藻种类	含水量 /（g/kg 湿重）	碳水化合物 /（g/kg 干重）	蛋白质 /（g/kg 干重）
绿藻	*Cladophora rupestris*	741 ± 20	399 ± 8	184
	Cladophora sp.	871 ± 1	348 ± 25	139
	Ulva intestinalis	860 ± 1	367 ± 31	90
	Ulva lactuca	824 ± 1	347 ± 10	93
红藻	*Ahnfeltia plicata*	695 ± 7	302 ± 9	201
	Brogniartella byssoides	858 ± 1	240 ± 16	158
	Ceramium sp.	854 ± 2	352 ± 37	158
	Chondrus crispus	746 ± 8	526 ± 35	103
	Cystoclonium purpureum	866 ± 1	315 ± 41	172
	Delesseria sanguinea	732 ± 3	259 ± 20	183
	Dilsea carnosa	791 ± 3	477 ± 28	152
	Furcellaria lumbricalis	762 ± 6	297 ± 3	171
	Rhodomela confervoides	814 ± 5	340 ± 17	148
褐藻	*Ascophyllum nodosum*	633 ± 7	317 ± 17	59
	Chorda filum	876 ± 2	292 ± 33	63
	Desmarestia aculeata	759 ± 3	301 ± 101	115
	Fucus serratus	773 ± 9	287 ± 21	71
	Fucus vesiculosus	765 ± 24	266 ± 25	71
	Halidrys siliquosa	770 ± 15	237 ± 67	79
	Laminaria digitata	699 ± 14	519 ± 42	66
	Saccharina latissima	692 ± 7	557 ± 14	69
	Sphacelaria cirrosa	834 ± 1	267 ± 11	120

Ruperez 等（Ruperez，2001）研究了 5 种西班牙可食用海藻的可溶性、不可溶性和总膳食纤维含量，其中总膳食纤维含量占海藻干重的 33.6%~50%。褐藻中的可溶性膳食纤维包括海藻酸盐、岩藻多糖和褐藻淀粉，红藻中的可溶性膳食纤维主要是卡拉胶和琼胶，而不可溶性膳食纤维主要是纤维素，占海藻干重的 12%~40%。红藻中的蛋白质占干重的 20.9%~29.8%，褐藻的蛋白质含量相对较低，占 6.9%~16%。表 4-3 和表 4-4 所示分别为 5 种西班牙可食用海藻的可溶

性膳食纤维（SDF）、不可溶性膳食纤维（IDF）和总膳食纤维（TDF）含量以及可食用海藻的理化性能。

表 4-3　5 种西班牙可食用海藻的可溶性、不可溶性和总膳食纤维含量（Ruperez，2001）

海藻种类	膳食纤维含量 /%（干重）		
	SDF	IDF	TDF
墨角藻	9.80 ± 0.78	40.29 ± 0.98	50.09 ± 1.77
掌状海带	9.15 ± 0.48	26.98 ± 1.97	36.12 ± 2.46
裙带菜	17.31 ± 0.51	16.26 ± 0.79	33.58 ± 1.31
皱波角叉菜	22.25 ± 0.99	12.04 ± 2.89	34.29 ± 3.89
紫菜	14.56 ± 1.33	19.22 ± 2.05	33.78 ± 3.38

表 4-4　5 种西班牙可食用海藻的理化性能（Ruperez，2001）

海藻种类	溶胀性 /（mL/g 干重）	持水量 /（g/g 干重）	持油量 /（g/g 干重）	阳离子交换性能 /（meq/g 干重）
墨角藻	5.77 ± 0.42	5.48 ± 0.42	0.89 ± 0.01	2.61 ± 0.27
掌状海带	9.82 ± 0.64	10.33 ± 0.60	1.11 ± 0.05	1.68 ± 0.08
裙带菜	10.53 ± 0.24	10.96 ± 0.23	0.96 ± 0.03	3.14 ± 0.09
皱波角叉菜	5.87 ± 0.35	7.29 ± 0.21	0.91 ± 0.06	0.96 ± 0.05
紫菜	6.08 ± 0.10	5.12 ± 0.15	1.04 ± 0.03	0.24 ± 0.05

第三节　可溶性海藻源膳食纤维的主要品种

除了纤维素、半纤维素等不可溶性膳食纤维，海藻含有褐藻胶、卡拉胶、琼胶、岩藻多糖、海萝聚糖、帚叉藻聚糖、石莼聚糖、紫菜胶等很多种类的可溶性膳食纤维。

一、褐藻胶

褐藻胶是从海洋褐藻植物中提取出的一类亲水性胶体的总称，包括海藻酸以及海藻酸与钠、钾、钙等金属离子结合后形成的各种海藻酸盐和海藻酸的各种化学和物理改性产物。褐藻类海藻植物细胞的细胞壁由纤维素的微纤丝形成网状结构，内含果胶、木糖、甘露糖、地衣酸、海藻酸等多糖，为细胞提供保护作用，其中海藻酸在 1881 年由英国化学家 Stanford 发现并申请专利（Stanford，1881）。在 1884 年 4 月 8 日的一次英国化学工业协会的会议上，Stanford 对英国海岸线上广泛存在的海藻植物的应用做了详细总结，同时报道了他采用稀碱溶液从海藻中提取海藻酸的方法（Stanford，1884）。Stanford 把用碱溶液处理海藻后提取出的胶状物质命名为 Algin，把这种物质加酸后生成的凝胶称为 Alginic Acid，即海藻酸。在此后的研究中，世界各地科研人员从掌状海带（*Laminaria digitata*）、巨藻（*Macrocystis pyrifera*）、泡叶藻（*Ascophyllum nodosum*）、极北海带（*Laminaria hyperborea*）等各种褐藻中提取出具有独特结构和性能的海藻酸，并在食品、日化、纺织、医药等领域得到广泛应用，成为海洋生物资源利用的一个成功案例（Onsoyen，1992）。图 4-3 所示为一种用于提取海藻酸的褐藻。

(1)自然生长状态　　(2)干燥的雷松藻

图 4-3　智利的雷松藻

从化学的角度看，海藻酸是一种高分子羧酸。自 Stanford 发现海藻酸以后的很长一段时间内，研究人员仅了解到海藻酸是由一种糖醛酸组成的高分子材料，不同来源的海藻酸只在分子质量上有所不同。1955 年，Fischer 等（Fischer，1955）在对海藻酸进行水解后发现其结构中含有两种同分异构体，除了甘露糖醛酸（Mannuronic Acid，以下简称 M），他们发现海藻酸分子结构中还含有古洛糖醛酸（Guluronic Acid，以下简称 G）。图 4-4 所示为海藻酸中二种单体的化学结构及其在海藻酸高分子链中的分布。

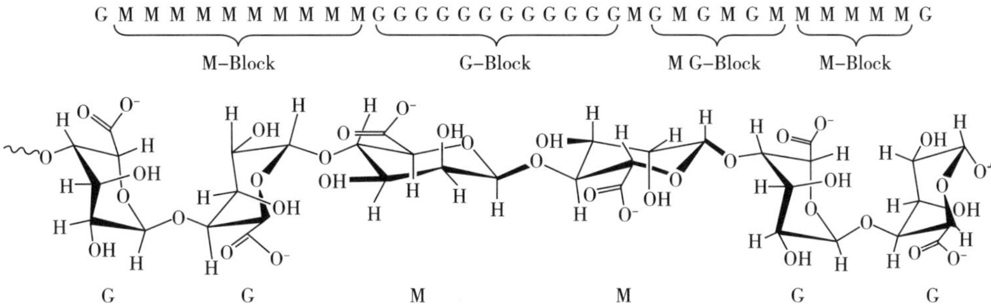

图 4-4　甘露糖醛酸（β-D-mannuronic acid）和古洛糖醛酸（α-L-guluronic acid）的化学结构及其在海藻酸高分子链中的分布

海藻酸高分子结构中的 M 和 G 两种醛酸是同分异构体，它们的主要区别在于 C5 位上—OH 基团立体结构的不同，其成环后的构象，尤其是进一步聚合成高分子链后的空间结构有很大的差别。海藻酸可以被看成是一种由 M 和 G 单体组成的嵌段共聚物。Haug 等（Haug，1966；Haug，1967）通过一系列研究发现海藻酸的高分子结构中含有三种链段，即 MM、GG 和 MG/GM。他们用酸水解后得到低分子质量的海藻酸链段，经过分离、检测后发现这些链段有很不同的立体结构。当相邻的两个 M 单体间以 1e~4e 两个平状键相键合，形成的 MM 链结构如“带”状，而当相邻的两个 G 单体以 1α~4α 两个直立键相键合，形成的 GG 链结构如“脊柱”状（Vincent，1960；Hirst，1964）。M 和 G 单体的含量在不同来源的海藻酸中有较大变化，直接影响其作为膳食纤维的功能特性。

从褐藻中提取海藻酸的过程包括水洗、磨碎、用碱溶液溶解藻体内的海藻酸等工艺使海藻酸与藻体分离，然后用氯化钙使海藻酸以海藻酸钙凝胶的形式沉淀，形成的凝胶用酸洗去除内部的钙离子后与碳酸钠反应形成海藻酸钠，经过干燥、磨碎等工艺加工成工业用海藻酸钠粉末。

作为一种高分子羧酸，海藻酸可以与金属离子结合后形成各种海藻酸盐，其中海藻酸与钠、钾、铵等一价离子结合后形成水溶性的海藻酸盐，与钙、锌、铜等多价金属离子结合后形成不溶于水的海藻酸盐，海藻酸本身是一种不溶于水的高分子材料。在各种应用领域，海藻酸钠是最常用的海藻酸盐，可以溶解在水中形成缓慢流动的滑溜溶液。由于海藻酸钠的分子质量很大并且其分子具有刚性结构，即使在低浓度下海藻酸钠的水溶液也具有非常高的表观黏度。

海藻酸钠水溶液在与钙离子等高价阳离子接触后，通过大分子间的交联形成凝胶。由于立体结构的不同，*β*-D- 甘露糖醛酸和 *α*-L- 古洛糖醛酸对钙离子的结合力有很大的区别。两个相邻的 G 单体之间形成的空间在凝胶过程中正好容纳一个钙离子，在与另外一个 GG 链段上的羧酸结合后，钙离子与 GG 链段的海藻酸可以形成稳定的盐键。MM 链段的海藻酸在空间上呈现出一种扁平的立体结构，与钙离子的结合力弱，其凝胶性能较 GG 链段差。当海藻酸钠水溶液与钙离子接触后，分子链上的 GG 链段与钙离子结合形成一种类似“鸡蛋盒”的稳定结构，大量水分被锁定在分子之间的网络中，形成含水量极高的冻胶（Haug，1967；Smidsrod，1996；Moe，1995）。图 4-5 所示为海藻酸钠水溶液与钙离子接触后形成“鸡蛋盒”状凝胶结构的效果图。

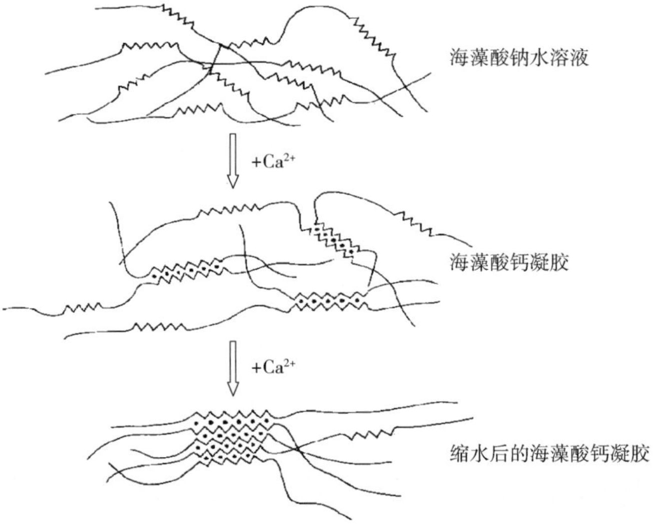

图 4-5　海藻酸钠水溶液与钙离子接触后形成“鸡蛋盒”状的凝胶结构

作为一种直链水溶性天然高分子，海藻酸及各种海藻酸盐具有良好的生物相容性，安全、无毒，以其独特的性能在食品、医疗卫生、日化、纺织印染、生物技术及废水处理等行业得到广泛应用，是制作冰激凌、饮料、仿形食品、健康食品、黏合剂、生物黏附剂、缓控释片、医用敷料、牙模材料、饲料黏结剂、宠物食品黏结剂、面膜和化妆品增稠稳定剂、印花糊料、水处理剂、电焊条、造纸添加剂等各类产品的重要原料。

二、卡拉胶

卡拉胶是从红藻中提取的一种水溶性高分子，与褐藻胶和琼胶同为食品行业的三大海藻胶（赵镜琨，2014）。食品级卡拉胶为白色至淡黄褐色、微有光泽的半透明片状体或粉末状物，无臭、无味，口感黏滑，具有良好的保水性、增稠性、乳化性、胶凝性和安全、无毒等特性。卡拉胶溶解于热水后形成的凝胶是热可逆性的，即加热熔化成溶液，放冷后形成凝胶。

卡拉胶是 D- 半乳糖和 3,6- 脱水 -D- 半乳糖残基组成的线性多糖化合物，其中半乳糖中的部分羟基被硫酸酯化。根据硫酸基在半乳糖单体上的数量和分布，卡拉胶可分为 *k*- 卡拉胶、*ι*- 卡拉胶、*λ*- 卡拉胶等多种类型，其中 *k*- 卡拉胶在与钾离子接触后形成坚硬的凝胶并且可以与乳制品中的蛋白质成分反应后起到稳定蛋白质的作用，*ι*- 卡拉胶与钙离子接触后形成柔软的凝胶，而 *λ*- 卡拉胶不形成凝胶，在食品行业主要作为乳制品的增稠剂。图 4-6 所示为几种卡拉胶的化学结构。

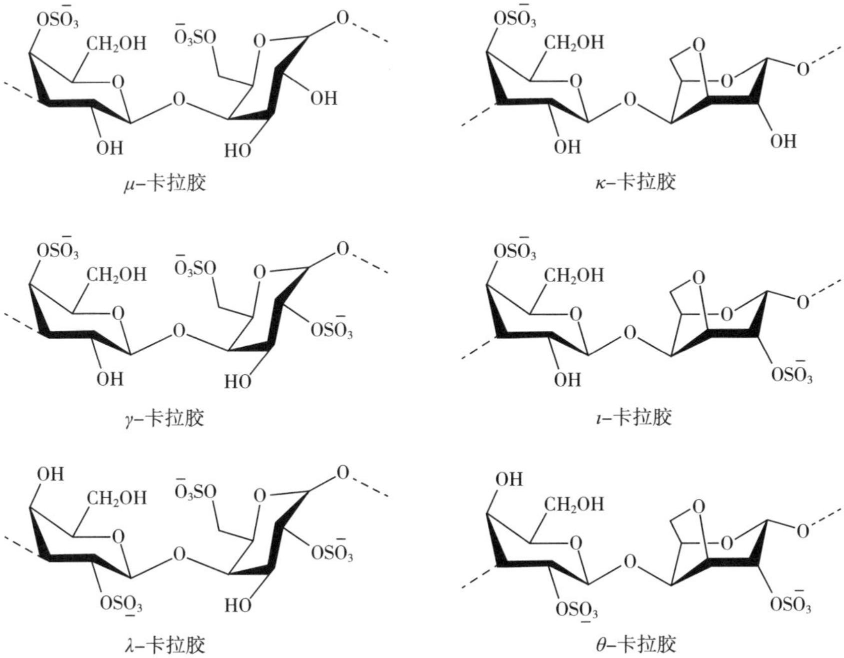

图 4–6　卡拉胶的化学结构

卡拉胶最早在爱尔兰从角叉菜（*Chondrus crispus*）中提取。自 20 世纪 60 年代 Maxwell S. Doty 博士在菲律宾和印度尼西亚发展人工养殖红藻后，卡拉胶的主要原料为卡帕藻（*Kappaphycus alvarezii*）和麒麟菜（*Eucheuma denticulatum*），前者主要用于 *k*- 卡拉胶的生产，后者主要用于 *ι*- 卡拉胶的生产。图 4-7 所示为用于生产卡拉胶的三种红藻。

(1)角叉菜(*Chondrus crispus*)　(2)卡帕藻(*Kappaphycus alvarezii*)　(3)麒麟菜(*Eucheuma denticulatum*)

图 4-7　用于生产卡拉胶的三种红藻

用于生产卡拉胶的红藻富含膳食纤维。李来好（李来好，2005）对印度尼西亚和海南两种麒麟菜的营养成分进行分析后与海带和紫菜比较。结果表明，印度尼西亚和海南麒麟菜的碳水化合物含量分别为 77.97% 和 76.99%，高于海带和紫菜；其蛋白质含量分别为 3.17% 和 2.23%，低于海带和紫菜。作为海洋蔬菜，麒麟菜的膳食纤维含量高、脂肪含量低、热能低，富含微量元素、维生素等营养成分，具有良好的健康功效。

从红藻中提取卡拉胶的生产工艺涉及海藻的洗净晾干、碱处理、洗涤至中性、酸化漂白、提胶、过滤、冷却切条、冻结脱水、解冻、干燥、磨粉等工序，其中碱处理、酸化漂白和提胶是卡拉胶生产过程中的关键工艺。工业上一般用 KOH 处理藻体后再用草酸酸化漂白，可以得到色泽、出胶率和凝胶强度高的卡拉胶制品（黄家康，2009）。

与其他水溶性大分子相比，卡拉胶的最大特点在于其可与蛋白质反应。卡拉胶分子上的硫酸根具有极强的负电荷，而蛋白质是一种两性物质，在等电点以下氨基酸与卡拉胶因持相反电荷而结合后产生沉淀。在等电点以上，二者持相同电荷，由多价阳离子作为交联剂与卡拉胶结合形成亲水胶体。在等电点，可以由多价阳离子作为交联剂与卡拉胶结合形成沉淀。

目前卡拉胶主要应用于食品领域，利用其优良的凝胶性、增稠性和与蛋白质反应的特性。在含乳饮料、果汁果肉饮料及固体饮料中，卡拉胶具有独特的与牛奶中的蛋白质起络合反应的能力，在含乳饮料中可形成触变性的摇溶结构，防止由于颗粒间聚集而形成的沉淀。作为悬浮剂和稳定剂，卡拉胶能使细小的果肉颗粒均匀悬浮在果汁中，大大减缓下沉速度。同时，由于卡拉胶的黏度较低，不易造成糊口，并能改善饮用时的口感，以卡拉胶作稳定剂应用于固体饮料中，可改善其冲调性，且冲后饮料稳定、不易分层。

卡拉胶在酒饮料中可作为澄清剂，也可作为泡沫稳定剂。由于卡拉胶能与蛋白质发生作用，它是一种有效的麦汁澄清剂，能使产品澄清透明，有利于酵母生长，并有利过滤，降低过滤损耗，提高麦汁得率，改善啤酒的生物稳定性，延长啤酒的保质期。在肉制品中，卡拉胶用于火腿及火腿肠上，起到凝胶、乳化、保水、增强弹性等作用，在与蛋白质络合后提供良好的组织结构，使产品具有细腻、切片良好、口感好等功能，是制作火腿肠必需的一种添加剂。在糖果制造中，用卡拉胶生产的软糖透明度好、色泽鲜艳、均匀、光滑、黏性小、爽脆利口。在果冻生产中，卡拉胶因具有独特的凝胶特性而成为果冻首选的凝胶剂，用卡拉胶制成的水果冻富有弹性且没有离水性。

三、琼胶

琼胶是一种存在于红藻门海藻细胞壁中的碳水化合物，由琼脂糖和琼脂胶两部分组成，其中琼脂糖是不含硫酸酯的非离子型多糖，分子链由 1,3 键连接的吡喃半乳糖和 1,4 键连接的 3,6 内醚 -L- 吡喃半乳糖组成。琼脂胶是带有硫酸酯的复杂多糖，没有胶凝功能，是商业生产中需要去除的部分（Araki，1966；Duckworth，1971；Yaphe，1984；Santelices，1989）。

琼胶主要从石花菜、江蓠等红藻植物中提取。含有琼胶的海藻通称为琼胶藻，其种类很多，但不同原料生产的琼胶在性质上存在着或多或少的差别，因此在提到一种琼胶产品的时候，习惯上应标明其原料种类，例如石花菜琼胶、江蓠琼胶等。历史上琼胶的生产是以石花菜为原料开始的，故石花菜琼胶过去被认为是真正的琼胶，其他藻类只作为辅助原料使用。后来由于琼胶需求量迅速增大，石花菜原料供不应求，才逐渐使用其他海藻为原料。目前石花菜和江蓠是世界各地生产琼胶的主要原料，图 4-8 所示为两种红藻图片。

(1)石花菜(*Gelidium*)

(2)江蓠(*Gracilaria*)

图 4-8　用于生产琼胶的两种红藻

石花菜、江蓠等含琼胶的红藻均含有丰富的膳食纤维。李来好（李来好，2005）对南海 5 种不同种类或不同生长海域的江蓠进行营养成分分析后与海带和紫菜比较。结果表明江蓠富含膳食纤维，占其藻体质量的 60%~70%，与海带和紫菜接近，其蛋白质含量在 15% 以上、脂肪含量在 2.5% 以下，是一种膳食纤维和蛋白质含量高、脂肪含量低、热能低且富含微量元素和维生素的海洋蔬菜。

琼胶存在于琼胶藻的细胞壁中，与纤维素、半纤维素、色素、淀粉、蛋白质和无机盐共存。在琼胶的生产过程中，纤维素、半纤维素等不溶于水，盐分可溶于水，淀粉和部分色素可溶于热水，而琼胶只溶于 85℃以上热水，不溶于冷水，因此琼胶的生产主要是根据萃取、分离和脱水干燥原理，把原料中的琼胶最大限度地抽提出来，把杂质尽可能分离出去，再脱水干燥后得到成品（吴燕燕，1995；薛志欣，2006）。

琼胶是一种重要的胶凝材料，与卡拉胶和海藻酸盐不同，其在水溶液中的凝胶基本不受溶液中离子的影响。琼胶的胶凝有滞后现象，85℃下熔化后在 32~40℃凝固，这个性能对于制备凝胶及保持其在比较高的温度下稳定非常重要，因为多项科学研究涉及的凝胶材料需要在 37℃左右保持稳定，而明胶在这个温度下不稳定。

琼胶凝胶的物理性质主要与其中电荷含量有关，其凝胶性能取决于中性琼脂糖的含量。琼胶的凝胶机制：①琼胶溶液冷却时，琼脂糖分子以螺旋形状组成双螺旋体，生成三维网状结构；②进一步冷却，则双螺旋体聚集而生成较硬的凝胶。

凝胶性是琼胶的最大特点，即使浓度很低的琼胶水溶液也能形成凝胶。在相同浓度下琼胶形成凝胶的强度比其他物质都要大，而且没有任何助凝剂时琼胶也能形成凝胶。凝胶强度是衡量琼胶品质的主要指标，其大小不仅与原料来源、生长地点和获取方法等因素有关，也受其自身结构的影响。硫酸基、羧基的含量越高，凝胶强度越低；聚合度越大，凝胶强度越高；3,6- 内醚半乳糖含量越高，凝胶强度越高；琼胶中琼脂糖的含量越高，凝胶强度越高。

琼胶的良好胶凝性能在食品、医药、科学研究等很多领域得到广泛应用，甚至在家庭饮食中也可以用琼胶制作食物或饮品。

四、岩藻多糖

岩藻多糖也称岩藻多糖硫酸酯、岩藻聚糖硫酸酯、褐藻糖胶等，是一种水溶性多糖，其化学结构是硫酸岩藻糖构成的杂聚多糖体。岩藻多糖主要存在于海带、海蕴、裙带菜等褐藻表面的黏液中，是褐藻特有的生物活性物质。岩藻多糖在褐藻中的含量很少，新鲜海带中的含量约为 0.1%，干海带中的含量约为 1%，是一种非常宝贵的海藻活性物质，在褐藻中以墨角藻目（Fucales）和海带目（Laminariales）的含量较高（Morya，2012）。作为一种生物质成分，岩藻多糖对藻体起到保湿、抗菌、抗紫外损伤等重要作用。研究发现，岩藻多糖在海带中的含量与海带部位密切相关，叶片中岩藻多糖的含量比茎部高，叶片边缘的岩藻多糖含量更高。海带的生长季节和产地对岩藻多糖的含量和结构也有显著影响，以 7—12 月份含量较高、3—4 月份含量较低。生长在潮间带较高区域的褐藻暴露于阳光中的时间较长，其岩藻多糖含量也较高（纪明侯，1997）。

岩藻多糖的主要成分是岩藻糖（L-fucose），经过硫酸酯化后形成 α-L- 岩藻糖 -4- 硫酸酯，此外还含有半乳糖、木糖、葡萄糖醛酸等（王晶，2017）。岩藻多糖在 1913 年由瑞典科学家 Kylin 发现（Kylin，1913）。当时不同的学者给予这种功能独特的海藻活性物质不同的名称，包括 Fucoidin、Fucan、Fucosan、Sulfated-fucan 等。目前根据国际 IUPAC 命名法，其英文名为 Fucoidan，中文名为岩藻多糖。图 4-9 所示为岩藻多糖的化学结构。

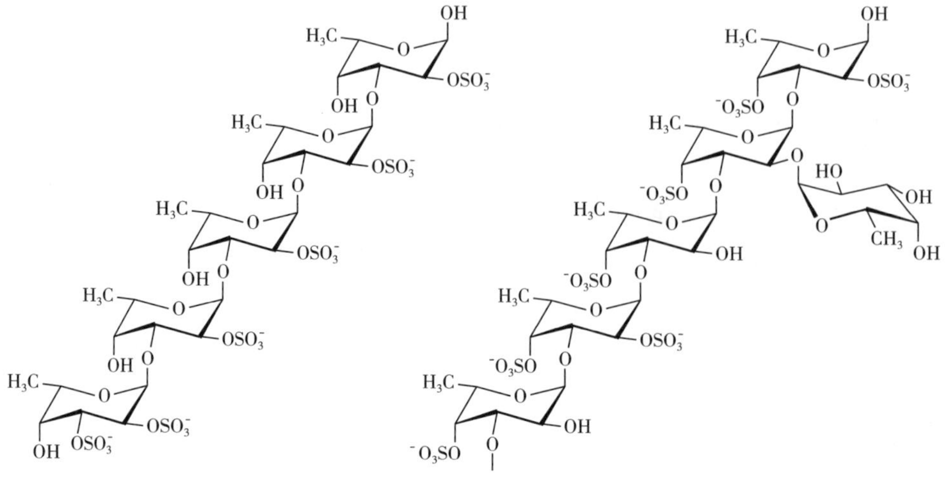

(1)直链型　　(2)支链型

图 4-9　岩藻多糖的化学结构

1982 年 Sugawara 等（Sugawara，1982）发表了岩藻多糖可大幅提升细胞免疫力的研究成果，随后的大量研究显示，岩藻多糖具有抗病毒、提升免疫力、促进肝机能代谢、抗炎、抗衰老、抑制肿瘤等多种生物活性（秦益民，2020）。岩藻多糖在褐藻中的含量虽然不高，但其突出的生理活性已引起世界各国的重视，其健康功效包括以下几点。

（1）抗凝血活性　岩藻多糖同时具有抗血栓形成和溶解血栓的双重作用，目前临床应用的抗凝剂和溶栓剂都不具备这样的特点。

（2）抗肿瘤作用　岩藻多糖可以诱导机体自身细胞 DNA 分解酶切断癌细胞 DNA，促使癌细胞死亡；作为生物免疫调节剂，增强机体的免疫功能间接杀死肿瘤；通过抑制肿瘤周围毛细血管的生成抑制肿瘤生长。

（3）抗病毒活性　通过阻断病毒 HIV 与靶细胞上的受体连接发挥抗病毒作用。

（4）对重金属等毒素的阻吸作用　吸附有毒物质并加速排除，减轻这些物质对人体的毒害。

（5）免疫调节作用　结合淋巴细胞表面的受体 CR3，参与淋巴细胞的活化、增殖，促进细胞因子和抗体的产生。

（6）抗粥状动脉硬化（AS）　保护内皮细胞免受各种刺激因子损伤，阻断 AS 形成的起始环节；抑制血管平滑肌细胞（VSMC）的增值、迁移；抑制补体系统的作用。

五、海萝聚糖

海萝藻（*Gloiopeltis furcata*）为一年生海藻，属于红藻门内枝藻科海萝属，植物体直立，具有不十分规则的叉状分枝，分布于北太平洋温带海域。中国海域中有两种，其中海萝呈紫红色，高 4~10cm，生于高、中潮带的岩石上，产于沿海各地；鹿角海萝外部形态与海萝相似，但枝端较尖细，末枝常弯曲像鹿角，生于东海和广东省大陆沿岸中、低潮带的岩石上。海萝聚糖（Funoran）是以海萝为原料提取的黏性硫酸半乳聚糖，具有与琼脂相似的结构。作为一种重要的海洋藻类资源，海萝藻的水提取物早在宋朝就被用作织物浆料，在民间，海萝胶被用于治疗痢疾和结肠炎，在日本已批准为安全的食品增稠剂。把海萝用热水处理后可以得到透明、黏稠、具有优良黏合和定型性能的海萝聚糖水溶液，日本的一些企业以此作为陶瓷和纺织工业的黏合剂。海萝聚糖主要用于护发制品，在造纸、纺织、日化制品中被用作胶黏剂。于广利等（于广利，2009）的实验证实海萝聚糖中的多糖均为硫酸酯多糖，其中两种为硫琼胶，另一种为含有木糖的硫酸半乳聚糖。图 4-10 所示为一种海萝的图片。

六、帚叉藻聚糖

帚叉藻聚糖（Furcellaran）也称丹麦琼胶，是一种阴离子型硫酸酯多糖，主要从分布在北欧和亚洲冷水区的帚叉藻（*Furcellaria lumbricalis*）红藻中提取，其化学结构被认为是 β- 和 κ- 卡拉胶的共聚物，高分子结构中的重复单元为 1,3-β-D- 吡喃半乳糖和 1,4-α-D- 吡喃半乳糖，其中部分羟基被硫酸酯化或甲基化。帚叉藻聚糖在食品、医药、日化等领域起到胶凝、黏度控制等作用。图 4-11 所示为帚叉藻的示意图。

图 4-10　海萝（*Gloiopeltis furcata*）

七、石莼聚糖

石莼是一种常见的绿藻。石莼聚糖（Ulvan）是石莼类细胞壁基质中最重要的多糖，其高分子结构中主要包括四种单糖及其硫酸酯。因为藻类的种类、收获季节、成长环境和分离方法的不同，石莼聚糖的组成各不相同，表现出丰富的结构复杂性。石莼聚糖在水中具有很好的水溶性，因为有较高的负电荷，它们在生理盐水或酸溶液中具有浓缩构象和低特性黏度。石莼聚糖在有硼酸、钙离子或者其他二价金属离子存在的情况下可形成热可逆性的凝胶（Wang，2014）。图 4-12 所示为石莼。

图 4-11　帚叉藻（*Furcellaria lumbricalis*）

图 4-12　石莼（Ulva）

八、紫菜胶

紫菜是一种营养价值很高的食用海藻，含有丰富的蛋白质、海藻多糖、无机盐及维生素。在紫菜的养殖过程中，早期采收的藻体清洁、营养丰富、味道鲜美，可供人食用，后期的紫菜由于附着物多、组织较韧，食用价值降低，可用于提取紫菜胶（Porphyran）。从紫菜中提取的紫菜胶是一种结构复杂的硫酸酯多糖，其中 3，6- 内醚 -L- 半乳糖含量低，而 L- 半乳糖 -6- 硫酸酯含量很高，具体的化学组成随季节及环境的变化有较大的变化（杜修桥，2005）。

第四节 海藻源膳食纤维的提取

海藻中的膳食纤维主要是其细胞壁和细胞外基质的组成部分，在海藻生物体中与纤维素、蛋白质等生物质成分相互结合成一个完整的生物体。由于海藻的种类繁多，海藻源膳食纤维具有结构复杂、活性多样等特点，传统的化学手段无法在保持其生物活性的同时对其进行有效提取和纯化。目前对海藻活性物质的提取正在从传统的化工手段向以生物技术为核心的多种技术的综合应用转变，其中生物酶提取、超声波物理提取、高压破碎分离机械提取等手段均以不破坏海藻活性物质的基本结构和活性为前提，结合化学手段进行操作，再根据目标物质官能团的极性、溶解度、酸碱性等特点选定具体的分离手段。以岩藻多糖为例，根据其水溶性好的特点，国内外主要采用稀碱、稀酸与热水抽提方法提取，这些方法的优点在于工艺简单、操作方便、成本低，但也存在提取率较低、活性损失大、过滤纯化困难等缺点。近年来在传统浸提法的基础上发展了新型提取技术，如微波辅助提取、超声波辅助提取与酶解辅助提取，有效提高了提取效率和产品质量。

一、物理提取法

海藻活性物质等天然产物大多为细胞内产物，提取时需要将细胞破碎，常规提取方法有煎煮法、浸渍法、回流提取法、水蒸气蒸馏法等。但是这些方法在不同程度上难以取得理想的破碎效果，因而存在提出率低、溶剂消耗量大、能耗高、生产周期长等缺陷。采用物理方法将海藻进行冷冻、解冻等工艺处理后用组织捣碎机破碎海藻后再用胶体磨粉装置使海藻细胞破碎，可以避免高温和化学物质的介入，能极大地保留海藻活性物质的原始状态。

超声波辅助提取法是一种典型的物理提取法，该方法以水溶液浸提法为基础，超声辅助下提取海藻中的活性物质，利用超声波的次级效应，包括空化作用、热作用、机械作用及击碎、扩散等，使植物体处于高温、高压状态下组织细胞变形、破裂后释放出有效成分，不仅提高提取率、缩短提取时间，还节约溶剂（杨昱，2011）。应用在植物样品提取中的超声波，一般是由磁性材料经转换器产生的，有效频率在 20~50kHz，目前普遍认为其空化效应、热效应和机械作用是促进天然产物提取的三大理论依据。

（1）空化效应 富含能量的超声波作用于提取体系时，液体内部被撕裂成很多小的孔穴，当这些孔穴瞬间闭合时，产生瞬间的高压，即称为空化效应。

空化现象是超声化学的主要动力，对植物样品提取而言，空化效应有利于加速待测物中有效成分进入溶剂，缩短体系到达平衡的时间。

（2）热效应　由于介质吸收超声波以及内摩擦消耗，分子产生剧烈振动，超声波的机械能转化为介质的内能，引起介质温度升高。超声波的强度越大，产生的热作用越强。

（3）机械作用　超声波的机械作用主要是辐射压强和超声压强引起的，辐射压强可以使样品组织表面变形，超声压强给予溶剂和样品不同的加速度，其中溶剂分子运动的速度远大于样品的速度，使两者之间产生摩擦。这种摩擦的能量相当大，甚至能打开两个碳原子之间的化学键，导致大分子物质分解或解聚。

与超声波辅助提取法相似，微波辅助提取法利用微波强大的穿透能力，使细胞经微波处理后吸收能量，胞内液体温度升高，水分子蒸发，细胞壁破裂，进而使胞内物质得到更好的释放（Zhong，2012），具有操作方便、提取时间短、效率高、无污染的优点，但耗电量大，且对多糖的破坏程度尚未明确。

超高压提取技术是在常温条件下提取植物原料中有效成分的新技术。它是在常温或较低温度条件下，对原料迅速施加100MPa以上的流体静压力，保压一定时间，达到快速、高效提取的目的。与传统的提取方法相比，超高压提取法可大大缩短提取时间、降低能耗、减少杂质成分的溶出，提高提取率。该方法能避免因热效应引起的有效成分结构变化、损失及生理活性降低，工艺中没有溶剂的挥发，符合绿色、环保要求，其缺点是投资成本高、设备密封和强度要求高、设备耗材寿命短。

二、化学提取法

化学提取法的基本方式是将海藻中的活性成分溶解后与藻体分离，达到富集海藻活性物质的目的。根据海藻活性物质的特点，可以控制提取介质的pH、温度、压力等条件，使其最大程度地溶出。例如，热水浸提法是海藻多糖最常用的提取方法之一，通常以水为提取剂，工艺中主要控制料液比、浸提温度、提取时间、提取次数等条件使多糖提取率最优化。丁晓萍等（丁晓萍，2012）以海带为原料，以提取率为指标，通过单因素和正交试验优化岩藻多糖的水提条件，获得最佳工艺参数为料液比1∶40、提取温度80℃、浸提时间8h。

三、生物提取法

用纤维素酶破坏海藻植物细胞壁后可以使细胞中的活性成分更好地进入提取液，由于生物酶的酶解反应条件比较温和，不但能充分提取海藻中的活性物质，同时不会破坏其结构和活性。刘群等（刘群，2007）研究了纤维素酶用于提取海带中岩藻多糖的工艺条件，通过单因素试验和正交试验，确定最佳提取工艺条件为海带粉粒度 80~100 目、固液比 1 ： 50、提取时间 4h、酶加入量 60g/kg。杨红霞等（杨红霞，2007）采用正交实验研究了酶解法提取海藻酸钠的工艺及影响因素，并分析了单因素对酶解反应的影响，得出最佳酶解反应条件：称取洗脱泥沙并晒干的海带 5g、缓冲液用量 55mL、pH5.0、温度 45℃、反应时间 18h、加酶量 90U/g。研究显示纤维素酶可较温和地使海带细胞壁分解，加速海藻酸钠的溶出，大幅度提高浸出质量。

四、海藻源膳食纤维粗品的加工技术

海藻含有多种膳食纤维成分，其在植物体中通过多种方式相互结合，在海藻源膳食纤维的制备过程中，除了通过物理、化学、生物技术提取出纯化的膳食纤维组分，通过相对简单的加工可以制备含有多种成分的粗制海藻源膳食纤维，其加工工序一般包括：原料粉碎、浸泡冲洗、漂白脱色、功能活化、脱水干燥、成品粉碎、过筛等（刘生利，2010；李来好，2000）。海藻的种类不同，其膳食纤维含量也不同，提取工艺也有所不同。以江蓠为例，其最佳提取工艺为用 5% 氢氧化钠溶液在 80℃条件下处理 90min（李来好，1999）。潘文洁等（潘文洁,2007）报道了酶技术和化学处理相结合的方法从海带中提取膳食纤维，产率达 27.3%，与海带提取海藻酸钠的产率相比提高约 50%，制得的海带膳食纤维的膨胀率为 55mL/g、持水率为 26.50%，其功能特性优于麸皮膳食纤维。

海藻源膳食纤维通常会呈现一定的颜色，影响其感官品质，不利于在食品中的应用和消费者的认同，因此制取时需要进行漂白处理，其中常用的漂白方法是氧化漂白法，包括 H_2O_2 漂白法、NaClO 漂白法、$KMnO_4$ 氧化后草酸还原等。李来好（李来好，2005）在制备江篱膳食纤维时用 0.1% 次氯酸钠溶液在 pH4 的条件下漂白 20min 后用 0.005%$KMnO_4$ 氧化 10min 后再用 0.2% 草酸还原 5min，得到白色的膳食纤维。

第五节　小结

海洋蕴藏着数量巨大的生物资源，是膳食纤维的一个重要来源。从海藻中提取的褐藻胶、卡拉胶、琼胶、岩藻多糖等海藻源膳食纤维具有优良的生物相容性和多种独特的生物活性，可广泛应用于功能性食品、医药制品，为人体补

充生理所需的膳食纤维，同时改善产品颜色、风味、保油性、保水性等理化性能。海藻源膳食纤维作为稳定剂可改善食品结构、胶凝特性，作为增稠剂可控制糖的结晶，作为抗氧化剂可延长产品货架期，可应用于面条、馒头、面包、米饭等主食以及饼干、糕点等休闲食品。大量应用研究显示，海洋源膳食纤维具有通便、降血脂、降血糖、改善动脉粥样硬化、益生肠道菌、排除重金属离子、吸附 NO_2^-、清除自由基、吸附雌激素、预防乳腺癌、减肥、膨化大便、缓解便秘等健康功效。随着蓝色经济的蓬勃发展，一个以海洋资源为原料的蓝色健康产业正在兴起，海藻源膳食纤维在新时代健康产业将起到越来越重要的作用，具有广阔的发展前景。

参考文献

[1] Araki C. Some recent studies on the polysaccharides of agarophytes [J]. Proc Int Seaweed Symp，1966，(5)：3-19.

[2] Backhed F，Ley R E，Sonnenburg J L，et al. Host-bacterial mutualism in the human intestine [J]. Science，2005，307：1915-1920.

[3] Benjama O，Masniyom P. Biochemical composition and physicochemical properties of two red seaweeds (*Gracilaria fisheri* and *G. tenuistipitata*) from the Pattani bay in southern Thailand [J]. Songklanakarin Journal of Science and Technology，2012，34：223-230.

[4] Cian R E，Drago S R，De Medina F S，et al. Proteins and carbohydrates from red seaweeds：evidence for beneficial effects on gut function and microbiota [J]. Marine Drugs，2015，13：5358-5383.

[5] Duckworth M，Yaphe W. The structure of agar. Part 1. Fractionation of a complex mixture of polysaccharides [J]. Carbohydr Res，1971，(16)：359-366.

[6] Fischer F G，Dorfel H Z. Die Polyuronsäuren der Braunalgen-Kohlenhydrate der Algen I [J]. H-S Z Physiol Chem，1955，302：186-203.

[7] Fleurence J，Levine I. Seaweeds in Health and Disease Prevention [M]. San Diego：Academic Press，2016：223-274.

[8] Haug A，Larsen B，Smidsrod O. A study of the constitution of alginic acid by partial acid hydrolysis [J]. Acta Chem Scand，1966，20：183-190.

[9] Haug A，Larsen B，Smidsrod O. Studies on the sequence of uronic acid residues in alginic acid [J]. Acta Chem Scand，1967，21：691-704.

[10] Haug A，Myklestad S，Larsen B，et al. Correlation between chemical structure and physical properties of alginates [J]. Acta Chem Scand，1967，

21：768-778.

[11] Hirst E L，Percival E，Wold J K. The structure of alginic acid，Part 4：Partial hydrolysis of the reduced polysaccharide [J] . J Chem Soc，1964：1493-1499.

[12] Khan W，Rayirath U P，Subramanian S，et al. Seaweed extracts as biostimulants of plant growth and development [J] . J Plant Growth Regul，2009，28：386-399.

[13] Kylin H. Biochemistry of sea algae [J] . H Z Physiol Chem，1913，83：171-197.

[14] Lahaye M. Marine algae as sources of fibers：determination of soluble and insoluble dietary fiber contents in some "sea vegetables" [J] . Journal of the Science of Food and Agriculture，1991，54：587-594.

[15] McDermid K J，Stuercke B，Haleakala O J. Total dietary fiber content in Hawaiian marine algae [J] . Botanica Marina，2005，48：437-440.

[16] Michel C，Macfarlane G T. Digestive fates of soluble polysaccharides from marine macroalgae：involvement of the colonic microflora and physiological consequences for the host [J] . Journal of Applied Bacteriology，1996，80：349-369.

[17] Moe S，Draget K，Skjak-Braek G，et al. Chemical structure of alginate in food polysaccharides and their applications [M]，Stephen A M，Ed. New York：Marcel Dekker Inc，1995：245-286.

[18] Morya V K，Kim J，Kim E K. Algal fucoidan：structural and size-dependent bioactivities and their perspectives [J] . Applied Microbiology & Biotechnology，2012，93（1）：71-82.

[19] Olsson J，Toth G B，Albers E. Biochemical composition of red，green and brown seaweeds on the Swedish west coast [J] . Journal of Applied Phycology，2020，32：3305-3317.

[20] Onsoyen E. Alginate. in Thickening and Gelling Agents for Food [M]，Emeson A，Ed. Glasgow UK：Blackie Academic and Professional，1992.

[21] Ruperez P，Saura-Calixto F. Dietary fiber and physicochemical properties of edible Spanish seaweeds [J] . Eur Food Res Technol，2001，212：349-354.

[22] Saiki T. The digestibility and utilization of some polysaccharide carbohydrates derived from lichens and marine algae [J] . Journal of Biochemistry Tokyo，1906，2：251-265.

[23] Santelices B，Doty M S. A review of Gracilaria farming [J] . Aquaculture，1989，78（2）：95-133.

[24] Smidsrod O，Draget K I. Chemistry of alginate [J] . Carbohydrates in Europe，1996，May：6-13.

[25] Stanford E C C. Improvements in the manufacture of useful products from

seaweeds[P] . British Patent 142，1881.
[26] Stanford E C C. On algin [J] . The Journal of the Society of Chemical Industry，1884，May 29：297-303.
[27] Sugawara I，Ishizaka S. Polysaccharides with sulfate groups are human T-cell mitogens and murine polyclonal B-cell activators（PBAs）[J] .Cellular Immunology，1982，74：162-171.
[28] Tiwari B，Troy D .Seaweed Sustainability：Food and Non-food Applications [M] . Amsterdam：Elsevier，2015：141-192.
[29] Vincent D L. Oligosaccharides from alginic acid[J] . Chem Ind，1960：1109-1111.
[30] Wang L，Wang X，Wu H，et al. Overview on biological activities and molecular characteristics of sulfated polysaccharides from marine green algae in recent years[J] . Mar Drugs，2014，12：4984-5020.
[31] Yaphe W. Properties of gracilaria agars[J] . Hydrobiologia，1984，116/117：171-186.
[32] Zhong K，Lin W J，Wang Q，et al. Extraction and radicals scavenging activity of polysaccharides with microwave extraction from mung bean hulls[J] . Int J Biol Macromol，2012，51（4）：612-617.
[33] 李来好. 海藻膳食纤维的提取、毒理和功能特性的研究 [D] .青岛：中国海洋大学，2005.
[34] 刘生利，杨磊，李思东，等. 海藻膳食纤维制取、特性及功能活化研究进展 [J] .广东化工，2010，37（2）：117-119.
[35] 赵镜琨.卡拉胶及其应用 [J] . 山东工业技术，2014，（2）：179-180.
[36] 黄家康，蔡鹰，李思东，等. 沙菜卡拉胶漂白工艺研究 [J]. 广东化工，2009，36（4）：31-33.
[37] 吴燕燕，李来好，陈培基，等. 提取江蓠琼脂新工艺条件的研究 [J] . 青岛海洋大学学报，1995，（S1）：227-234.
[38] 薛志欣，杨桂朋，王广策. 龙须菜琼胶的提取方法研究 [J] . 海洋科学，2006，30（8）：71-76.
[39] 纪明侯. 海藻化学 [M] . 北京：科学出版社，1997：318-335.
[40] 杨玉红. 海参岩藻聚糖硫酸酯抗肿瘤活性及作用机制的研究 [D] . 青岛：中国海洋大学，2012.
[41] 丁晓萍，谢玲，颜秀花. 海带中提取岩藻多糖 [J] . 广州化工，2012，40（16）：82-83.
[42] 刘群，徐中平. 海带硫酸酯多糖的酶法提取工艺条件 [J] . 河北渔业，2007，（6）：55-57.
[43] 杨红霞，李博，窦明. 酶解法提取海藻酸钠研究 [J] . 安徽农业科学，2007，35（12）：3661-3662.
[44] 刘生利，杨磊，李思东，等. 海藻膳食纤维制取、特性及功能活化研究进

展［J］. 广东化工，2010，37（2）：117-119.
［45］李来好，杨贤庆，陈培基，等．麒麟菜高活性膳食纤维的提取与功能性实验［J］．湛江海洋大学学报，2000，（2）：28-29.
［46］李来好，杨贤庆，吴燕燕，等．用正交设计法提取江蓠高活性膳食纤维［J］．湛江海洋大学学报，1999，（4）：35-38.
［47］潘文洁，薛正莲，李明松．海带膳食纤维提取工艺的研究［J］．中国酿造，2007，（1）：20-23.
［48］王晶，张全斌. 褐藻多糖硫酸酯的结构与生物活性研究［J］. 海洋科学集刊，2017，52：68-89.
［49］杜修桥，吴敬国. 紫菜琼胶生产工艺研究［J］. 淮海工学院学报（自然科学版），2005，14（4）：58-61.
［50］杨昱，白靖文，俞志刚. 超声辅助提取技术在天然产物提取中的应用［J］. 食品与机械，2011，27（1）：170-174.
［51］于广利，胡艳南，杨波，等. 海萝藻（*Gloiopeltis furcata*）多糖的提取分离及其结构表征［J］. 中国海洋大学学报，2009，39（5）：925-929.
［52］秦益民，张全斌，梁惠，等. 岩藻多糖及其应用［M］. 北京：中国轻工业出版社，2020.

第五章　褐藻胶膳食纤维的来源、结构、性能和应用

第一节　引言

褐藻胶是从海洋褐藻植物中提取出的一类亲水性胶体的总称，包括海藻酸以及海藻酸与钠、钾、钙等金属离子结合后形成的各种海藻酸盐和海藻酸的各种化学和物理改性产物（秦益民，2019）。如图 5-1 所示，褐藻类海藻植物细胞壁由纤维素的微纤丝形成网状结构，内含海藻酸、果胶、木糖、甘露糖、地衣酸等丰富的多糖，为细胞提供保护作用。

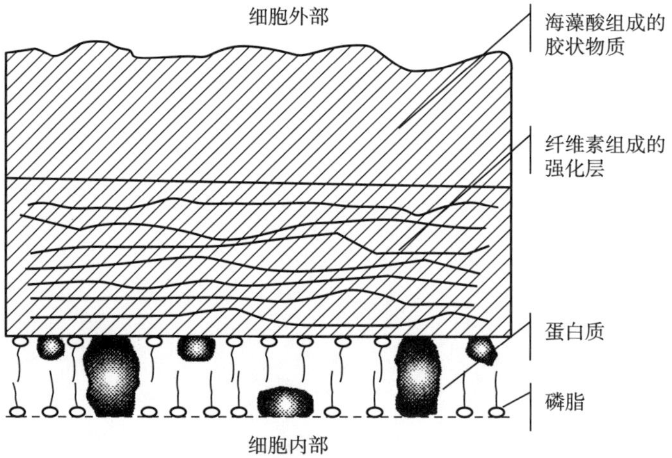

图 5-1　褐藻植物细胞壁的结构

在藻体细胞壁中，海藻酸主要以海藻酸钙、镁、钾、钠等海藻酸盐的形式存在，其中藻体表层主要以钙盐形式存在，而在藻体内部肉质部分主要以钾、钠、镁盐等形式存在。海藻酸在褐藻植物中的含量很高，一些褐藻中海藻酸占干重的比例可以

达到40%,但是其含量随褐藻的种类呈季节性变化,一年中四月份的含量最高(Jensen, 1956;纪明侯,1997)。以海带为例,我国以青岛和大连产海带的海藻酸含量最高。

自1929年开始商业化生产海藻酸以来,野生褐藻的收获及提取海藻酸的工艺和技术都已经成熟。以巨藻为例,当生长在岩层上的巨藻成熟后,海面上漂浮着一层厚密的褐藻。收割时先把表面稠密层割去,让阳光透过海水照到还没有成熟的褐藻上,有助于它们的生长。褐藻的收割实际上是整块修剪苗床,所用刀片在水面下3尺左右的地方割,割下的褐藻通过传送带传送到驳船的船舱(McDowell,1960;McDowell,1977)。

挪威是全球野生海藻资源最丰富的国家之一。20世纪50—60年代完成的调查显示,挪威沿海潮下带的野生褐藻资源至少有1500万吨,其中至少1000万吨是极北海带。挪威人在海岸边或船上手工收获海藻时,一般用一根上面有刀片和网的长杆,就如在森林里采集浆果一样(Efstathiou,2019)。在当地两种主要褐藻中,掌状海带比较容易切割,而极北海带的个体更大,更容易通过机械化收集。20世纪60年代早期,挪威开发出了收获海藻的拖捞装置,这种挂在船后的拖网一开始也安装了刀片,收获后把海藻的固着器留在海底,上面的部分被捞起。到20世纪70年代,这种装置改革成目前使用的装置,不用刀片,而是把整棵海藻从海底拉起(Vea,2011)。这个过程中长度小于20cm的幼苗不受影响,可以在海底继续生长繁殖。最新的拖捞装置每次可以捞起2吨海藻,每次在0.5~2min内完成,每条船的容量为30~150吨,其作业深度在2~20m。目前FMC公司拥有11条这样的船,在挪威南部的Rogaland县到中部的Sor-Trondelag地区内收集海藻,每年的捕获量为13万~18万吨。图5-2所示为收获野生海藻的拖捞装置(Efstathiou,2019)。

(1)拖捞装置　　(2)收获现场

图5-2　野生海藻的收获

野生褐藻的资源有限，随着功能性食品和其他应用行业对褐藻胶需求量的不断扩大，人工养殖褐藻成为海藻酸加工行业的主要原料来源。图 5-3 所示为人工养殖海带及其收获的场景。

图 5-3　海带的人工养殖

第二节　海藻酸的提取

海藻酸是英国化学家 Stanford 在 1881 年首先发现的（Stanford，1881；Stanford，1883）。经过 100 多年的发展演变，海藻加工行业开发出了很多种从褐藻植物中提取海藻酸的方法，其中典型的提取方法有三种，即酸凝 - 酸化法、钙凝 - 酸化法、钙凝 - 离子交换法（Hernandez-Carmona，1999；McHugh，2001；Hernandez-Carmona，2002）。下面简单介绍这三种提取方法的工艺流程。

一、酸凝-酸化法

酸凝 - 酸化法的提取过程包括以下几个步骤。

（1）浸泡　加 10 倍于褐藻质量的水，常温下浸泡 4h。浸泡结束后取出褐藻，用水洗涤至洗涤液为无色。

（2）消化　将切碎的褐藻在一定温度下加入一定浓度、一定体积的 Na_2CO_3 溶液进行消化，使褐藻中不溶于水的海藻酸盐转化成水溶性的海藻酸钠后溶解进入提取液。

（3）过滤　消化后的褐藻变成黏稠的糊状，需要加入一定体积的水将糊状流体稀释后再过滤。

（4）酸凝　过滤后的料液加水稀释后缓慢加入稀盐酸至开始有絮状沉淀，

调节 pH 为 1~2 后海藻酸凝聚成酸凝块。

（5）中和　常温下边搅拌边加入一定浓度的碳酸钠溶液溶解酸凝块，直至 pH 为 7.5 时中和完成。

（6）析出海藻酸钠　中和后的溶液中加入一定量浓度为 95% 的乙醇，析出白色沉淀状的海藻酸钠。

二、钙凝-酸化法

钙凝 - 酸化法的提取过程包括浸泡、切碎、消化、稀释、过滤、洗涤、钙析、盐酸脱钙、碱溶、乙醇沉淀、过滤、烘干、粉碎、成品等工序。该提取方法的其他步骤与酸凝 - 酸化法相同，只有以下 2 步不同。

（1）钙析　将滤液用盐酸调节至 pH 为 6~7 后加入一定量浓度为 10% 的 $CaCl_2$ 溶液进行钙析。

（2）盐酸脱钙　将钙凝得到的海藻酸钙经水洗除去残留的无机盐后，用一定体积浓度为 10% 左右的盐酸酸化 30min，使其转化为海藻酸凝块后去清液，留下酸凝块。

在此工艺中，钙析的速度比较快，沉淀颗粒也比较大。但在脱钙过程中，由于盐酸洗脱过程的产物海藻酸不稳定、易降解，产品收率和黏度都不是很高。

三、钙凝-离子交换法

钙凝 - 离子交换法的提取过程包括浸泡、切碎、消化、稀释、过滤、洗涤、钙析、离子交换脱钙、乙醇沉淀、过滤、烘干、粉碎、成品等工序。该提取方法的其他步骤与钙凝 - 酸化法相同，只是采用离子交换脱钙，即将钙析后的产品过滤后加入一定量浓度为 15% 的 NaCl 溶液脱钙，化学反应式如下。

$$Ca(Alg)_2+2NaCl=2NaAlg+CaCl_2$$

该方法利用离子交换生成海藻酸钠，产品收率较高，海藻酸钠黏度可以达到 2840mPa · s，远高于目前国际上工业产品的黏度（150~1000mPa · s），而且产品均匀性好，储存过程中黏度稳定。

四、其他方法

除了以上传统的加碱提取方法，电解法和电渗析法也以所得产品的良好品质在工业生产中有一席之地。但由于电解法和电渗析法的耗能高及设备复杂，而传统加碱法设备简单、操作方便、耗能低，使其仍有很大的实用价值（高晓玲，1999；王孝华，2007；赵淑璋，1989；张善明，2002；王孝华，2005；侯振建，1997）。目前国内外工业制造海藻酸钠的常用方法是用碳酸钠处理褐藻后消化细胞壁，使海藻酸钠析出进入水溶液，然后进行分离纯化。

图 5-4 所示为一个典型的以褐藻为原料提取海藻酸钠的工艺流程图。总的来说，工业上从褐藻植物中提取海藻酸钠的过程包括 17 道工序，具体为浸泡切菜、水洗、消化、稀释、粗滤、发泡、漂浮、精滤、钙化、脱钙、压榨、中和、捏合、造粒、烘干、粉碎与混配、包装。

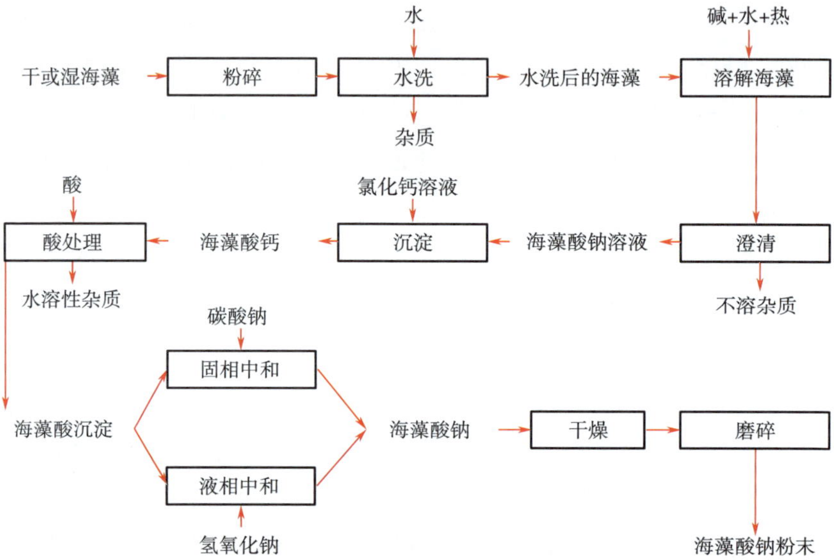

图 5-4　以褐藻为原料提取海藻酸钠的工艺流程图

第三节　海藻酸的化学结构

一、海藻酸的分子结构

英国化学家 E. C. C. Stanford 在 1881 年 1 月 12 日公布的一项英国专利中最早介绍了从褐藻类海洋植物狭叶海带（*Laminaria stenophylla*）中提取出的一种胶状物质。他把用稀碱溶液提取出的物质命名为“Algin”，加酸生成的凝胶为“Alginic acid”，即海藻酸。其后他做了化学分析，因产品不纯，错误地认为这种物质是一种含氮化合物。1896 年，Krefting 从挪威产的褐藻中提取出了与 Stanford 在 1881 年得到的胶状物质相似的物质，经过化学分析证明是一种不含氮的化合物（Krefting，1896）。之后，许多学者从碱滴定中和量、元素分析、酸分解后的 CO_2 生成量和生成的戊糖脎、生成的辛可宁盐衍生物的熔点、旋光值等数据，分析了海藻酸的化学组成。1926 年，Atsuki 等（Atsuki，1926）以及 Schmidt 等（Schmidt，1926）在各自的研究中发现海藻酸含有糖醛酸，并在海藻酸的水解产物中发现了 D- 甘露糖醛酸。1939 年，Hirst 等（Hirst，1939）确立了海藻酸的糖醛酸之间的键为与纤维素中类似的 β-1,4 连接键。

1955 年，Fischer 等（Fischer，1955）把海藻酸进行水解后将水解产物进行纸上层析，发现海藻酸中有两种同分异构体。除了已经熟知的甘露糖醛酸（Mannuronic acid，简称 M），他们发现海藻酸中还存在着古洛糖醛酸（Guluronic acid，简称 G），而且古洛糖醛酸的含量相当高。图 5-5 所示为海藻酸中甘露糖醛酸和古洛糖醛酸两种单体的化学结构。

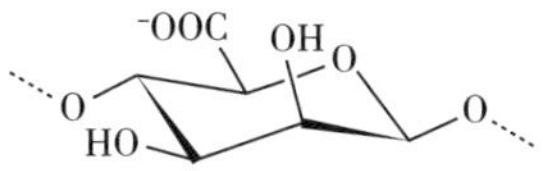

(1)1,4-β-D-甘露糖醛酸

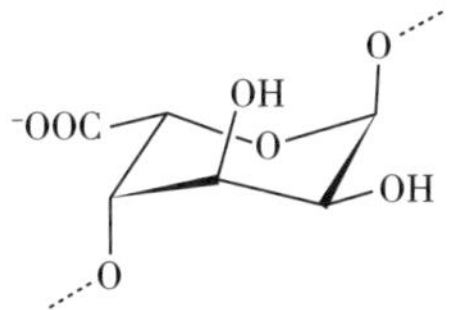

(2)1,4-α-L-古洛糖醛酸

图 5-5 β-D- 甘露糖醛酸和 α-L- 古洛糖醛酸的分子结构

作为海洋生物，褐藻的生物结构与其生存环境密切相关，其生物结构中的化学组成也随生存环境的变化有很大变化。海藻酸中的甘露糖醛酸和古洛糖醛酸含量是褐藻类植物调节其自身结构的一个重要参数。当褐藻长大老化时，其所含的海藻酸中的古洛糖醛酸含量增大，褐藻结构变硬。平静的海水中生长的褐藻结构刚硬，所含的海藻酸中古洛糖醛酸含量大。海浪大的海水中生长的褐藻结构柔软，其所含的海藻酸中的甘露糖醛酸含量大。

二、海藻酸的高分子结构

海藻酸可以被看成是甘露糖醛酸（M）和古洛糖醛酸（G）两种单体组成的共聚物，其中 M 和 G 单体在海藻酸大分子中可以有 4 种排列方式，即：①无规共聚物：两种单体的排列次序无规律性；②交替共聚物：两种单体交替排列；③嵌段共聚物：两种单体各自排列成段后相互连接；④支链型接枝共聚物：在一种聚合物形成的主链上接另一聚合物形成的支链，其中主链和支链可以是均聚物，也可以是共聚物。

褐藻中提取出的海藻酸均为直链高分子，即 M 和 G 单体以直链连接后形成海藻酸的大分子结构，其中M和G单体以三种方式组合，即GG、MM和G/M。把海藻酸用酸进行部分水解后可以分离出三种低分子质量链段，即完全由M单体组成的MM链段、完全由G单体组成的GG链段以及M/G单体交替组成的混合链段。图5-6所示为MM和GG链段的立体结构。

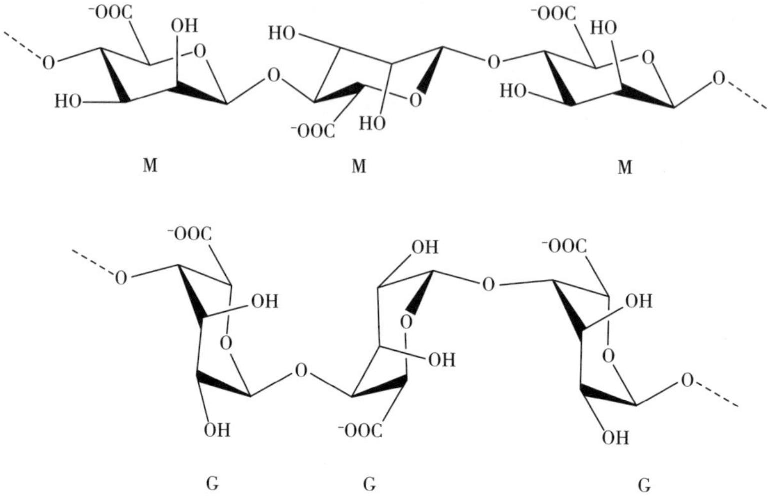

图5-6　MM和GG链段的立体结构

作为一种高分子材料，海藻酸的性能受M和G单体含量的影响，也与其结构中MM、GG和MG/GM链段的含量密切相关。表5-1所示为商业用褐藻中提取的海藻酸中M、G、MM、GG和MG/GM的含量（Moe，1995；Onsoyen，1992；Haug，1974；Haug，1962；Haug，1967）。

表5-1　商业用褐藻中提取出的海藻酸的M、G、MM、GG和MG/GM的含量

褐藻种类	M	G	MM	GG	MG/GM
海带（*Laminaria japonica*）	65%	35%	48%	18%	17%
掌状海带（*Laminaria digitata*）	59%	41%	43%	25%	16%
极北海带的叶子（*Laminaria hyperborea*，blade）	45%	55%	28%	38%	17%
极北海带的菌柄（*Laminaria hyperborea*，stipe）	32%	68%	20%	56%	12%
极北海带的皮层（*Laminaria hyperborea*，outer cortex）	25%	75%	16%	66%	9%

续表

褐藻种类	M	G	MM	GG	MG/GM
巨藻（*Macrocystis pyrifera*）	61%	39%	38%	16%	23%
泡叶藻的新生组织（*Ascophyllum nodosum*，fruiting body）	90%	10%	84%	4%	6%
泡叶藻的枯老组织（*Ascophyllum nodosum*，old tissue）	64%	36%	44%	16%	20%
雷松藻 LN（*Lessonia nigrescens*）	62%	38%	43%	19%	19%
极大昆布（*Ecklonia maxima*）	55%	45%	32%	22%	32%

如上所述，褐藻中提取的海藻酸是由不同比例的 M 和 G 单体组成的高分子共聚物，完全由 M 单体组成的海藻酸均聚物可以从一些种类的细菌中提取。通过酶转换反应，M 单体可以被转换成 G 单体，为海藻酸的功能化改性提供了一个途径。

作为一种天然高分子材料，海藻酸的分子质量取决于多种因素，如褐藻的种类、提取工艺、后处理条件等。工业上通常把海藻酸分为低、中和高黏度品种，其分子质量和聚合度分布如表 5-2 所示。

表 5-2　商业用海藻酸的分子量和聚合度

品种	分子质量 /u	聚合度
低黏度	12000~80000	60~400
中黏度	80000~120000	400~600
高黏度	120000~190000	600~1000

数据来源：Kelco 公司海藻酸简介（第四版）。

三、海藻酸的凝胶结构

海藻酸盐的水溶液遇到二价金属离子后可以迅速发生离子交换，生成具有热不可逆性的凝胶后把大量水分锁定在凝胶结构中。这种凝胶性能是海藻酸盐的一个主要特性，可用于制作各种仿生食品、医用材料、面膜、废水处理剂、保鲜膜等下游产品。

工业上制备凝胶时常用的原料是海藻酸的钠盐，而交联剂则为钙离子。海藻酸钠水溶液的交联和凝胶化主要通过古洛糖醛酸中的钠离子与二价阳离子交换后实现。如图 5-7 所示，二价钙离子与两个古洛糖醛酸单体中的羧酸基结合后形成分子间交联，其中钙离子被包围在两个单体之间的空穴结构中，形成稳

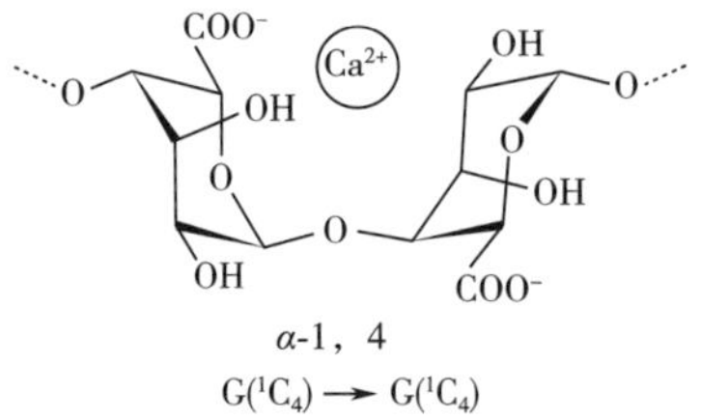

图 5-7　钙离子与古洛糖醛酸中的羧酸基团形成盐键的立体结构

定的盐键。由于甘露糖醛酸的分子结构呈扁平状，其与钙离子形成的盐键不稳定，因此 M 含量高的海藻酸的凝胶性能比 G 含量高的海藻酸差。G 和 M 两种单体与钙离子的结合力有很大区别，形成的凝胶的性能也有很大不同。高 G 型海藻酸盐生成的凝胶硬度大但易碎，高 M 型海藻酸盐生成的凝胶则相反，柔韧性好但硬度小。通过调整两种单体的比例可以生产出不同强度的凝胶。

当含有大量 G 和 M 单体的海藻酸大分子与钙离子接触后，钙离子与两条海藻酸钠分子链相连。通过盐键的形成，钙离子把溶液中的海藻酸分子聚集在一起形成凝胶状结构。GG 链段为钙离子提供了良好的空间结构，形成稳定的盐键。两个相邻 GG 链段之间的钙离子如包装在“盒子”里的“鸡蛋”，形成一种“鸡蛋盒”状的凝胶结构（Grant，1973）。海藻酸可以与大部分二价或多价金属离子结合后形成凝胶。工业上一般采用钙离子作为交联剂，其主要原因是海藻酸钙凝胶有较好的稳定性，并且对人体没有任何毒性。

第四节　海藻酸的理化性能和生物活性

海藻酸是一种高分子羧酸，可与金属离子结合后形成各种海藻酸盐。除了海藻酸本身，工业上有实用价值的海藻酸衍生物为水溶性的海藻酸盐，包括海藻酸钠、海藻酸钾、海藻酸铵、海藻酸铵 - 钙混合盐，以及海藻酸丙二醇酯等。

一、海藻酸盐的物理性质

工业上，海藻酸的主要应用是作为一种水溶性高分子材料。因此，工业用的海藻酸产品主要为水溶性的海藻酸盐以及经过化学改性后得到的海藻酸丙二醇酯。表 5-3 及表 5-4 所示分别为几种主要的海藻酸产品的物理性质及溶解在蒸馏水中的性能。

表 5-3　几种主要的海藻酸产品的物理性质

性能指标	海藻酸	海藻酸钠	海藻酸铵	海藻酸丙二醇酯
含水量 /%	7	13	13	13
灰分 /%	2	23	2	10

续表

性能指标	海藻酸	海藻酸钠	海藻酸铵	海藻酸丙二醇酯
颜色	白色	象牙色	褐色	奶油色
密度 /（g/cm^3）	—	1.59	1.73	1.46
松密度 /（kg/m^3）	—	54.62	56.62	33.71
变暗温度 /℃	160	150	140	155
碳化温度 /℃	250	340	200	220
灰化温度 /℃	450	480	320	400

表 5-4　几种主要的海藻酸产品溶解在蒸馏水中的性能（固体含量 1%）

性能指标	海藻酸	海藻酸钠	海藻酸铵	海藻酸丙二醇酯
溶解热 /（cal/g）	0.090	0.080	0.045	0.090
20℃折光率	—	1.3343	1.3347	1.3343
pH	2.9	7.5	5.5	4.3
表面张力 /（$10^{-5}N/cm$）	53	62	62	58
冰点降低 /℃	0.010	0.035	0.060	0.030

二、海藻酸盐的稳定性

海藻酸盐在室温下干燥储藏时有较好的稳定性。表 5-5 所示为几种主要的海藻酸产品的粉末在室温下存储一年后黏度的变化情况。从表中的结果可以看出：①高黏度的海藻酸盐比低黏度的海藻酸盐的黏度下降更快；②海藻酸铵比海藻酸钠、海藻酸钾、海藻酸丙二醇酯更不稳定。

表 5-5　几种主要的海藻酸产品室温下存储一年后黏度的变化情况

产品	1% 水溶液的黏度 /（mPa · s）	
	开始存储时	一年后
海藻酸铵	1400	650
海藻酸钾	300	275
海藻酸丙二醇酯	150	107
海藻酸丙二醇酯	420	253
海藻酸钠	37	35
海藻酸钠	260	210
海藻酸钠	580	460
海藻酸钠	1200	590

数据来源：青岛明月海藻集团有限公司技术中心。

表 5-6 所示为不同黏度的海藻酸钠粉末在不同的温度下储存一年后黏度的变化情况。从表中的结果可以看出，低黏度的海藻酸钠的黏度基本上没有变化，表明它有很好的稳定性。中黏度的产品在 0℃下储存时黏度基本不变，但是当温度升高到 35℃时黏度有很大的下降。高黏度的海藻酸钠在不同的温度下储存都有较大的黏度下降，温度越高，其稳定性越差。作为亲水性多糖类物质，粉末状的海藻酸盐能从大气中吸收水分，其平衡状态的含水量与相对温湿度有关，储存时应该放置在干燥阴凉的地方（马成浩，2004）。

表 5-6　不同黏度的海藻酸钠粉末在不同温度下储存一年后黏度的变化

黏度等级	起始黏度（1% 溶液）/（mPa · s）	储存温度 /℃	1 年后黏度（1% 溶液）/（mPa · s）
低黏度	42	0	40
		25	39
		35	34
中黏度	470	0	450
		25	410
		35	240
高黏度	1300	0	1200
		25	580
		35	260

数据来源：青岛明月海藻集团有限公司技术中心。

三、海藻酸盐溶液的流变性能

海藻酸微溶于水，不溶于大部分有机溶剂。工业上最常用的海藻酸产品为海藻酸的钠盐，作为一种亲水性胶体，海藻酸钠易溶于水，溶解后形成黏稠的溶液。利用其增稠稳定性能，海藻酸钠广泛用作食品和饮料增稠剂、稳定剂，还应用于印花色浆、油田助剂等领域（秦益民，2008；郑洪河，1997；骆强，1992）。海藻酸钠粉末遇水后变湿，由于微粒的水合作用使其表面具有黏性，然后微粒迅速黏合在一起形成团块，在剪切作用下团块完全水化并最后溶解。如果水中含有其他与海藻酸钠竞争水合的化合物，则海藻酸钠难溶解于水中。糖、淀粉、蛋白质等物质可以降低海藻酸钠的水合速率，延长溶解时间。单价阳离子的盐（如 NaCl）在浓度高于 0.5% 时也会有类似的作用。

海藻酸钠水溶液是一种典型的高分子电解质溶液，浓度较小时电离度大，大分子链上电荷密度增大，链段间的斥力增加。在溶液中加入电解质使电离度下降，斥力减小，引起分子链蜷曲，黏度也有所下降。

海藻酸钠水溶液的流变性受多种因素的影响，其中物理因素包括温度、切变速度、聚合物颗粒大小、浓度以及与蒸馏水互溶溶剂的存在；化学因素包括溶液的 pH、多价螯合物、一价盐、多价阳离子和季铵盐的存在。作为一种高分子材料，海藻酸钠的分子质量对其溶液的流变性也有很大影响。

1. 分子质量对溶液黏度的影响

分子质量对高分子溶液的黏度有重要影响，分子质量越大则高分子链与溶剂间的接触表面也越大，表现出的特性黏度也大。对于高分子的浓溶液，随着分子质量增加，分子间的缠结密度增加，溶液黏度也随之增加。

图 5-8 所示为青岛明月海藻集团有限公司生产的四种不同分子质量的海藻酸钠在不同浓度下的流变性能，可以看出海藻酸钠分子质量对溶液黏度有很大影响。在相同的浓度下，随着分子质量增加溶液黏度成倍增加。工业上使用海藻酸钠作为增稠剂时，使用高分子质量海藻酸钠可以在低浓度下达到很好的增稠效果，从而节省原料用量。

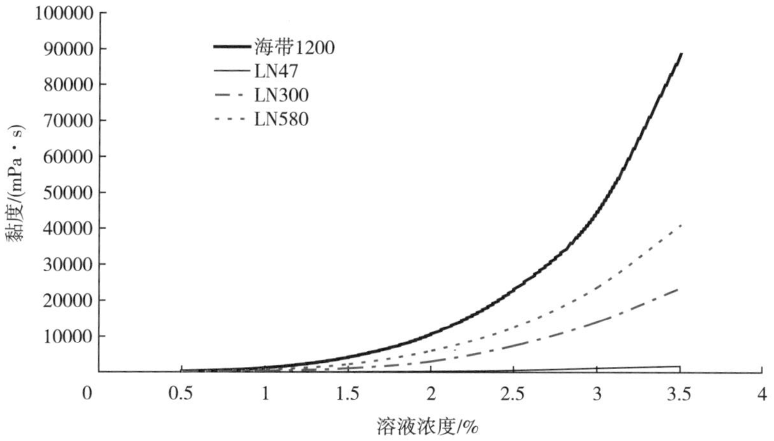

图 5-8 不同分子质量的海藻酸钠在不同浓度下的流变性能

2. 溶液浓度对黏度的影响

海藻酸钠水溶液的黏度与溶液浓度成指数关系。浓度很低时，水溶液中的海藻酸钠分子可以充分舒展，溶液黏度与分子本身的分子质量及刚性有关。浓度增大时，大分子之间开始缠结，加剧了黏度的增加。海藻酸钠水溶液的黏度与浓度的依赖性关系与聚合物溶液临界交叠浓度的理论是一致的，如果把黏度与浓度的对数，lgη 和 lg$C$ 画成线，则在浓度达到一定值时二者开始遵从线性关系，这时的浓度为聚合物开始相互穿插交叠的浓度，即临界浓度 C^*。低于临界浓度 C^* 时，海藻酸钠分子在溶液中是分离的，表现出低黏度；高于临界浓度 C^* 时，海藻酸钠大分子互相穿插，分子间范德华力以及氢键作用等导致海藻酸钠溶液黏度急剧增大，继续增大溶液浓度最终形成网络结构的凝胶。由于海藻酸钠分子链有很高的电荷密度，在水中高度伸展，海藻酸钠水溶液的临界交叠浓度 C^* 非常小，低于 2g/100mL。

3. 温度对溶液黏度的影响

溶液温度对高分子溶液的黏度有很大影响。温度升高时，分子间的缠结密度下降，使黏度下降。对于海藻酸钠水溶液，温度每升高 5.5℃，黏度下降约 12%。如果温度不是长时期持续下去，这种黏度的下降是可逆的。随着温度的升高，海藻酸钠水溶液的黏度有很大下降，海藻酸钠的分子质量越大，黏度随温度的下降越大。

4. 切变速率对溶液黏度的影响

海藻酸钠水溶液的流变性质很大程度上依赖于溶液中海藻酸钠的浓度。高浓度的海藻酸钠水溶液在切变速率为 10~10000s^{-1} 的大范围内显假塑性；而浓度为 0.5% 的海藻酸钠稀溶液在低切变速率（1~100s^{-1}）时显牛顿流变性，只是在高切变速率（1000~10000s^{-1}）时显假塑性。

5. 外加盐对海藻酸钠水溶液黏度的影响

由于分子结构中含有羧酸基团，海藻酸钠是一种高分子电解质。高分子电解质在没有外加盐或外加盐浓度很小时，其分子链固定的反离子量很小，由于相同电荷间的排斥作用，分子链在溶液中呈高度的线性伸展状态。盐浓度较高时，分子链在溶液中表现为中性高分子在溶剂中的行为，可自由扭曲并相互交缠，导致黏度的减小。在海藻酸钠水溶液中加入 NaCl 后，溶液黏度随 NaCl 浓度的增加不断降低，产生这种现象的原因归诸聚合物分子链伸展情形的改变。在外加盐的影响下，高分子链从舒展状态趋向卷曲，减少了分子间的缠结，从而使黏度下降。

6. pH 对海藻酸钠水溶液的影响

海藻酸钠水溶液在 pH 为 5.0~11.0 是稳定的。由于海藻酸本身是不溶于水的，而海藻酸钠是水溶性的，过高的酸性导致溶液中海藻酸钠转换成海藻酸后析出。

实际应用中，含有微量钙的海藻酸钠直到 pH 达到 3.0~4.0 黏度不增加。如果钙离子完全被多价螯合剂螯合，低分子质量的海藻酸钠在 pH 低至 3.0 时还是稳定的。

7. 溶剂对海藻酸钠水溶液的影响

在海藻酸钠水溶液中添加非水溶剂，或增加能与水相混溶的溶剂的量（如酒精、乙二醇、丙酮等），会提高溶液的黏度，并最终导致海藻酸钠沉淀。表 5-7 所示为浓度为 1% 的海藻酸钠水溶液中可以含有的最高有机溶剂量。

表 5-7　浓度为 1% 的海藻酸钠水溶液中可以含有的最高有机溶剂量

有机溶剂	最高量	有机溶剂	最高量
甲醇	20%	丙醇	10%
乙醇	20%	甘油	70%
异丙醇	10%	乙二醇	70%
丁醇	10%	丙二醇	40%

数据来源：Kelco 公司海藻酸简介（第四版）。

四、海藻酸钠与其他高分子材料的混溶性

海藻酸钠水溶液可与多种物质混溶，包括增稠剂、合成树脂、胶乳、糖、油、脂肪、蜡、颜料、各种表面活性剂和碱金属溶液。不混溶性一般是由于海藻酸盐和二价阳离子（镁除外）或重金属离子、季铵盐正离子发生反应的结果，或者是由于存在引起碱降解和酸沉淀的化学药品。

五、海藻酸盐的生物活性

作为一种天然高分子，海藻酸具有良好的生物相容性。在食品和医药卫生领域，海藻酸具有良好的使用安全性。早在 20 世纪 70 年代，美国食品与药物管理局（FDA）就已经授予海藻酸钠“公认安全物质”称号（Phillips，1986；Glicksman，1969；Clare，1993）。海藻酸钠在 1938 年被收入《美国药典》，1963 年被收入《英国药典》。世界卫生组织（WHO）以及联合国粮食及农业组织（FAO）食品添加剂联合专家委员会也发布了有关海藻酸钠的规定，按体重每天可以摄取的海藻酸钠为 50mg/kg/d，藻酸丙二醇酯为 25mg/kg/d。药物代谢动力学试验表明，小鼠腹腔注射海藻酸钠的半数致死量为（1013 ± 308）mg/kg。由于海藻酸及其盐的凝胶对细胞无毒、无刺激，因此适用于药物传输，是一种优

良的固定化载体材料。同时，海藻酸具有很多优良的生物活性（谢平，1997），包括以下几点。

（1）降血脂　食品中的海藻酸盐进入胃后，在胃酸的作用下转化成海藻酸并形成凝胶，使胆固醇固定化后无法被吸收。进入肠道后，海藻酸在中性环境下转化成海藻酸钠并溶解，黏附在肠壁上阻碍胆汁酸的再吸收，使消化道内胆汁酸数量减少。这时，人体会自动合成新的胆汁酸来补充，而合成胆汁酸的原料正是肝脏内的胆固醇。也就是说，为了合成胆汁酸，将大量消耗肝脏内的胆固醇，而血液中的胆固醇含量也随之降低。通过阻碍胆固醇吸收和促进肝脏内胆固醇的消耗，海藻酸起到良好的降血脂作用，可作为降胆固醇、降血脂的药物。

（2）降血糖　在研究海藻酸对糖尿病的预防和治疗中发现，海藻酸胶可能对胰岛细胞损伤有保护作用。糖尿病小鼠注射试验表明海藻酸胶对缓解糖尿病小鼠症状、减少饮水量具有一定作用，患病小鼠糖耐量明显改善。

（3）抗凝血　海藻酸在体内和体外均具有明显的抗凝血和促纤溶的药理学活性，其作用机制类似于肝素，即抑制凝血酶原的激活。海藻酸适用于血黏度高的病人，可作为预防血栓形成的药物或保健品，静脉注射的效果明显高于腹腔注射。

（4）止血　在皮肤划伤等出血性外伤修复上，血液与带负电的海藻酸胶接触时可以启动凝血系统，达到止血效果。同时，血液中的钙离子、纤维蛋白等与海藻酸胶能交织成网，包罗红细胞、白细胞、血小板和血浆构成血凝块，起到良好的止血效果。

（5）放射防护　在小鼠体内注射海藻酸后能明显提高放射性射线 900rad 照射的小鼠存活率，并延长存活时间，显著保护被照射动物的造血器官。海藻酸对预防放疗所致造血器官损伤、刺激造血功能恢复、增强癌症患者的免疫功能有积极作用。

（6）低分子质量海藻酸钙是补钙食品的新型钙源，易于吸收。

（7）低分子质量海藻酸锌可健脑益智、预防阿尔茨海默症。

（8）低分子质量海藻酸铁可补铁、补血。

（9）低分子质量海藻酸镁可预防及治疗冠心病。

（10）海藻酸盐是一种可食而又不被人体消化的大分子多糖，在胃肠道里有吸水性、吸附性、阳离子交换、凝胶过滤等作用。进入消化系统后，海藻酸盐能增加饱腹感、加快胃肠蠕动、通过抑制淀粉酶活性降低食物能量吸收，起到减肥作用。海藻酸盐的亲水和凝胶特性能预防便秘。

第五节　海藻酸盐的成胶性能

水溶性的海藻酸钠在与多价阳离子（镁除外）反应后在大分子间形成离子交联键。当多价阳离子的含量增加时，海藻酸钠水溶液变得越来越黏稠，最后形成冻胶并产生沉淀物。海藻酸盐凝胶可以通过把海藻酸钠水溶液与 Ca^{2+}、Sr^{2+} 或 Ba^{2+} 等多价阳离子的水溶液接触后制备。单价阳离子和 Mg^{2+} 不能使海藻酸钠水溶液形成凝胶，Ba^{2+}、Sr^{2+} 形成的凝胶比 Ca^{2+} 形成的凝胶更强。其他多价阳离子，如 Pb^{2+}、Cu^{2+}、Cd^{2+}、Co^{2+}、Ni^{2+}、Zn^{2+}、Mn^{2+} 等也可以与海藻酸钠反应后形成凝胶，但因具有一定的毒性其应用受限。

水溶性的海藻酸钠在与钙离子接触后很快形成凝胶，在功能性食品领域有重要的应用价值。当海藻酸钠高分子在钙离子作用下交联而失去流动性后，溶液中水分子的流动受到抑制，形成含水量极高的冻胶。与卡拉胶、琼胶、明胶等其他食品胶不同的是，海藻酸盐形成的凝胶不是热可逆的，具有很好的稳定性。

钙离子是最常用的胶凝剂，其与海藻酸钠的反应速度很快，生产过程中钙离子加入到海藻酸钠水溶液中的方法对最后得到的凝胶的性质有很大影响。如果钙离子加入得太快，形成的是小片状、间断的凝胶结构。钙离子加入的速度可以通过缓慢溶解的钙盐或者由加入焦磷酸四钠盐或六偏磷酸钠等多价螯合剂来控制。

工业上可以通过以下四种方法制备海藻酸盐凝胶。

一、渗析/扩散法（dialysis/diffusion）

这是一个最常使用的方法。使用这个方法时，海藻酸钠的水溶液在与外来的钙离子接触后形成凝胶。这样形成的凝胶一般是不均匀的，因为与钙离子接触早的一部分海藻酸钠在成胶后凝固缩水，比后面形成的凝胶的固形物含量高。钙离子的浓度越低、海藻酸钠的分子质量越小、浓度越高、G 酸的含量越高，这种不均匀性就越强。由于成胶速度受钙离子扩散速度的限制，这个方法的应用性很有限，只能应用于制备较薄的片状材料。

二、原位法（in situ gelation）

这个方法一般采用溶解度比较低的钙盐或者是跟其他材料配位的钙离子。在与海藻酸钠充分混合后，加入具有缓释作用的弱酸使钙离子在酸的作用下释放出来后与海藻酸结合形成凝胶。这样形成的凝胶很均匀，并且也可以制备未被充分交联的凝胶，即海藻酸钙钠混合凝胶。

三、冷却法（gel setting by cooling）

高温下溶液中的钙离子不能与海藻酸结合，把钙离子与海藻酸钠在高温下混合，冷却后可以得到海藻酸盐凝胶。

四、交联法（cross-linking）

这个方法采用环氧氯丙烷（Epicholorohydrin，ECH）与海藻酸分子结构中的羟基的反应实现交联，海藻酸钠在交联后失去溶解性能而形成凝胶。这样形成的凝胶结构稳定、含水量高，可以吸收干重 50~200 倍的水分。

第六节　海藻酸与各种金属离子的结合力

海藻酸可以与不同的金属离子反应后形成凝胶，其中凝胶的性能与海藻酸和金属离子之间的结合力密切相关。Haug 等（Haug，1967）最早研究了海藻酸钠对不同二价金属离子的亲和力。这种亲和力的强弱体现在海藻酸钠和二价金属离子之间的离子交换系数，其定义为：

$$K=\frac{[\text{凝胶中的金属离子}][\text{溶液中的钠离子}]^2}{[\text{凝胶中的钠离子}]^2[\text{溶液中的金属离子}]}$$

在对不同的金属离子做了详细研究后，Smidsrod 等（Smidsrod，1972）发现海藻酸对金属离子的亲和力的次序为：

$$Pb^{2+}>Cu^{2+}>Cd^{2+}>Ba^{2+}>Sr^{2+}>Ca^{2+}>Co^{2+}=Ni^{2+}=Zn^{2+}>Mn^{2+}$$

在对铜、钡、钙、钴离子的研究中发现，它们与海藻酸钠的离子交换系数受海藻酸中的 M/G 含量的影响。表 5-8 显示铜、钡、钙、钴离子与两种不同的海藻酸钠的离子交换系数。

表 5-8　铜、钡、钙、钴离子与两种海藻酸钠的离子交换系数

金属离子	海藻酸的来源及海藻酸中 M/G 的比例	
	掌状海带（*L.digitata*）M/G=1.60	极北海带（*L.hyperborea*）M/G=0.45
Cu^{2+}-Na^+	230	340
Ba^{2+}-Na^+	21	52
Ca^{2+}-Na^+	7.5	20
Co^{2+}-Na^+	3.5	4

如表 5-8 所示，海藻酸对不同金属离子的结合力有很大区别。当海藻酸的 M/G 比例为 1.60 时，铜离子与钠离子的交换系数为 230，而钴离子的仅为 3.5。尽管表中的四种金属离子都可以在与海藻酸钠发生离子交换后形成凝胶，其成胶性能除了金属离子也受海藻酸中 M/G 比例的影响。高 G 海藻酸的离子交换系数一般比高 M 海藻酸高。对于钡离子，当海藻酸的 M/G 比例为 0.45 时，钡和钠的离子交换系数为 52，而当 M/G 比例为 1.60 时，离子交换系数仅为 21。

世界各地的海藻种类很多，从不同海藻中提取出的海藻酸在 G、M、GG、MM、GM 含量上有很大区别，对各种金属离子的结合力也有很大变化。Smidsrod 等（Smidsrod，1972）研究了从不同海藻中提取出的海藻酸对钙离子和钠离子的结合力。如表 5-9 所示，高 G 和高 M 海藻酸钠对钙离子的结合有很大区别。M/G 比例为 1.70 的高 M 海藻酸钠的离子交换系数为 7.0，而 M/G 比例为 0.45 的高 G 海藻酸钠的离子交换系数高达 20.0。

表 5-9　钙离子和不同来源的海藻酸钠的离子交换系数

海藻的种类	M/G 比例	离子交换系数 *K*
泡叶藻（*A. nodosum*）	1.70	7.0
掌状海带（*L. digitata*）	1.60	7.5
极北海带（*L. hyperborea*）	0.60	20.0
极北海带的柄（*L. hyperborea* stipes）	0.45	20.0

第七节　褐藻胶在膳食纤维领域的应用

海藻酸钠、海藻酸钾、海藻酸铵、海藻酸钠 - 海藻酸钙复盐、海藻酸铵 - 海藻酸钙复盐、海藻酸丙二醇酯等褐藻胶是一类优良的海洋源膳食纤维，在食品和饮料的生产中有广泛应用（秦益民，2019；詹晓北，2003；黄来发，2001），其主要作用是凝胶化，即形成食用凝胶。此外，褐藻胶的乳化增稠作用和成膜性能在食品工业中也有广泛应用。图 5-9 所示为褐藻胶在食品和饮料中的应用案例，其中褐藻胶起到的作用有如下几种。

（1）增稠与乳化剂　褐藻胶可用作沙拉调味汁、布丁、果酱、番茄酱及罐装制品的增稠剂，提高制品的稳定性，减少液体渗出。

（2）胶凝剂　褐藻胶可加工成各种凝胶食品，可保持良好的胶体形态，不发生渗液或收缩，适用于冷冻食品和人造仿型食品。

（3）稳定剂　用褐藻胶作冰淇淋的稳定剂，可控制冰晶形成，改善口感。褐藻胶也可以稳定糖水冰糕、冰果子露、冰冻牛奶等混合饮料。

（4）水合剂　在挂面、粉丝、米粉制作中添加褐藻胶可改善制品组织的黏结性，使其拉力强、弯曲度大、断头率减少。在面包、糕点等制品中添加褐藻胶可改善制品内部组织的均一性和持水作用，延长贮藏时间。

（5）黏合剂　在宠物食品中，褐藻胶可用作黏合剂。

图 5-9　褐藻胶在食品和饮料中的应用案例

一、褐藻胶在凝胶食品中的应用

利用海藻酸钠与钙离子结合后形成凝胶的特性制作的凝胶食品的功能特性包括热不可逆、低热量，可凉拌、煎炸、蒸煮、涮火锅、煲汤等，食用后起到饱腹、减肥、补钙等健康功效。图 5-10 为一种海藻酸盐凝胶食品。

1. 凝胶脆丝

以海藻酸钠为主要原料制备的凝胶脆丝的制作工艺如下。

（1）物料液溶解　配制海藻酸钠胶液，按比例添加不同物料（如淀粉、蔬菜粉、果汁粉、海带粉等）后静置消泡。

图 5-10 海藻酸盐凝胶食品效果图

（2）成型液配制　将食品级氯化钙按比例溶解成一定的溶液，备用。

（3）成型并固化　将海藻酸钠溶液通过漏斗滴入氯化钙溶液中，成型 2min，固化 10min 以上。

（4）清洗　清水冲洗 3 遍，包装。

（5）灭菌　高温灭菌后冷却，即为成品。

表 5-10 所示为一个凝胶脆丝的参考配方。

表 5-10　凝胶脆丝的参考配方

物料	参考比例 /%
褐藻胶（海藻酸钠）	1.1~1.5
淀粉或果蔬粉	5~10
酸味剂	0.1
甜味剂	0.1
水	85%~90%
营养强化剂	5% 水溶液

图 5-11 所示为凝胶脆丝的效果图，这类产品晶莹剔透、口感爽脆、热量值低，适宜凉拌、热炒、煲汤、涮火锅等，具有饱腹、促进胃肠蠕动、排除体内重金属离子等功能，是下酒佐餐、消暑降温、送礼待客的佳品。

图 5-11　凝胶脆丝的效果图

2. 海藻凉粉

利用海藻酸钠与钙离子结合的凝胶特性制作的海藻凉粉，是绿色、健康、安全的天然食品。例如，以青岛明月海藻集团有限公司研制的“明月”牌海藻凉粉配料生产的海藻凉粉，不含任何防腐剂，产品特色为：口感清脆，热量低；具有降血压、降胆固醇、减肥、促进胃肠蠕动、排除体内重金属等功能；热稳定性好，无须担心热炒、煲汤、涮火锅带来的凉粉溶化问题；富含有机钙，可补充人体对钙的需求。

制作工艺如下。

（1）准备 90~100℃热水，所用器具均用热水杀菌消毒。

（2）将海藻凉粉配料 A 组分 1kg 加入快速搅拌的 100~120kg 上述热水中，根据凉粉成品的软硬度调整加水量，至海藻胶溶液完全溶解。

（3）将海藻凉粉 B 组分 0.5kg 用约 1kg 冷水冲释（不溶解属正常，不影响使用），摇匀。

（4）沿同一方向快速搅拌 A 溶液，加入 B 溶液，快速搅拌 10~30s 至均匀，静置 2 小时左右，冷却后即可成型。

食用方法：①凉拌：可随意切成任意形状，调制食盐、味精、醋、蒜末、蔬菜等制作凉菜。②热食：可烹炒和煲汤，在烹炒菜肴至七、八分熟时，加入切成块状或片状的凉粉，烹熟即可。

图 5-12 所示为食用海藻凉粉的示意图。

3. 果冻

以海藻酸钠为原料，添加不同口味的果汁、果肉、胡萝卜、蜂蜜、糖等，可以制备香味浓郁、爽滑可口、集营养与保健功能于一体的复合果冻（莫海珍，2006；蔡孝凡，2005），其制作工艺如下。

图 5-12　食用海藻凉粉的示意图

（1）调果冻胶液　将海藻酸钠、碳酸钠、磷酸氢钙、色素和 5 倍的糖粉混合均匀，在强力搅拌状态下，将混合料溶于 60℃水中加热至接近沸腾时将余糖加入。

（2）胶液杀菌　胶液在 90 ℃保持 15min，达到杀菌目的。

（3）脱气　将制备好的胶液于 30kPa 的真空度下维持 3~5min，使搅拌时混入的气体逸出，以免影响果冻的质地和外观。脱气结束后立即冷却至 50℃。

（4）酸化　气泡消失后，打开搅拌，把下沉的碳酸氢钙搅起来，再向溶液中加入果汁、糖、柠檬酸混合液，调整胶液 pH 为 3~5。

（5）装盒　将上述混合液搅拌均匀，倒入消毒好的盒中静止成型后密封即为成品。

4. 软糖

软糖又称凝胶糖果，是以一种或多种亲水性凝胶质为基本原料，与砂糖和糖浆经加热、溶化、分散、熬制到一定浓度，在一定条件下形成的多水的含糖物质（沈彦昆，1999；孙晓波，2001；李增利，2002；孔美兰，2004；张东华，1998）。凝胶糖果在我国是一种传统产品，有高粱饴、雪花软糖、果胶软糖、棉花糖、牛皮糖、苏式软糖等品种。这些软糖在配料上所用的亲水性凝胶剂和生产工艺各不相同，其共同特点为甜度较低、口感柔软黏糯、香气浓郁，外观呈透明或半透明状。凝胶糖果的类型和等级很多，其质构特性取决于选用的凝胶剂类型和等级，如淀粉型具有紧密与黏糯的质感、明胶型具有稠韧与弹性的质感、果胶和琼脂型具有光滑与柔嫩的质感、树胶型具有稠密与脆性的质感。

5. 果酱

利用其稳定性和凝胶性，海藻酸钠可应用于果酱的制作，代替果胶、琼脂，提高果酱凝固力、改善产品质量、提高产品风味、有效降低成本（李月华，1991；王绍裕，1992）。海藻酸钠具有胶黏性和增稠性，加工过程中经充分溶解后与其他原辅料相调配，使原来较高含量的水分与凝胶有机溶合为一体，形成组织细腻、乳状性能良好的酱体。成品可溶性固形物在 65% 以上，一般情况下可节省果酱原料 6%~10%。

6. 点心馅

点心、面包等常用果子酱（苹果、草莓、枣泥等）作为夹心馅提高产品的风味与营养价值。在果子馅的生产中，海藻酸钠可替代果胶、琼胶提高果酱的凝固力，防止因温度高而熔化流浆，并能保持果子酱的原有营养、风味和口感。一个典型的果子馅配方包括：苹果酱（或草莓、枣泥等）50kg；白砂糖 12kg；海藻酸钠 1kg；磷酸氢二钙 0.025kg；多聚磷酸钠 0.015kg；柠檬酸 0.03kg；适量色素和果味香精。

二、褐藻胶在面制品中的应用

在面制品中加入海藻酸钠、海藻酸钙等褐藻胶，可使产品增筋、不混汤、抗冻融、抗老化、耐煮、爽滑、减少断条率。

1. 面条

面条的烹煮品质包括：煮熟的面条无断面、久煮不烂、不粘连、不混汤、不黏牙、咬劲足、拉伸弹性好、色泽透亮、爽滑可口等。由于地区差异等原因，我国通用小麦粉蛋白质含量低、质量较差，制出的面条存在不耐煮、易混汤、口感发黏、咬劲差等不足。面条生产中常用的改良剂可以提高烹煮品质、增加面条的附加值、降低生产成本，其中国内制面业采用的面条改良剂主要有复合碱、复合磷酸盐、增稠剂、乳化剂、变性淀粉、食盐、谷原粉等，添加方式多为自行搭配（陈海峰，2005；胡坤，2002；甘业华，2000；李光辉，1994；刘闽年，1999；李光辉，1994）。用海藻酸钠做面条添加剂可改良面条组织的黏结力，使其拉力增强、弯曲度增大，可以减少断头率和湿面回头率、提高正品率，对面筋值较低的面粉尤为显著。此外，海藻酸钠对面条的酸度有抑制作用，食用时面条有耐煮、抗泡、不黏条、不混汤、口感细腻、柔软爽口、有嚼头等特点。

2. 面包

面粉是生产面包的主要原料，其面筋含量对面包制品的质量有较大影响。用海藻酸钠作为面包添加剂可以起到与增加面粉中面筋值相似的作用，即增加延伸性、韧性和弹性。面包生产中要求面团的延伸性强、弹性大，这样面团内能保持大量气体，制成的面包体积大、柔软有弹性，面包切片食用时不易掉渣。利用海藻酸钠的保水性、稳定性及防老性等功能，将其应用于面包中可使面包无论在高温烘烤或冷冻条件下都能保持弹性、不掉渣，提高质量、延长货架期（王绍裕，1997）。

3. 蛋糕

蛋糕是以蛋类为主要原料，通过剧烈搅打使蛋浆组织内部充入大量空气，加热后气体膨胀逸出，形成疏松多孔的海绵组织（郭雪霞，2006）。添加海藻酸钠有助于蛋浆的乳化作用，打擦时起泡性好，使蛋糕形成多孔膨松组织，气孔细密均匀、富有弹性，内质柔软润滑、耐干性好，能保持浓郁的蛋香甜味。

三、褐藻胶在焙烤制品中的应用

在焙烤制品中加入褐藻胶可以起到保水、增稠、塑形的作用，使产品组织细腻。

四、褐藻胶在肉制品中的应用

作为一种天然高分子，海藻酸盐具有优良的成膜性能，可用于制备香肠的肠衣。生产过程中，肉的混合物挤出后首先在其表面覆盖一层海藻酸钠水溶液，然后与氯化钙水溶液接触后成膜，这样形成的海藻酸钙肠衣可保护香肠，减少水分和油脂的流失。

脂肪替代品是利用海藻酸钠与钙形成热不可逆凝胶的特性及其与其他高分子多糖的良好配伍性，结合动物脂肪或植物油脂，通过高速搅拌、静置成型制备出的类似固体脂肪的高强度、高弹性、高韧性肉制品脂肪替代物，可应用于萨拉米等香肠制品，显著提高肠体的硬度和弹性、降低产品脂肪含量、赋予产品良好的外观，满足消费者对低脂、营养餐食的需求。

对于午餐肉、火腿肠、红肠和鱼肉肠等肉制品，提高其保水性、鲜嫩性、凝胶性和乳化能力是必需的。保水性强，肉制品出品率高；鲜嫩性好，肉制品的口味就鲜美、嫩滑爽口；凝胶性强，所制肉制品黏度和强度就强、弹韧性也好；乳化能力强，所制肉制品就可避免油析、松软等现象，还可降低原料成本。海藻酸钠有优越的增稠性、稳定性、持水性、凝胶性、乳化性等性能，可与多种胶体复配使用，满足肉制品加工的要求。

肉制品加工过程中产生大量碎肉和肉渣，采用肉类黏合剂能将这些下脚料重新组合成完整的肉块，从而提高肉制品加工厂的原料利用率，增加经济效益。另外，肉类黏合剂可以将不规则的原料肉块黏合起来后按需要分割成标准的大小和形状，从而提高产品的标准化程度。海藻酸钠与矿油、脂肪酸酯、甘油、阴离子表面活性剂和非离子表面活性剂及其他多种聚合物有着良好的相容性。通过调整海藻酸盐混合液中可溶性盐与不可溶性盐的比例，可获得不同胶态状的凝胶体。这些性能使海藻酸钠特别适用于肉类黏合剂。

五、褐藻胶在仿生食品中的应用

仿生食品又称人造食品，是用科学手段把普通食物模拟成贵重、珍稀食物。仿生模拟食品不是以化学原料聚合而成的，它是根据所仿生天然食品所含的营养成分，选取含有同类成分的普通食物为原料加工制成的仿生模拟食品。自日本研究人员首次研制出人造海蜇皮以来，世界各国已经研制出多种类型的仿生食品。目前市场上除了人造鱼翅、人造海蜇皮等仿生海洋食品，还有人造瘦肉、人造牛肉干等仿生肉，以及人造大米、人造苹果、人造咖啡、人造菠萝等产品，其中仿生食品的模拟特点包括功能模拟仿生、制作方法模拟仿生、风味模拟仿生、外形模拟仿生等（康彬彬，2003；程胜，2006；贾君，2006）。

1. 人造海蜇丝

仿生海蜇是以海藻酸钠为主要原料经过系统加工处理制成的一种仿生食品。海藻酸钠与钙离子反应后形成不溶于水的海藻酸钙凝胶，在水中具有致密网状结构，是人造海蜇的主要成分（郑家林，1996）。通过调节海藻酸钠和钙离子的浓度及置换时间，可以得到口感和软硬度不同的仿生海蜇。这种产品具有天然海蜇特有的脆嫩口感及色泽，并可按营养需要对其进行营养强化，是一种很有发展前景的佐餐食品。

2. 海藻蜇皮

海藻蜇皮是随海蜇丝一同发展起来的一种仿生食品，其原理与海蜇丝生产原理相似，即以海藻酸钠为主要原料，添加大豆蛋白、味精等营养、调味品，模拟天然海蜇皮的形状、色泽和风味加工制成，可用于凉拌、烹炒。

3. 仿生鱼翅

利用海藻酸钠与钙离子反应的凝胶特性制作的仿生鱼翅，其原理与海蜇丝相似，口感宜人、烹制方便，深受消费者喜爱。

4. 人造皮蛋

以海藻酸钠作载体使其他原料黏结在一起，用固化剂氯化钙凝固成形后可以制备人造皮蛋（徐永力，1994）。这样得到的人造皮蛋晶莹剔透、有黄有清、色泽分明，内含蛋白质、脂肪、糖、赖氨酸等多种营养成分，可与松花蛋媲美。

5. 人造葡萄

用海藻酸钠、食糖、葡萄香精、食用色素等原辅料溶解后均匀混合，制成葡萄形状的液滴，放入钙水中成型，即形成形状、风味似天然葡萄的人造葡萄（孙洪友，2006）。

6. 人造辣椒条

利用海藻酸盐的凝胶特性可以制备人造辣椒条，其中一个参考配方包括：

（1）料液　海藻酸钠 1.5%；瓜尔豆胶 0.8%；山梨酸钾 0.1%；辣椒浓缩液 14%。

（2）成型液　氯化钙 4%~6%。

（3）老化液　氯化钠 8%；氯化钙 2%；乳酸 1%。

7. 洋葱圈

生产洋葱圈的参考配方：切碎脱水的洋葱 20%；面粉 15%；盐 0.1%；海藻酸钠 1.0%~1.2%；加水至 100。

制作工艺包括：①洋葱的预处理；②制备辅料液；③将处理后的洋葱用辅料液浸泡成糊料，制作成环形；④浸入成型液中形成凝胶，形成环形表皮。

8. 仿肉制品

利用海藻酸钠在钙离子作用下形成凝胶的特性，以海藻酸钠为凝胶成型剂、分离大豆蛋白为填充剂，搅拌下成型后可制备具有耐热性能的仿肉纤维。这种仿肉纤维调味后可烘干或油炸，参照肉类制品的烹调方法可制得多种色、香、味俱佳的大豆蛋白仿肉制品，如五香肉脯、美味仿虾条、糖醋仿肉丸、麻辣仿肉丝等，添加风味物之后还可加工成类似火腿、腊肉、鸡肉、牛肉的仿肉制品（刘淑丽，2003；印韵芝，1997）。

六、褐藻胶在饮料和乳制品中的应用

作为一种天然水溶性高分子，海藻酸盐是一种性能优良的饮料添加剂。在发酵酸奶中加入海藻酸盐可以起到增稠、乳化作用，稳定蛋白质、乳化脂肪、改善口感、保护香气。在中性饮料中可以通过增稠作用，提高体系稳定性，防止产品分层。在冰激凌中应用海藻酸盐可提高产品抗冻融稳定性，使膏体细腻、口感好。

1. 含乳饮料

含乳饮料是指以含乳30%以上的新鲜牛乳为原料,加入水、可可、咖啡、果汁、蔗糖等辅料，经有效杀菌制成的具有特殊风味的饮料。它是一种不稳定分散体系，既有蛋白质和果汁微粒形成的悬浮液、脂肪的乳浊液，又有糖类、盐类形成的真溶液,生产中常发生油脂上浮和蛋白质沉淀等质量问题,需要添加乳化剂、增稠剂等使饮料保持稳定。

可可奶乳饮料是一种典型的含乳饮料，以奶粉（或鲜牛乳）、可可粉、蔗糖等为主要原料调配制成，其生产工艺为：原乳的标准化或乳粉的还原→可可粉预处理→稳定剂的溶解→混合配料→高压均质→灭菌→冷却→成品。由于可可奶是一种脂肪、蛋白质、碳水化合物组合的复杂乳状液体，生产和贮存过程中易产生可可粉和蛋白质沉淀、絮凝、乳脂析出等现象。为了保证可可奶在保质期内不发生以上现象，生产中需要添加一定量的乳化稳定剂提高可可奶的稳定性。殷露琴等（殷露琴，2007）对可可粉饮料稳定性的研究表明，海藻酸钠与微晶纤维素有协同作用，对较小的可可粉分子有较好的稳定作用，可防止饮料分层。蒋文真等（蒋文真,2007）研究了复配乳化稳定剂对可可奶稳定性的影响，通过正交试验获得复配乳化稳定剂最佳配比为：0.01%卡拉胶、0.015%海藻酸钠、0.15%微晶纤维素和0.015%蔗糖酯。

2. 悬浮饮料

悬浮饮料是以果蔬、柑橘、桃、梨、苹果等天然食物以及人工造粒成型的颗粒状物质悬浮于饮料中制成的，其外形自然、真实，配以透明包装，特别适合社会崇尚天然饮料的要求。悬浮饮料生产中的一个主要技术问题是食物颗粒能均匀分散于饮料中，保质期内不产生明显的分层和下沉现象。一般认为，悬浮饮料的悬浮并不是靠食品胶的黏度，而是依靠食品胶形成的凝胶网络实现的（尹霞，2006）。彩珠保健悬浮饮料是一种典型的悬浮饮料，利用海藻酸钠成膜法将果蔬汁包裹制成人造胶囊后与悬浮剂和鲜果菜汁调配成悬浮饮料。用不同颜色的果蔬榨汁进行珠体染色后可制成不同色彩的珠体悬浮于饮料中，色泽鲜艳、晶莹发亮、外观诱人。

彩珠的制作过程中首先配制一定容量的氯化钙溶液作为固化液，在其表面覆盖一层精制植物油。按配方配制海藻酸钠复合胶体溶液，倒入覆盖在氯化钙溶液表面的精制植物油中，被油液包围的海藻酸钠液体团在表面张力作用下收缩成球形后缓缓下沉至氯化钙溶液中，球形液体团表面的海藻酸钠与钙离子反应形成凝胶体，数分钟后取出，用清水清洗，即可形成球形颗粒状彩珠。

陶翠华（陶翠华，2005）研究了以海藻酸钠、琼脂为主要原料制作颗粒悬浮饮料的生产工艺，对影响海藻酸钠凝胶性和溶液悬浮稳定性的因素进行了对比试验。结果表明添加 0.2% 海藻酸钠悬浮剂对饮料悬浮液的效果较好。

3. 植物蛋白饮料

植物蛋白饮料是以植物的果核或种子为主料，经过原料预处理、浸泡、磨浆、过滤、均质、杀菌等工序调配制成的饮品。与动物性蛋白食品相比，其饱和脂肪酸和胆固醇含量低，对预防血管硬化、糖尿病有积极意义。植物蛋白饮料是一个复杂的热力学不稳定体系，其中既有蛋白质形成的胶体溶液，又有乳化脂肪形成的乳浊液，还有糖等形成的真溶液。生产、贮藏过程中常出现蛋白质和其他固体微粒聚沉及脂肪上浮等现象，严重影响产品感官质量。

在开发口感协调、组织稳定的植物蛋白饮料时，乳化稳定剂的使用十分重要。陈晓平等（陈晓平，2005）对松仁乳的稳定性进行了研究，结果表明添加 0.02% 海藻酸钠、0.02% 黄原胶和 0.03% 瓜尔豆胶，在 40MPa、80~85℃均质两次的条件下，松仁乳产品具有较好的稳定性。程军强等（程军强，2004）制作的核桃奶茶采用海藻酸钠和羧甲基纤维素钠作乳化稳定剂，可以有效防止产品出现乳清分离。郭红莲等（郭红莲，2007）在苦瓜蛋白饮料中对海藻酸钠、黄原胶等多种稳定剂的作用进行了比较。结果显示，稳定效果最好的是海藻酸钠。

4. 固体饮料

微胶囊是一种具有天然或合成高分子聚合物壁壳的微型容器或包埋物，可将固体、液体或气体物质包埋，使被包埋物料与外界环境隔绝，最大限度保持食品、饮料原有的色、香、味、性能和生物活性，防止营养物质在加工贮藏中的破坏和损失，还可以掩盖物料的异味或使原来不易加工贮藏的气体、液体转化成较为稳定的固体形式，防止或延缓劣变产生（何玲，2007；李作良，1997）。利用微胶囊技术可以在饮料领域开发性能优良的功能性饮料，包括茶饮料、果汁、蔬菜汁、果蔬汁饮料、固体饮料等。固体饮料是指水分含量在25%之内，具有一定形状，须经冲溶后方可饮用的颗粒状、鳞片状或粉末状的饮料，由于饮用方便、营养成分含量高等优点，颇受消费者喜爱。固体饮料有两个主要的发展方向：一是利用水果和浆果的天然果汁制备饮料，强调产品的天然、营养特性；二是配制含气发泡粉，着眼于产气、发泡的新奇感。国内市场上比较常见的是果汁饮料粉、奶粉和可可粉，而含气发泡的饮料粉比较少见。国外对发泡固体饮料的研究较多，美国、日本出现了以碳酸盐、有机酸为主要原料的固体饮料，用水冲泡时二者反应放出CO_2。以海藻酸钠、黄原胶、羧甲基纤维素钠、明胶、卡拉胶等单独或混合使用作为包埋剂包埋碱，与柠檬酸、果粉混合后可以制造产气固体饮料（陶宁萍，2001）。

5. 果蔬汁饮料

果蔬汁饮料中既有果肉微粒形成的悬浮液，又有果胶、蛋白质等形成的胶体溶液，还有糖、盐等形成的真溶液，甚至还有脂类物质形成的乳浊液，在生产和储藏中经常发生分层和水分析出等不稳定现象。在果蔬汁饮料的混合体系中，悬浮液、乳浊液的微粒与饮料汁液之间存在较大密度差，是不稳定的主要原因。饮料中的蛋白质受物理、化学等因素作用也会引起果汁饮料的不稳定。为了保证饮料在保质期内不发生分层、沉淀等现象，生产中经常使用增稠剂和乳化剂。果蔬汁饮料常用的增稠剂有果胶、琼脂、海藻酸钠、羧甲基纤维素钠、黄原胶等。在一项对龙眼果汁饮料的研究中，文良娟等（文良娟，2002）比较了羧甲基纤维素钠（CMC）、卡拉胶、黄原胶、琼脂、海藻酸钠等5种稳定剂的性能，观察其单独使用和复合使用对产品稳定性的影响。表5-11所示为单一使用五种稳定剂对龙眼果汁饮料稳定性的影响。结果显示，卡拉胶和琼脂对龙眼果汁饮料的稳定效果不好，海藻酸钠的稳定效果最好。

表5-11　单一稳定剂对龙眼果汁饮料稳定性的影响

稳定剂	添加量/%	pH	成品外观	沉淀率/%
CMC	0.20	4.20	无沉淀	0.33
海藻酸钠	0.20	4.20	无沉淀	0.31
卡拉胶	0.20	4.20	少量沉淀	1.52
黄原胶	0.20	4.00	形成黏稠胶体	—
琼脂	0.20	4.20	有较多沉淀	3.10

张国治等（张国治，1997）在香菇 - 红枣汁稳定性的研究中发现，为了防止饮料产生沉淀，需要采用羧甲基纤维素钠（CMC-Na）、海藻酸钠、黄原胶、明胶、琼脂等作稳定剂。表 5-12 所示为各种稳定剂的使用效果，其中 CMC-Na 与海藻酸钠配合使用的效果优于单一品种及其他组合，使用 0.1% 的 CMC-Na 加 0.1% 的海藻酸钠能得到稳定性良好的香菇 - 红枣汁产品。

表 5-12 几种稳定剂在香菇 - 红枣汁中的使用效果

序号	稳定剂	用量 /%	外观	结论
1	CMC-Na	0.2	均匀，底部有微量沉淀	较好
2	明胶	0.3	加热后呈絮丝状	差
3	黄原胶	0.1	均匀，底部有少量沉淀	稍好
4	海藻酸钠	0.2	均匀，底部有微量沉淀	较好
5	琼脂	0.2	加热后呈絮丝状	差
6	CMC-Na+ 黄原胶	0.1+0.05	均匀，底部有微量沉淀	较好
7	CMC-Na+ 海藻酸钠	0.1+0.1	均匀，底部有基本沉淀	好
8	黄原胶 + 海藻酸钠	0.05+0.1	均匀，底部有少量沉淀	稍好

6. 发酵乳饮料

发酵乳是以鲜乳或乳制品为主要原料，添加乳酸菌或酵母经发酵成凝态状或液体状添加果汁后制成的具有特殊风味的乳饮料。发酵乳的营养价值高，具有整肠以及预防胃病等功效。发酵乳中的蛋白质易消化吸收，其乳酸可减少人体胃酸的分泌，减轻胃的负担、帮助消化，其钙盐较原牛奶中的钙盐更易消化吸收。

生产过程中为防止乳蛋白凝集沉淀、防止冷冻过程中形成冰晶、防止乳蛋白与其他成分形成沉淀，必须加入稳定剂。冯雅蓉等（冯雅蓉，2002）在香橙乳酸菌饮料中添加以海藻酸钠为主的稳定剂，制作的产品呈均匀乳状胶液，无沉淀、无杂质、无悬浮大颗粒，久置无分层现象。谭平等（谭平，2002）选择海藻酸钠、黄原胶和琼脂复合稳定剂制作的红枣发酵乳稳定性良好。

宋莲军等（宋莲军，2004）对米糠酸奶的稳定性进行了研究，对海藻酸钠、琼脂和果胶进行单一和复配试验。如表 5-13 所示，复合稳定剂“0.08% 海藻酸

钠 +0.08% 琼脂”的效果最好，其协同作用可以稳定和改善产品品质，酸奶没有出现明显分层现象，流动性也较好。

表 5-13 米糠酸奶稳定剂的选择

稳定剂	用量 /%	组织状态
海藻酸钠	0.16	轻微分层
琼脂	0.16	流动性差
果胶	0.16	轻微分层
海藻酸钠 + 琼脂	0.08+0.08	无分层且流动性好
海藻酸钠 + 果胶	0.08+0.08	轻微分层

7. 冰激凌

冰激凌具有复杂的泡沫状组织结构，主要是空气以很小的气泡分布在部分冷冻的连续相上，其中脂肪在乳化液中位于内相、非脂乳固体和亲水胶体则位于水溶液中，而糖和盐组成真正的溶液（宋慧，2001）。作为冰激凌稳定剂，海藻酸钠比传统使用的明胶、琼脂和淀粉有独特的性能和较高的效益，一是添加海藻酸钠的冰激凌体积膨胀率大、产量高、成本低、效益好，添加 0.2% 海藻酸钠的冰激凌比不加海藻酸钠的体积膨胀率提高 15%~30%、产量提高 20% 左右。与添加明胶的冰激凌比较,添加海藻酸钠的数量比明胶可减少一半,使成本降低,而质量则更好；二是添加海藻酸钠的冰激凌膏体细腻、口感好；三是添加海藻酸钠的冰激凌在同样条件下，抗融化能力增加两倍。

何金兰等（何金兰，2006）对椰汁冰激凌稳定剂的选择进行了研究。在原配料种类和添加量相同的情况下，分别以 CMC-Na、海藻酸钠、明胶 3 种稳定剂进行稳定实验，对椰汁冰激凌的稳定效果做了对比。从表 5-14 可以看出，各种稳定剂的最佳用量分别为 CMC-Na 0.30%、海藻酸钠 0.18%、明胶 0.18%。对比 3 种稳定剂最佳用量及稳定效果并结合最终产品的各项质量指标，结果表明：CMC-Na 作为稳定剂制得的混合液过于稀、膨胀率不理想；明胶作为稳定剂制得的冰激凌组织坚硬；海藻酸钠作为稳定剂时膨胀率最好，而且冰激凌的组织结构柔软而细腻。

表 5-14　不同稳定剂对椰汁冰激凌稳定效果的影响

稳定乳化剂	添加量 /%	膨胀率 /%	组织结构	综合平价
CMC-Na	0.18	25	柔软而细腻	中
	0.30	30	细腻滑润	良
	0.42	30	柔软而细腻	中
海藻酸钠	0.18	55	柔软而细腻	优
	0.30	50	柔软而细腻	中
	0.42	40	柔软而细腻	良
明胶	0.18	35	坚硬	良
	0.30	35	坚硬	中
	0.42	30	坚硬	中

七、褐藻胶在功能性食品中的应用

作为 21 世纪餐桌上食品的一个重要发展方向，功能性食品的目标功能主要有三个。

（1）以公众健康为目标的功能领域　其中公众最关心的健康领域包括控制体重、增强免疫、抗氧化及营养素补充。

（2）以提高机体健康和精神状态为目标的功能领域　其中以运动营养食品和饮料最为热门，也有提高“脑能量”的产品。

（3）以降低慢性病风险为目标的功能性食品　利用功能性食品辅助药物以减轻症状、降低患病风险是新产品开发的一个主渠道。欧洲健康食品生产厂商将降低心血管疾病风险列为产品研发的首选功能，其他功能包括防治癌症、肥胖、骨质疏松、肾脏健康、提高免疫力等。

褐藻胶是一种可食而又不被人体消化的大分子多糖，在胃肠中具有吸水性、吸附性、阳离子交换和凝胶过滤等作用，对人体新陈代谢起到独特的调节作用，其保健功能包括：①降血压、降血脂、降低体内胆固醇和预防脂肪肝；②阻碍放射性元素的吸收，有助于排除体内重金属；③增加饱腹感，健康减肥；④加快胃肠蠕动，预防便秘。下面介绍一些以海藻酸钠为主要原料的功能性食品和饮料。

1. 降糖乐

降糖乐是以海藻酸钠为主要原料，配以麦麸、甘露醇及其他辅料调制加工成的一种低糖纤维制剂，含有丰富的氨基酸和微量元素，是治疗糖尿病的良好辅助剂，有明显的降血脂作用。据山东海洋学院与青岛医学院试验报道，以 40 名糖尿病患者为例，有 25 名在服用降糖乐前后测定了血糖，服用前平均血糖为 199.92mg%；服用 4 ～ 6 周后，血糖平均下降至 146.24mg%。胆固醇由原来的 173.4mg% 降至 147.2mg%；甘油三酯由 107.8mg% 降至 105mg%；β- 脂蛋白由原来的 383.9mg% 降至 382.7mg%（管华诗，1986）。

2. 排铅奶粉

铅是一种具有神经毒性的重金属元素，当铅在体内的含量超过一定水平时，人就易患感冒、肺炎、结核、肝炎等疾病，还可诱发高血压、心律失常、肾脏损害和精神行为异常等疾患。由于代谢和发育的特点，儿童发生铅中毒的概率超过成人 30 多倍。随着我国工业的快速发展，环境恶化加剧，铅中毒已成为威胁我国儿童健康的主要因素之一。调查结果显示，部分城市或工业区 85% 以上的儿童血铅水平超过国际公认的可对智力发育造成危害的标准。为了把体内的铅代谢排出，目前临床多采用注射络合剂药物驱铅的方法，但是该药物在络合排铅的同时，还络合排出人体所需的其他微量金属，因而直接影响人体的生理功能，副作用较大。

海藻酸钠具有良好的排铅作用，海藻酸钠中的钠离子被铅离子取代后形成不易被人体吸收的不溶性海藻酸铅而排出体外。根据这个原理，排铅奶粉是以海藻酸钠、奶粉、白糖等原料配制成的一种阻、排铅冲剂饮料，动物和人体试验证明其阻、排铅疗效较好，无毒副作用，不影响人体内钙、磷等代谢平衡。青岛生产的“华海”牌排铅奶粉于 20 世纪 80 年代投入市场，1997 年获得卫生部颁发的保健食品证书及批准文号，已广泛用于受空气污染的广大城镇居民、儿童、吸烟者、交通警察，特别是铅矿、冶炼厂、印刷厂、油漆厂等高水平触毒作业人员。

3. 减肥饮料

用于减食疗法的减肥饮料可由下列组分组成：海藻酸钠 1.5%~3.0%、羧甲基纤维素钠 10%~80%、乳酸钙 1%~25%、葡萄糖或蔗糖 3%~50%。饮用该饮料可增加饱腹感，减少摄食量。

八、褐藻胶在水果保鲜中的应用

涂膜保鲜法是利用涂膜剂在水果表面形成一层极薄的高分子膜，抑制水果的气体交换和代谢过程，降低其呼吸强度，同时减少水分的蒸发，阻止空气的氧化作用，保护水果免受外来微生物的侵害。该方法要求涂膜剂稳定、无毒、无明显异味，在食用前容易除去，同时有良好的附着力和一定的机械强度。海藻酸钠可以在果蔬表面形成一层具有选择通透性的保护膜，由于果蔬自身的呼吸作用，使整个水果处于一种自发调节的微气调环境，达到保鲜目的。由于处理成本较低、使用方便，有很大的实用价值。

九、褐藻胶在可食性包装膜中的应用

可食性包装膜是将本身可食用的材料经组合、加热、加压、涂布、挤出等方法成型后制备的可食性包装材料，目前主要有两种：一是以蔬菜为主要原料打浆成型后烘干；二是将淀粉、糖类糊化后加入其他食品添加剂，采取与造纸工艺类似的方法成型。海藻酸钠易溶于水形成均匀而黏稠的液体，可加工成均匀透明的薄膜。把海藻酸钠与其他胶体进行复配可以改善薄膜的抗拉强度、柔韧度、阻水性和溶解性等性能。王嘉祥等（王嘉祥，1994）以海藻酸钠为被膜剂的主要原料，在氯化钙溶液中钙化凝固，形成的可食用膜具有良好的弹性、韧性。赵志军等（赵志军，2004）采用海藻酸钠为成膜剂、甘油为增塑剂，经氯化钙交联成膜制作方便面油包可食性膜，制成的膜具有类似塑料膜的外观和机械性能，即良好的透明度、一定的耐水性、抗拉强度和伸长率，并且具有可食性。

十、褐藻胶在可食性蔬菜纸中的应用

以新鲜蔬菜为主要原料，添加海藻酸钠等烘干成型制作的蔬菜纸，不仅保留了原料的风味和营养成分，还有低糖、低钠、低脂、低热量等特点，富含膳食纤维、多种维生素及矿物质，清脆可口、风味独特。李晓文（李晓文，1999）以芹菜叶为原料，添加 3% 海藻酸钠和 3% 甘油制成清脆可口、具有芹菜香味的可食性芹菜纸型食品。谢琪（谢琪，1995）以胡萝卜为基料，添加海藻酸钠、甘油等制成可食性彩色蔬菜纸,具有较强的柔韧性和一定的防水性。高文宏等（高文宏，2006）以番茄为原料，添加不同比例的海藻酸钠、明胶、玉米淀粉后成型，经恒温干燥制成食用番茄纸。

十一、褐藻胶在各种食品中的主要作用及参考用量

海藻酸钠、海藻酸钙等褐藻胶具有优良的凝胶性能和增稠作用，并且无毒、无味，是一种性能优良的食品配料，在食品行业有十分广泛的应用。表 5-15 总结了褐藻胶在各种食品中的主要作用及参考用量。

表 5-15 褐藻胶在各种食品中的主要作用及参考用量

食品种类	主要作用	参考用量
调味品	增稠、组织改进	根据需要适量添加
蜜饯和糖霜	稳定、增稠	根据需要适量添加
凝胶和布丁	固化剂	根据需要适量添加
硬糖	稳定、增稠	根据需要适量添加
水果加工品和果汁	成型助剂	0.3%~0.5%
面条、通心面、粉条	水合、组织增强、耐煮、爽口	0.1%~0.3%
糯米纸	提高强度、透明度和光泽，耐折	0.5%
面包、糕点、方便食品	增容、水合、组织改良	0.1%~0.5%
啤酒等酒类	改善泡沫挂杯和消泡时间、酒液澄清、缩短发酵时间	50~200mg/kg
冷饮制品	增稠、稳定	0.5%~0.8%
其他食品	乳化、固化、加工助剂、稳定、增稠、表面活性	根据需要适量添加

第八节 小结

褐藻胶是海洋褐藻类植物中特有的一种天然高分子材料，是一种性能优良的可溶性膳食纤维，作为高分子羧酸可与各种金属离子结合成盐，形成水溶性的海藻酸钠、海藻酸钾、海藻酸铵以及不溶于水的海藻酸钙等各种海藻酸盐。在食品行业，水溶性的海藻酸钠与钙离子结合后形成凝胶的特性被广泛应用于凝胶食品的制备。褐藻胶的增稠、乳化、成膜等特性在功能性食品制备过程中也有独特的应用价值，使其成为食品行业一种重要的功能性配料。

参考文献

[1] Atsuki K，Tomoda Y. Studies on seaweeds of Japan I. The chemical constituents of *Laminaria*[J]. J Soc Chem Ind Japan，1926，29：509-517.

[2] Clare K. Industrial Gums，3rd Edition[M]. New York：Academic Press，1993.

[3] Efstathiou S，Myskja B K. Appreciation through use：how industrial

technology articulates an ecology of values around Norwegian seaweed[J]. Philos Technol, 2019, 32: 405-424.

[4] Fischer F G, Dorfel H. Die Polyuronsauren der Braunalgen[J]. Z Physiol Che, 1955, 302: 186-203.

[5] Glicksman M. Gum Technology in the Food Industry[M]. New York: Academic Press, 1969.

[6] Grant G T, Morris E R, Rees D A, et al. Biological interactions between polysaccharides and divalent cations: the egg-box model[J]. FEBS Lett, 1973, 32: 195-198.

[7] Haug A, Larsen B, Smidsrod O. Uronic acid sequence in alginate from different sources[J]. Carbohydr Res, 1974, 32: 217-225.

[8] Haug A, Larsen B. Quantitative determination of the uronic acid composition of alginates[J]. Acta Chem Scand, 1962, 16: 1908-1918.

[9] Haug A, Larsen B, Smidsrod O. Studies on the sequence of uronic acid residues in alginic acid[J]. Acta Chem Scand, 1967, 21: 691-704.

[10] Haug A, Myklestad S, Larsen B, et al. Correlation between chemical structure and physical properties of alginates[J]. Acta Chem Scand, 1967, 21: 768-778.

[11] Hernandez-Carmona G, McHugh D J, Arvizu-Higuera D L, et al. Pilot plant scale extraction of alginate from *Macrocystis pyrifera*. 1. Effect of pre-extraction treatments on yield and quality of alginate[J]. Journal of Applied Phycology, 1999, 10: 507-513.

[12] Hernandez-Carmona G, McHugh D J, Lopez-Gutierrez F. Pilot plant scale extraction of alginates from *Macrocystis pyrifera*. 2. Studies on extraction conditions and methods of separating the alkaline-insoluble residue[J]. Journal of Applied Phycology, 1999, 11: 493-502.

[13] Hernandez-Carmona G, McHugh D J, Arvizu-Higuera D L, et al. Pilot plant scale extraction of alginates from *Macrocystis pyrifera*. 4. Conversion of alginic acid to sodium alginate, drying and milling[J]. Journal of Applied Phycology, 2002, 14: 445-451.

[14] Hirst E L, Jones J K N, Jones W O. The structure of alginic acid, Part I[J]. J Chem Soc, 1939: 1880-1885.

[15] Jensen A, Haug A. Geographical and seasonal variation in the chemical composition of *Laminaria hyperborea* and *Laminaria digitata* from the Norwegian coast[J]. Norwegian Inst Seaweed Res Rep, 1956.

[16] Krefting A. An improved method of treating seaweed to obtain valuable product there from[P]. British Patent, 11, 538, 1896.

[17] McDowell R H. Applications of alginates[J]. Rev Pure Appl Chem, 1960, 10: 1-19.

[18] McDowell R H. Properties of Alginates [M]. London：Alginate Industries Ltd，1977.
[19] McHugh D J，Hernandez-Carmona G，Arvizu-Higuera D L，et al. Pilot plant scale extraction of alginates from *Macrocystis pyrifera*. 3. Precipitation，bleaching and conversion of calcium alginate to alginic acid [J]. Journal of Applied Phycology，2001，13：471-479.
[20] Moe S，Draget K，Skjak-Braek G，et al. Alginates. In Stephen A M（Ed）：Food Polysaccharides and Their Applications [M]. New York：Marcel Dekker，1995：245-286.
[21] Onsoyen E. Alginate. In Imeson A（Ed）：Thickening and Gelling Agents for Food [M]. Glasgow：Blackie Academic and Professional，1992.
[22] Phillips G O，Wedlock D J，Williams P A. Gums and Stabilizers for the Food Industry [M]. London：Elsevier，1986.
[23] Schmidt E，Vocke F. Zur kenntnis der poly-glykuronsauren [J]. Chem Ber，1926，59：1585-1588.
[24] Smidsrod O，Haug A. Dependence upon the gel-sol state of the ion-exchange properties of alginates [J]. Acta Chem Scand，1972，26：2063-2074.
[25] Stanford E C C. Improvements in the manufacture of useful products from seaweeds [P]. British Patent 142，1881.
[26] Stanford E C C. New substance obtained from some of the commoner species of marine algae，Algin [J]. Chem News，1883，47：254-257.
[27] Vea J，Ask E. Creating a sustainable commercial harvest of *Laminaria hyperborea* in Norway [J]. Journal of Applied Phycology，2011，23：489-494.
[28] 纪明侯. 海藻化学 [M]. 北京：科学出版社，1997.
[29] 郑洪河，张虎成，夏志清，等. 海藻酸钠溶液的黏度性质与流变学特征 [J]. 河南师范大学学报，1997，25（2）：51-55.
[30] 骆强，孙玉山，李振华，等. 海藻酸钠原液流变性能的研究 [J]. 纺织科学研究，1992，（4）：10-13.
[31] 高晓玲，廖映. 从海藻中提取海藻酸钠条件的研究 [J]. 四川教育学院学报，1999，15（7）：104-105.
[32] 王孝华. 海藻酸钠的提取及应用 [J]. 重庆工学院学报（自然科学版），2007，21（5）：124-128.
[33] 赵淑璋. 海藻酸钠的制备及应用 [J]. 武汉化工，1989，（1）：11-14.
[34] 张善明，刘强，张善垒. 从海带中提取高黏度海藻酸钠 [J]. 食品加工，2002，23（3）：86-87.
[35] 王孝华，聂明，王虹. 海藻酸钠提取的新研究 [J]. 食品工业科技，2005，26（11）：146-148.
[36] 侯振建，刘婉乔. 从马尾藻中提取高黏度海藻酸钠 [J]. 食品科学，

1997，18（9）：47-48.
［37］马成浩. 热和紫外光对海藻酸钠的降解影响［J］. 食品信息与技术，2004，（7）：90-92.
［38］谢平. 海藻酸及其盐的食用和药用价值［J］. 开封医专学报，1997，16（4）：28-31.
［39］詹晓北. 食用胶的生产、性能与应用［M］. 北京：中国轻工业出版社，2003.
［40］黄来发. 食品增稠剂［M］. 北京：中国轻工业出版社，2001.
［41］莫海珍，张浩，黄山. 乳酸发酵仙人掌果冻工艺研究［J］. 安徽农业科学，2006，34（15）：3785-3786.
［42］蔡孝凡. 胡萝卜果冻的研制［J］. 中国食物与营养，2005，（8）：34-35.
［43］沈彦昆. 凝胶软糖及其浇注成型［J］. 食品工业，1999，（6）：4-6.
［44］孙晓波，蔡云升. 凝胶软糖及软糖粉的研制［J］. 食品工业，2001，（6）：5-7.
［45］李增利. 果冻Sherbet的研制［J］. 食品科技，2002，（3）：26-27.
［46］孔美兰，刘谟泉. 猕猴桃凝胶软糖的研制［J］. 中外食品，2004，（11）：60-61.
［47］张东华，张润芳，刘云辉. 魔芋水晶软糖生产工艺［J］. 食品工业，1998，（5）：28-29.
［48］李月华. 海藻酸钠在草莓酱中的使用技术［J］. 食品科学，1991，（2）：61-62.
［49］王绍裕. 褐藻胶在果酱中的应用［J］. 食品工业，1992，（1）：33.
［50］陈海峰，郑学龄，王凤成. 面条的国内外研究现状［J］. 粮食加工，2005，（1）：39-42.
［51］胡坤，赵谋明，彭志英. 复合面条改良剂的研制［J］. 粮食与饲料工业，2002，（9）：42-44.
［52］甘业华. 保健食品褐藻酸钠挂面生产［J］. 粮食与油脂，2000，（1）：33-34.
［53］李光辉，吴士业. 褐藻酸钠挂面的直接生产法［J］. 四川轻化工学院学报，1994，7（3）：11-15.
［54］刘闽年，刘东红. 面条改良乳化剂在挂面中的应用研究［J］. 农业工程学报，1999，15（4）：264-268.
［55］李光辉，吴士业. 褐藻酸钠挂面的直接生产法［J］. 四川轻化工学院学报，1994，7（3）：11-15.
［56］王绍裕. 褐藻胶在面包生产中的应用［J］. 粮食加工，1997，（1）：21-22.
［57］郭雪霞，房淑珍，田键，等. 无糖蛋糕的研制［J］. 中国食品添加剂，2006，（3）：125-127.
［58］康彬彬，庞杰. 仿生食品的加工技术［J］. 中国农林科技，2003，（6）：39-40.

［59］程胜，任露泉. 仿生技术及其在食品工业中的应用分析［J］. 中国食品学报，2006，6（1）：437-441.
［60］贾君，任露泉，丛茜. 仿生食品工程学的研究［J］. 粮食加工与食品机械，2006，（1）：84-86.
［61］郑家林，李昌志. 人造海蜇丝生产工艺及设备研究［J］. 食品科学，1996，17（11）：25-28.
［62］徐永力. 人造皮蛋生产配方与工艺［J］. 贮藏与加工，1994，（4）：33.
［63］孙洪友. 水晶葡萄工艺品的制作［J］. 农村新技术，2006，（2）：25.
［64］刘淑丽，刘通讯. 食品仿生学的发展概况［J］. 武汉工业学院学报，2003，22（2）：16-18.
［65］印韵芝，毕光扬. 大豆蛋白仿肉制品的研制［J］. 适用技术市场，1997，（11）：19-20.
［66］殷露琴，王璋，许时婴. 可可粉饮料的稳定性研究［J］. 食品科学，2007，28（3）：166-170.
［67］蒋文真，钟秀娟. 复配稳定剂对可可奶的影响［J］. 食品科技，2007，（6）：197-199.
［68］尹霞，农绍庄，耿玉秋，等. 海藻悬浮饮料的研制［J］. 试验报告与理论研究，2006，9（6）：22-24.
［69］陶翠华. 利用海藻酸钠、琼脂制作颗粒悬浮饮料的研究［J］. 食品研究与开发，2005，26（1）：1-3.
［70］陈晓平，王平. 松仁乳的研制［J］. 食品工业科技，2005，26（8）：22-26.
［71］程军强，何丽. 核桃奶茶的研制［J］. 食品与发酵工业，2004，30（2）：142-143.
［72］郭红莲，王佳楠，胡云峰. 苦瓜蛋白饮料研制工艺［J］. 保鲜与加工，2007，（2）：33-35.
［73］何玲，刘树文，张新平. 天然胡萝卜素微胶囊工艺参数的探讨［J］. 西北农林科技大学学报，2007，35（2）：167-172.
［74］李作良，郑家麟. 一种新型胶囊饮料的生产工艺研究［J］. 山西食品工业，1997，（3）：13-20.
［75］陶宁萍，严波奋，陈海华. 产气固体饮料的开发研制［J］. 饮料工业，2001，4（4）：22-26.
［76］文良娟，腾建文，于兰，等. 龙眼果汁饮料的研制［J］. 食品科技，2002，（9）：55-56.
［77］张国治，王放，何健，等. 香菇-红枣汁的研制［J］. 郑州粮食学院学报，1997，18（3）：48-53.
［78］冯雅蓉，冯翠萍. 香橙乳酸菌饮料的研制［J］. 山西农业大学学报，2002，26（2）：181-183.
［79］谭平，薛波，李健民. 乳酸发酵型红枣饮料工艺的研究［J］. 山西农业大

学学报，2002，26（2）：181-183.
[80] 宋莲军，薛云皓，张剑，等. 米糠酸奶的开发研究 [J]. 食品科技，2004，(4)：78-80.
[81] 宋慧，韩伟. 冰激凌复合乳化剂的研究 [J]. 江苏食品与发酵，2001，(3)：6-8.
[82] 何金兰，肖开恩，张艳红. 椰汁冰激凌的生产工艺复合乳化剂的研究 [J]. 热带作物学报，2006，27（2）：99-102.
[83] 管华诗，兰进，田学琳，等. 褐藻酸钠在人体健康中的作用 [J]. 山东海洋学院学报，1986，16（4）：1-6.
[84] 王嘉祥，刘庆慧，滕瑜. 冷冻贻贝肉被膜剂的研究 [J]. 食品科学，1994，(2)：93-94.
[85] 赵志军，白静. 方便面油包可食用膜研究 [J]. 郑州牧业工程高等专科学校学报，2004，24（3）：164-166.
[86] 李晓文. 芹菜纸的研制 [J]. 食品科学，1999，(5)：24-26.
[87] 谢琪. 用胡萝卜加工可食性蔬菜彩色纸 [J]. 四川农业科技，1995，(5)：13-14.
[88] 高文宏，朱思明，张鹰，等. 食用番茄纸的研制 [J]. 食品研究与开发，2006，127（1）：94-96.
[89] 秦益民，刘洪武，李可昌，等. 海藻酸 [M]. 北京：中国轻工业出版社，2008.
[90] 秦益民，李可昌，张健，等. 海洋功能性食品配料 [M]. 北京：中国轻工业出版社，2019.

第六章　卡拉胶膳食纤维的来源、结构、性能和应用

第一节　引言

卡拉胶是从红藻中提取的一种线性硫酸酯多糖的总称，能在水中溶解后形成溶液，具有优异的凝胶、增稠、稳定作用，与食品中的蛋白质有很强的结合力。卡拉胶在食品工业有很长的应用历史，在爱尔兰和苏格兰的部分地区，很久以前人们就已经把含有卡拉胶的红藻——皱波角叉菜，也称爱尔兰苔藓，放在牛奶里煮后加入香草、肉桂、白兰地、威士忌等调味品后制备凝胶状食品。国际上工业化利用卡拉胶开始于20世纪30年代，此前有很多从红藻中提取食品胶的民间配方，例如狄德罗的《百科全书》里有一个配方：用5oz（1oz ≈ 28.3g）爱尔兰苔藓为原料，加入8qt（1英qt ≈ 1.1L）的水后煮10min，然后加入2oz的硼砂，再迅速加入2qt的冷水，冷却后在一块布上过滤，然后冷却24h后形成凝胶（Whistler，1973；赵镜琨，2014；Davidson，1980）。目前卡拉胶是食品行业的一种重要配料，基于其优良的理化特性，卡拉胶在膳食纤维领域也有很高的应用价值。

第二节　卡拉胶的来源和制备技术

用于生产卡拉胶的红藻的种类很多，在世界各地有广泛的分布，其中不同种类的红藻的含胶量和胶体类型与其生长环境、季节有密切联系（Krauss，1978; Zaneveld, 1959; 王铭和, 2001）。目前卡拉胶的生产原料主要有以下几种。

（1）麒麟菜（*Eucheuma*）　主要产于印度尼西亚、菲律宾、坦桑尼亚等国（Doty，1973；Doty，1978）。

（2）皱波角叉菜（*Chondrus crispus*） 主要生长于爱尔兰、加拿大、美国、法国和韩国。我国北方沿海也有生长，但产量不大。

（3）卡帕藻（*Kappaphycus alvarezii*） 主要产于菲律宾和马来西亚。我国已经移植到海南岛，用于提取 κ- 卡拉胶。

（4）沙菜（*Hypnea japonica*） 我国雷州半岛及海南岛一带生长着大量的钩沙菜，可用于生产 *k*-卡拉胶。

图 6-1 所示为提取卡拉胶的 4 种主要红藻。

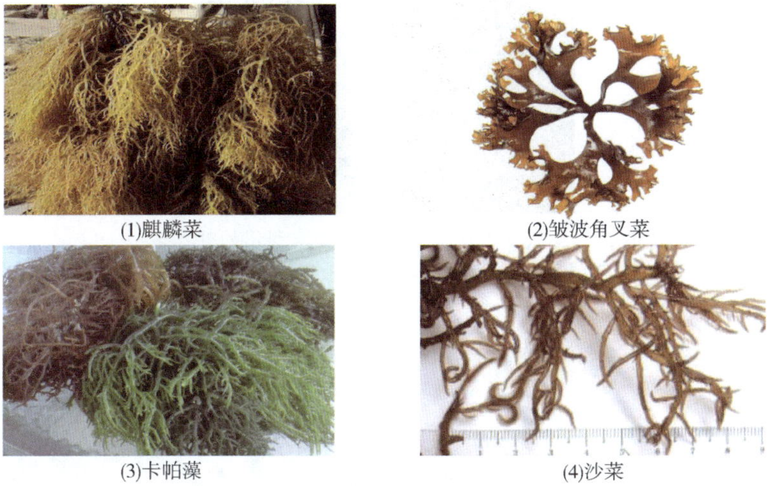

图 6–1　提取卡拉胶的 4 种主要红藻

尽管世界各地有很多种类的红藻可用于提取卡拉胶，目前工业用原料主要来自养殖的海藻。1967 年，美国夏威夷大学的 Maxwell S. Doty 教授、水产资源局的 Vicente Alvarez 在菲律宾大学的 Gavino Trono 博士的支持下开始了太平洋热带海藻养殖的最初试验，他们在海洋胶体公司的资助下在菲律宾进行耳突麒麟菜（*Eucheuma cottonii*）养殖的实验。到 1974 年，人工养殖的麒麟菜开始规模化用于提取卡拉胶。1989 年，在菲律宾和印度尼西亚成功养殖麒麟菜的基础上，CP 公司的 Povl Twide 和 Tirso Lirasan 等人带着 2kg 鲜藻种苗在坦桑尼亚的 Zanzibar 开始了麒麟菜的养殖并取得成功，其至今已成为卡拉胶红藻的主要生产地（Porse，2017）。图 6-2 为太平洋热带海藻养殖及加工利用的开拓者——夏威夷大学 Maxwell S. Doty 教授。图 6-3 所示为红藻的人工养殖。

图 6-2　太平洋热带海藻养殖及加工利用的开拓者——夏威夷大学 Maxwell S. Doty 教授

(1)养殖场景　　(2)干燥的红藻

图 6-3　红藻的人工养殖

从红藻中提取卡拉胶有 2 个基本方法。20 世纪 80 年代以前使用的办法主要是基于把藻体中的卡拉胶溶解于水中，去除杂质后再把卡拉胶从溶液中回收，制备的是纯卡拉胶。这个工艺复杂，生产成本高。在第二个工艺中，红藻中的水溶物和碱溶物首先被溶解除去，剩下的主要物质卡拉胶和纤维素直接干燥后磨粉，这样得到的半精炼卡拉胶的生产周期短、成本低，可以满足食品应用的一般要求。

图 6-4 所示为生产精制卡拉胶的工艺流程。与该工艺类似，纪明侯（纪明侯，1997）介绍了一个 κ- 卡拉胶的提取工艺：称取漂白的 κ- 卡拉胶原藻 10.0g，加 100mL 的 5%~10%KOH 溶液，70℃加热处理 1h，以尼龙网过滤，藻体水洗，加稀盐酸中和至中性。然后加入 300mL 水，85℃提取 2h，以尼龙网过滤，继而以脱脂棉抽滤。将滤液注入搪瓷盘中放冷，切条，放冰箱冻结室 –10℃冻结一昼夜后，用自来水使其解冻，晒干或加乙醇脱水 2 次，真空干燥或 60℃烘干，为条状卡拉胶。

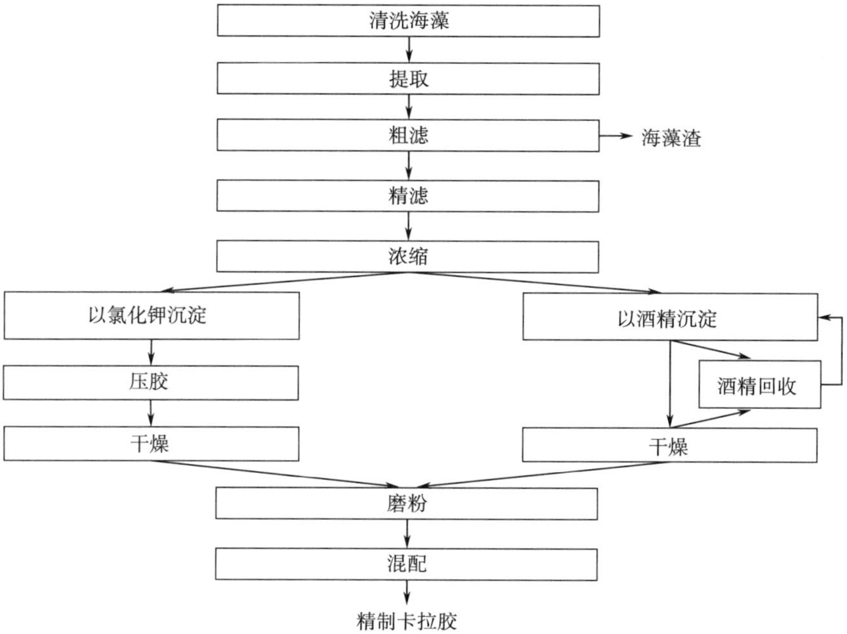

图 6-4　生产精制卡拉胶的工艺流程

我国生产卡拉胶主要以麒麟菜、沙菜等为原料，用稀碱溶液提取，其工艺流程包括：

原料（麒麟菜、沙菜）→碱处理（废碱液回收）→水洗至中性→酸化漂白→水洗至中性→煮胶→过滤→冷却→压榨脱水→干燥→成品

生产过程中的关键步骤为分拣、碱处理、煮胶、脱水和干燥，这些工艺不但影响卡拉胶的性能和质量，对提取率和生产成本也有重要影响。

1. 碱处理

朱敏等（朱敏，2011）的实验结果表明常温和高温条件下分别用 KOH

溶液处理藻体时，得到的卡拉胶产品无论是凝胶强度还是产率均明显优于同样条件下用 NaOH 处理得到的卡拉胶产品。研究结果表明，碱处理工艺中 ι- 卡拉胶凝胶强度的提高是由于碱性条件下卡拉胶的化学结构发生变化导致的结果。

2. 酸化漂白

酸化处理有利于沙菜卡拉胶的提取，提高得胶率和增进下一步的漂白效果。黄家康等（黄家康，2009）将碱处理后的沙菜分别投入不同浓度的 HCl、$H_2C_2O_4$ 酸化液中处理 5min，排掉酸化液后加入有效氯为 0.06% 的 NaClO 漂白 10min，用水清洗、浸泡至 pH6.5 左右，加 20 倍水加热提胶。结果显示以 0.2%HCl 酸化、0.06%NaClO 漂白、0.25%$H_2C_2O_4$ 再次酸化后增白处理沙菜的漂白工艺的效果较好。

3. 提胶方法

汤毅珊（汤毅珊，1996）研究了不同工艺条件对卡拉胶化学组成、凝胶性能、流变性能、产率、藻体结构的影响，建立了从麒麟菜提取高强度、高产率卡拉胶的最佳工艺条件，其中对 NaClO、H_2O_2、$KMnO_4$、$H_2C_2O_4$ 漂白工艺的研究显示，麒麟菜的最佳漂白工艺为：有效氯浓度为 0.20% 的 NaClO 溶液、pH4.5、漂白 5min 或 0.25%H_2O_2、pH9.5、漂白 5min，经漂白后凝胶强度下降在 5% 以内、产率均在 35% 以上。$KMnO_4$-$H_2C_2O_4$ 法则对凝胶强度破坏大，不宜采用。实验表明，常压提胶加水量为 40~50 倍时，产率最高，加入少量焦磷酸钾或六偏磷酸钠产率可提高 7%~8%。采用高压空气提胶比用高压水蒸气提胶对卡拉胶凝胶强度破坏很小，且能在很短时间内获得较高产率。海南岛珍珠麒麟菜于 80℃下通入 0.5MPa 空气压力提胶 15min 后凝胶强度仅下降 1.38%，产率达 35.2%，比常压提胶 3h 提高了 6.67%。另外，提胶前用 100U/g 纤维素酶对藻体进行预处理后产率可提高 3.69%。

在提胶过程中应用注意以下几个关键的工艺步骤。

（1）由于麒麟菜等原料是天然作物，其品质受自然环境的变化会出现一些变动，不同生长期的麒麟菜的成分含量也不一样，因此原料的分拣显得十分重要。这是保证产品质量和得率的前提。

（2）碱处理有助于卡拉胶的提取，影响卡拉胶的强度。碱处理时的温度对产品的得率有较大的影响。温度过高，卡拉胶的强度相对较高，但会出现跑胶现象，使得率偏低；温度过低，碱处理不彻底，最终产品的强度不高。

（3）煮胶关系到最终产品的黏度，将煮胶温度保持在 90~95℃，可促进胶体溶出，随着时间的推移，产品的黏度会逐步下降，但是卡拉胶的强度却能基本不变。据此，对最终产品的要求可以通过对生产工艺的控制而实现。

（4）对过滤所得的胶体清液的不同处理可以获得不同的产品。目前，国内基本采用加盐冷却或盐析的方法处理，导致卡拉胶最终产品中含盐量偏高。但是这种方法成本较低。醇析是另一种方法，因为卡拉胶不溶于甲醇、乙醇、丙醇、异丙醇、丙酮等有机溶剂，利用这个性质提取卡拉胶可以获得低盐的产品，并且可以很好地控制微生物。目前较多应用异丙醇提取卡拉胶，但是处理成本较高。

（5）在干燥过程中，目前国内基本采用冻胶或盐析物重压脱水，其中重压过程比较长，非常容易滋生微生物或被污染。以滚筒干燥法回收卡拉胶时，须加入单、双甘油酯或者 5% 以下的聚山梨酸酯 80 作为滚筒剥离剂，最终卡拉胶溶液会有一点乳白色，透明度稍差。

第三节　卡拉胶的化学结构

卡拉胶是由 D- 半乳糖和 3，6- 脱水 -D- 半乳糖残基组成的线性硫酸酯化多糖类化合物，根据硫酸基在半乳糖上连接位置的不同，卡拉胶可分为 7 种类型：κ- 型、ι- 型、λ- 型、γ- 型、ν- 型、ξ- 型、μ- 型（Rees，1963；Anderson，1968；Anderson，1973；McCandless，1982；McCandless，1983）。商业化生产的卡拉胶主要有三种（胡亚芹，2005），其中 κ- 卡拉胶的结构单元为 β-1,3-D- 半乳糖 -4- 硫酸基 α-1,4-3,6- 内醚 -D- 半乳糖，ι- 卡拉胶的结构单位为 β-1,3-D- 半乳糖 -4- 硫酸基 α-1,4-3,6- 内醚 -D- 半乳糖 -2- 硫酸基，λ- 卡拉胶的结构单位为 β-1,3-D- 半乳糖 -2- 硫酸基 α-1,4-D- 半乳糖 -2,6- 硫酸基。图 6-5 所示为三种主要卡拉胶的化学结构。

从化学的角度看，卡拉胶是由硫酸酯化或非硫酸酯化的半乳糖和脱水半乳糖通过糖苷键连接后形成的线性多糖化合物，其多数单体中含有 1 个或 2 个硫酸酯基团，分子链中的总硫酸基含量为 15%~40%，其中 κ- 卡拉胶的硫酸基含量为 18%~25%（Chen，1973；Dolan，1965；Greer，1984；Lawson，1968；Lawson，1970）。

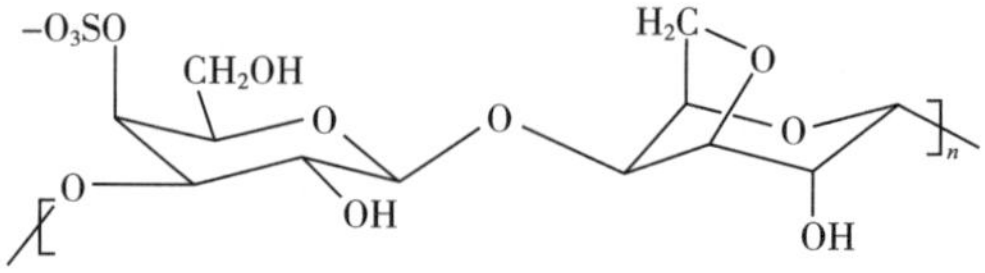

(1) κ–卡拉胶

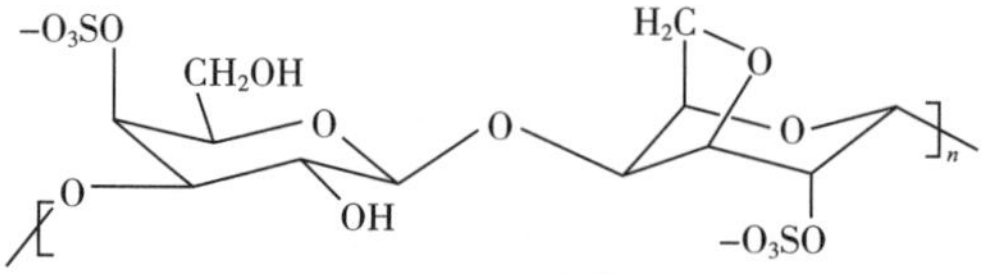

(2) ι–卡拉胶

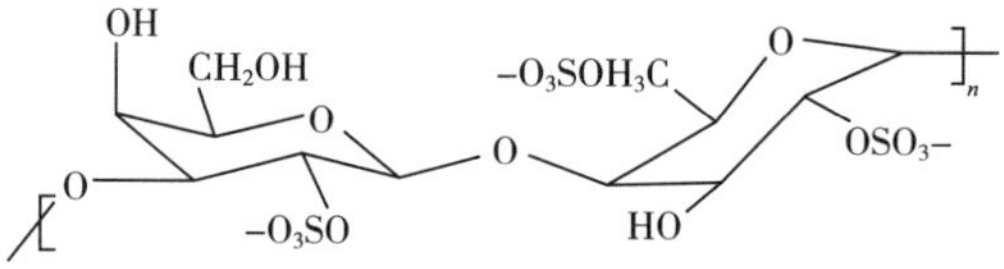

(3) λ–卡拉胶

图 6–5　三种主要卡拉胶的化学结构

第四节　卡拉胶的理化性能和生物活性

一、卡拉胶的物理性质

商品卡拉胶一般为白色或浅褐色的粉末或颗粒，表面皱缩，微有光泽，无臭、无味，粗制卡拉胶会略带海藻的腥味。

二、卡拉胶的溶解性能

各种类型的卡拉胶都能溶于 70℃以上的热水中，一般硫酸基团的含量越多越易溶解。为促进卡拉胶的溶解，食品工业生产中一般使用 80℃以上的热水对其进行溶解分散。λ- 卡拉胶可以溶于冷水中，而其他类型的卡拉胶在冷水中只是溶胀而不溶解，但是加入某些金属离子后，可能会溶解，例如加入钠离子后，κ-卡拉胶和 ι- 卡拉胶也可以溶于冷水中。卡拉胶都能溶于热牛奶中，在冷牛奶中不溶解，只能分散在其中增加黏稠性。卡拉胶难溶于有机溶剂，工业上常用醇类、酮类化合物等有机溶剂作为沉淀剂将卡拉胶从水溶液中分离出来。

三、卡拉胶的黏度

卡拉胶溶液的黏度随浓度增大而呈指数增加，随温度升高呈指数下降。在恒温状态下，随着时间的延长，溶液中的大分子开始解离，分子间缠绕减少，导致溶液黏度下降。卡拉胶溶液的黏度随 pH 的增大而增大，酸性增大会促进卡拉胶分子解离并中和其电性，削弱半酯化硫酸根之间的静电引力。若碱性过大，氢氧根与带负电的卡拉胶相斥而减少分子间的缠结，故强酸、强碱性条件下溶液黏度均下降（徐忠丽，2004；刘芳，2001）。卡拉胶的黏度因海藻种类、生产工艺和卡拉胶类型的不同而有很大差别。一般情况下，λ- 卡拉胶的黏度最高，亲水基较多的 ι- 卡拉胶的黏度次之，κ- 卡拉胶的黏度最低。

四、卡拉胶的凝胶性能

卡拉胶的凝胶性能与其化学组成、结构和分子大小有关。在水溶液中，κ- 卡拉胶和 ι- 卡拉胶可以形成热可逆凝胶，其凝胶强度与平均分子质量和分子中的 3,6- 脱水醚的含量密切相关。平均分子质量在 100000u 以下的卡拉胶的凝胶强度极低，平均分子质量在 150000~250000u 时凝胶强度迅速上升，而平均分子质量在 250000u 以上后凝胶强度上升变慢。对于相同分子质量的卡拉胶，3,6- 脱水醚的含量越高，凝胶强度也越高。凝胶强度还受金属离子和浓度、温度等因素影响。一般情况下，金属离子都会显著增加凝胶强度，凝胶强度也会随卡拉胶浓度的升高而增大、随温度升高而降低。

卡拉胶凝胶的形成分为四个阶段：①卡拉胶溶解于热水后其分子成为不规则的卷曲状；②温度下降过程中其分子向螺旋化转化，形成单螺旋体；③温度继续下降后分子间形成双螺旋体，成为立体网状结构；④温度再下降后双螺旋体聚集形成凝胶（Morris，1980；Paoletti，1984；Patel，2013；杨玉玲，2008；罗亮,2003）。不同类型的卡拉胶含有的 3,6- 内醚 - 半乳糖以及硫酸基含量不同，是影响其凝胶性能的主要因素。图 6-6 所示为卡拉胶的热可逆凝胶机制。

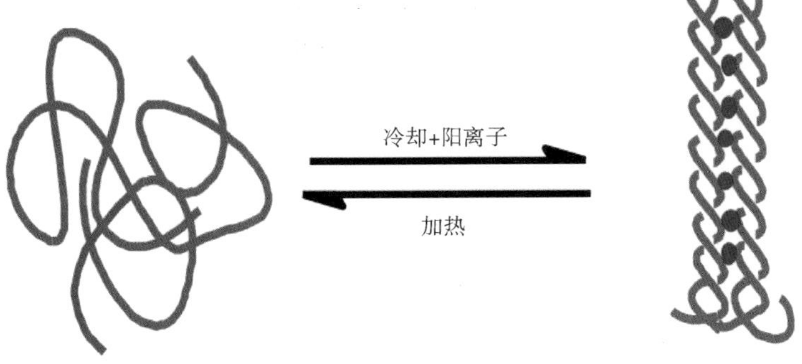

图 6-6　卡拉胶的热可逆凝胶机制

在不同类型的卡拉胶中，κ- 卡拉胶具有热可逆凝胶化的性能，即卡拉胶溶液冷却至某一温度发生“溶胶—凝胶”转变后形成凝胶，升温后发生可逆过程，发生这一突变的温度称凝胶化温度，也称凝胶化点。与突变点对应的是体系宏观特征的突变，在转变点体系突然失去流动性，形成几乎没有强度的果冻状后随凝胶化程度的发展，凝胶强度逐渐提高，最终成为固体状凝胶。

从原理上看，凝胶化过程的本质是卡拉胶大分子链构象及聚集状态的变化。在卡拉胶的热可逆凝胶化理论研究中，“二步”凝胶化机制的看法已成共识，其中的“二步”机制是指卡拉胶的热可逆凝胶化过程分两步完成：第一步是“线团到螺旋”；第二步是“聚集到凝胶化”，即无规线团构象的大分子链先转变成螺旋构象，然后由螺旋聚集再形成三维网状凝胶结构，这种凝胶结构在加热后具有可逆性，加热过程中凝胶结构逐渐消失，经螺旋构象后返回无规线团构象（孟凡玲，2003）。

目前商业化的卡拉胶主要包括 κ- 卡拉胶、ι- 卡拉胶和 λ- 卡拉胶，这三种卡拉胶的化学结构不同，其理化性能也有较大差异。表 6-1 所示为三种卡拉胶的理化性能。

表 6-1　三种卡拉胶的理化性能（燕苗，2018）

性质	理化参数	κ- 卡拉胶	ι- 卡拉胶	λ- 卡拉胶
溶解性	80℃水	溶	溶	溶
	20℃水	Na^+ 盐溶；K^+，Ca^{2+}，NH^{4+} 盐膨胀	Na^+ 盐溶；Ca^{2+} 盐膨胀形成触变分散	溶
	80℃牛奶	溶	溶	溶
	20℃牛奶	不溶	不溶	稠化
	50% 蔗糖溶液	热溶	不溶	溶
	10% 蔗糖溶液	不溶	热溶	热溶
凝胶性	最强的凝胶	遇 K^+ 盐	遇 Ca^{2+} 盐	不凝
	凝胶质地	脆性	弹性	不凝
	剪切后重凝	不凝	凝	不凝
	泌水	有	无	无
	冷冻 / 融化稳定性	无	有	有
	与槐豆胶协同作用	有	无	无

五、卡拉胶的稳定性

在中性或碱性溶液中卡拉胶很稳定，pH 为 9 时最稳定，即使加热也不发生水解。在酸性溶液中，尤其是 pH 在 4 以下时易发生酸催化水解，使凝胶强度和黏度下降。凝胶状态的卡拉胶比溶液状态的稳定性高。卡拉胶分子中含有半硫酸酯基团，有很强的阴离子性质，硫酸根被酸化时导致卡拉胶很不稳定，因此商品卡拉胶中的硫酸根常制成稳定的钠盐、钾盐和钙盐，或是它们的混合物。

六、卡拉胶的化学性质

与其他水溶性大分子相比，卡拉胶有一个独特的性能。由于其分子上的硫酸根具有极强的负电荷，而蛋白质是一种两性物质，在等电点以下，蛋白质中的氨基酸和卡拉胶中的硫酸根因持相反电荷而结合产生沉淀；在等电点以上，二者持相同的电荷，可以通过多价阳离子作为交联剂与卡拉胶结合后形成凝胶（MacMullan，1963）。

卡拉胶与蛋白质之间的相互作用在多项研究中得到证实。王晓园等（王晓园，2008）研究了大豆蛋白组分与 κ- 卡拉胶混合凝胶的流变学行为，结果显示混合体系的弹性模量更大，凝胶效果更强。孙哲浩（孙哲浩，2008）研究了卡拉胶与明胶共凝体的热力学特征及微观结构，结果显示明胶与卡拉胶形成的凝胶体的热力学特征随两种大分子的配比、体系的 pH、盐浓度的不同而不同，并且两种大分子在不同的条件下，作用方式也不同。

七、卡拉胶的生物活性

卡拉胶具有与肝素相似的抗凝血活性，未降解的卡拉胶与纤维蛋白形成不溶性复合物，而降解的卡拉胶与血纤维蛋白生成可溶性复合物，且其毒性比未降解卡拉胶明显减小（朱楠楠，2009）。作为一种硫酸酯化多糖，卡拉胶具有抗病毒活性，可干扰被 HIV 侵染的细胞间融合、抑制合胞体形成，卡拉胶还可抑制一种特殊的逆转录病毒酶活性。Yamada 等（Yamada，2000）研究了不同分子质量和硫酸根含量的卡拉胶的抗 HIV 活性。结果表明，降解和硫酸酯化卡拉胶的抗 HIV 活性增强、抗凝血活性显著降低。对 κ- 卡拉胶寡糖的抗病毒活性试验显示，3.12~200 μg/mL 的 κ- 卡拉胶寡糖对单纯疱疹病毒 1 型（HSV-1）的吸附有抑制作用，并且呈现明显的量效关系，表明 κ- 卡拉胶寡糖可干扰 HSV-1 毒株向 Vero 细胞（非洲绿猴肾细胞）的吸附。分子质量在 5000~60000u 的卡拉胶多糖具有明显的抗病毒效果。

卡拉胶多糖的生物活性与其硫酸基团的含量及取代位置、空间构象变化、多糖相对分子质量大小等有密切的联系。降解后的卡拉胶通过磺化、乙酰化等化学修饰，提高硫酸根含量或改变其空间构型，可以增强其抗病毒活性。

第五节　卡拉胶寡糖

从红藻中提取的卡拉胶的分子质量通常在几十万到几百万之间，这种大分子质量的卡拉胶很难通过机体的各类屏障被有效吸收。将高分子质量的卡拉胶多糖降解为聚合度低、分子质量小的寡糖片段，通过裂解其糖链更多暴露活性基团后能显著提高其生物活性（郭娟娟，2018）。目前，用于降解卡拉胶的方法有化学降解法、物理降解法以及生物降解法。

一、化学降解法

传统的化学降解法包括无机酸水解、氧化水解、还原水解、甲醇水解、硫醇水解等，其中应用最广泛的是无机酸水解法，其操作简单、反应速度快、成本低。H_2SO_4、HCl、CH_3 COOH 等酸性溶液可非专一性断裂多糖分子中的糖苷键后得到低分子质量的降解产物，并且通过控制酸水解液的浓度、水解时间和温度可以得到不同分子质量片段的产物。杨波（杨波，2009）采用 H_2SO_4 降解 ι- 卡拉胶获得 10 种聚合度在 2~20 的 ι- 卡拉胶寡糖。袁华茂（袁华茂，2005）采用 2.3mol/L 的 HCl 在 60℃下水解 κ- 卡拉胶，获得平均分子质量 37.7ku 的寡糖混合物，其中硫酸基团含量从 12.95% 降到 8.98%。总的来说，酸水解法的反应过程不易控制、降解产物复杂、分子质量分布范围广，这些缺点限制了该方法在规模化生产卡拉胶寡糖中的应用。

二、物理降解法

超声波和微波降解法是目前研究与应用较为广泛的物理降解方法，其中超声波降解法通过超声波在溶液中产生冲击力，通过剪切力和碰撞作用切开糖链，可通过控制功率、温度、时间等得到一定分子质量的卡拉胶寡糖片段产物。Yamada 等（Yamada，2000）利用超声波对 κ- 及 λ- 卡拉胶进行处理后得到低分子质量的卡拉胶降解物。微波降解法可通过外加电压、射线等使多糖链断裂，同时不会破坏卡拉胶的结构和组成。Zhou 等（Zhou，2004）通过控制微波时间和功率降解 λ- 卡拉胶，得到五种不同分子质量的卡拉胶寡糖。

物理法处理得到的产物的分子质量分布较广，且不易得到聚合度较低的寡糖产物，但是操作简易、可控性好，在与其他处理方法联合使用时可有效扩大其应用范围。

三、生物酶解法

生物酶解法采用卡拉胶酶在温和的条件下高度专一地作用于卡拉胶的 β-1，4 糖苷键后得到卡拉胶寡糖，根据底物的专一性，卡拉胶酶可分为 κ-、ι- 和 λ-卡拉胶酶，均属于半乳糖苷水解酶类。生物酶解法制备卡拉胶寡糖具有底物专一性强、反应条件温和可控、对环境无污染等优点，已逐渐取代传统的化学降解法成为卡拉胶寡糖制备的主流方法。

卡拉胶酶主要来源于两大类：一是海洋动物，即以海洋红藻为主食的海洋软体动物；二是海洋微生物，目前是卡拉胶酶的主要来源和研究重点，已经在交替单胞菌属（*Alteromonas*）（Barbeyron，1995）、噬纤维菌属（*Cytophaga-like bacterium*）（Potin，1991）、弧菌属（*Vibrio*）（Crimson，2013）、假单胞菌属（*Pseudomonas*）（Ostgaard，1993）等微生物中发现卡拉胶酶。

第六节　卡拉胶的应用

卡拉胶具有优良的理化特性和流变性能，可用作食品工业中的增稠剂、胶凝剂、乳化剂、悬浮剂、稳定剂等，在果冻、冷饮、乳制品、肉制品、啤酒等食品和饮料行业发挥越来越重要的作用。卡拉胶也广泛应用于日化和医药行业，如作为牙膏的黏结剂、微生物培养基、缓释胶囊或片剂、药膏基、鱼肝油乳化剂等（US Food and Nutrition Board，1981；刘芳，2000；浮吟梅，2009）。表 6-2 所示为 1999—2009 年卡拉胶的市场规模。

表 6-2　1999—2009 年卡拉胶的市场规模

市场	1999 年 /t	2009 年 /t
肉制品	10000	18500
乳制品	12000	14000
水凝胶	4500	8500
牙膏	1500	2000
宠物食品	12000	5000
其他	2000	2000
合计	42000	50000

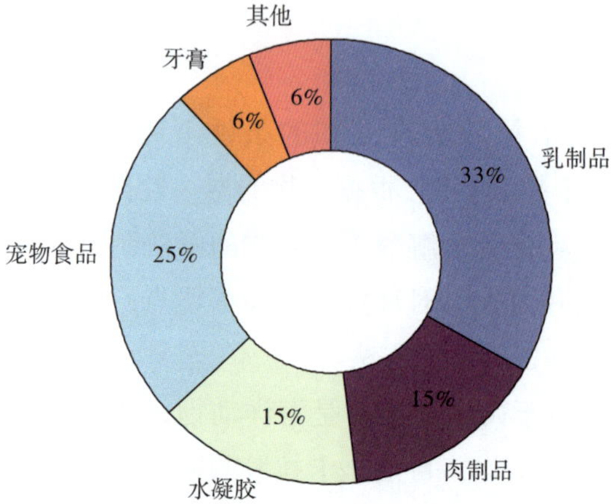

图 6-7　卡拉胶的主要应用领域

图 6-7 所示为卡拉胶的主要应用领域。在这些种类繁多的应用领域，卡拉胶通过其凝胶、增稠、悬浮等功效起到乳液稳定、防止脱水、包埋、分散等作用。卡拉胶可以在 300mg/L 的低浓度下在巧克力奶中悬浮可可粉，这种性能是其他食用胶无法比拟的，其形成的奶凝胶非常细腻，在倒和饮的过程中不会感觉到悬浮的可可粉。在食用胶配方中使用 *ι*- 卡拉胶后得到的质感与明胶十分相似，但是熔化温度比明胶高，因此在热带地区或没有冰箱的地方有更好的应用价值。卡拉胶的另外一个优点是凝胶在储存过程中不会变化，而明胶制品会变硬。*κ*- 卡拉胶的凝胶比较脆，因此不适合在甜点类凝胶中应用，但在与槐豆胶半乳甘露聚糖结合后形成的复配胶克服了以上的缺点。

卡拉胶在牙膏中起黏结剂的作用。牙膏是一种复杂的膏状混合物，既有可溶性分散相，又有不溶性的分散介质，分散相和分散介质之间的相互作用过程直接影响到膏体的稳定性。作为牙膏的重要组分，黏合剂在膏体中起悬浮、增稠、赋形等功能，其性能的优劣对膏体的质量有非常重要的意义。目前，应用在牙膏中的黏合剂主要有卡拉胶、汉生胶、卡波普尔、羟丙基瓜尔豆胶、羟丙基纤维素、羧甲基纤维素钠等，其中卡拉胶、汉生胶、羟丙基瓜尔豆胶制出的膏体十分细腻且耐电解质，适合制造含有活性物量较多的功能性牙膏。卡拉胶有优良的耐盐性和抗酶性，把它作为黏合剂加入牙膏不仅可以改善牙膏的外观、使膏体细腻光滑亮洁，还可以提高和改善膏体的触变性、分散性和稳定性，是一种非常有效的黏合剂（杨以安，2004；胡茵，2006）。在牙膏中使用 1% 的 *ι*-卡拉胶可以有效稳定牙膏中的各种组分，同时也很容易在刷牙过程中被洗脱。

在空气清新凝胶的制备中，卡拉胶被用作胶凝剂，能长时间保持香味。在药物辅料中，卡拉胶是软胶囊和糖浆的基本成分，是一种性能优良的稳定剂和调质剂。在胶囊制备过程中，卡拉胶被用作成膜剂，也为不溶性药物的制备提供稳定的乳化剂。

卡拉胶及其衍生物的生物活性主要表现在抗氧化、抗病毒、抗肿瘤、抗炎、抗血栓形成等。卡拉胶寡糖具有很强的抗氧化活性，可以有效清除超氧阴离子自由基和羟自由基。此外，卡拉胶寡糖还具有细胞内抗氧化活性，能保护细胞免受过氧化氢的损伤。卡拉胶还具有抗病毒作用，在一定条件下可以抑制艾滋病病毒 HIV-I 的活性，对单纯疱疹病毒也有一定抑制作用。作为膳食纤维，卡拉胶对人体有降血糖、免疫调节、抗肿瘤等功效（陶慧娜，2008；王长云，2000；袁华茂，2003；郑惠华，1999；张敖珍，1993）。

卡拉胶的优良理化性能和生物活性赋予其很高的应用价值，在下列领域有广泛应用。

（1）在甜点、冰淇淋、奶油、奶昔、沙拉酱、加糖浓缩牛奶、酱汁等食用品中增加黏度。

（2）在火腿等肉制品中替代脂肪、增加保水性、增加膨胀度、改善可切性。

（3）在大豆奶及其他植物奶中起增稠和稳定作用。

（4）在无糖饮料中改善口感、稳定香味。

（5）在啤酒中通过去除蛋白质增加纯清度。

（6）在牙膏中起稳定作用，避免分层。

（7）在香波、化妆乳液中起增稠作用。

（8）在生物技术中起固定细胞、酶的作用。

（9）在药剂中作为赋形剂。

（10）在宠物食品中作为凝胶剂。

第七节　卡拉胶在食品领域的应用

卡拉胶是一种优良的海洋源膳食纤维，在果冻等凝胶食品、饮料、肉制品、乳制品等功能性食品中有广泛应用。

一、卡拉胶在果冻中的应用

卡拉胶具有独特的凝胶特性，是制备果冻的首选凝胶剂。以卡拉胶为凝胶剂制成的水果冻富有弹性且没有离水性，其综合性能优于琼胶、明胶、果胶等食品胶。与卡拉胶相比，琼胶做成的果冻的弹性不够、价格较高；用明胶做果冻的缺点是凝固和熔点低、制备和贮存都需要低温冷藏；果胶的缺点是在需要加高浓度的糖和适当的 pH 时才能形成凝胶。卡拉胶产生柔软、透明、有弹性的凝胶，提供高弹性和非常柔韧的弹性凝胶与耐嚼的质地，还很容易脱模。图 6-8 所示为卡拉胶果冻食品的效果图。

图 6-8　卡拉胶果冻食品的效果图

二、卡拉胶在冰激凌中的应用

冰激凌具有轻滑细腻、紧密柔软的质地、醇厚持久的风味以及丰富的营养和凉爽的口感，深受消费者喜爱。稳定剂是制备冰激凌的关键结构物质，是形成冰激凌骨架网络和整体布局的主体物质。冰激凌中的稳定剂能提高浆料的黏度、改善油脂及含油脂固体微粒的分散度、延缓微粒冰晶的增大，还可以改善冰激凌口感、内部结构和外观状态、提高冰激凌体系的分散稳定性和抗融化性能。目前应用最广泛的稳定剂包括黄原胶、刺槐豆胶、瓜尔豆胶、羧甲基纤维素（CMC）等，其中刺槐豆胶、瓜尔豆胶和 CMC 单独或组合使用是较好的主稳定剂，然而，仅以这些食品胶作为主稳定剂制作的冰激凌存在口感欠佳、冰晶粗大等缺陷。卡拉胶是一种能形成高黏度溶液的食品胶，有一定的热稳定性、酸稳定性和悬浮性，但是由于其黏度很高，不适宜作为冰激凌生产中的主稳定剂，而适用于辅助性稳定剂。卡拉胶有良好的乳蛋白反应能力，可防止加入 CMC 后乳清分离的现象，还可以增加冰激凌产品的成型性、抗融性、稳定性，改善冰激凌的口感、抑制粗大冰晶的形成。

三、卡拉胶在饮料中的应用

卡拉胶与牛奶中的蛋白质的络合反应在含乳饮料中有独特的应用价值，可以在含乳饮料中形成触变性的摇溶结构，防止颗粒间聚集和沉淀的形成。卡拉胶可用于加可可粉制成的可可牛奶，使可可粉均匀分散在牛奶中。在果汁饮料中，作为悬浮剂和稳定剂，卡拉胶能使细小的果肉颗粒均匀悬浮在果汁中，减缓其下沉速度。同时，由于卡拉胶的黏度较低，不易造成糊口，还能改善饮用时的口感。以卡拉胶作稳定剂应用于固体饮料中，可改善其冲调性，且冲后饮料稳定、不易分层。

四、卡拉胶在乳制品中的应用

一般的奶酪含有太多脂肪，而低脂肪奶酪的质地硬、难以咀嚼，加入卡拉胶可以形成柔软的奶酪，其主要原因是卡拉胶作用于酪蛋白与酪蛋白之间的网络结构，从而降低奶酪的硬度。卡拉胶能使牛奶产生凝冻作用，起凝冻赋型作用。卡拉胶中的阴离子与蛋白质表面的阳离子相互作用后形成的网状物可以阻止乳清分离。卡拉胶在酸奶中的作用是束缚水分，增大酸奶的黏度，还可以通过与牛奶成分的相互作用形成网络结构，进而阻止水的自由流动。在乳制品中，一般只需要很少的添加量，0.01%~0.05% 即可。例如，在奶酪中加入 0.01%~0.04% 的卡拉胶即可避免乳清的分层，同样量的卡拉胶加入冰激凌中也可以起类似的作用。在巧克力奶中加入类似浓度的卡拉胶可以使可可粉悬浮在奶中，形成一种触变性凝胶，在不强烈振动下可保持凝胶的稳定（徐致远，2009）。

五、卡拉胶在肉制品中的应用

肉制品中含有大量蛋白质，包括水溶性蛋白质、盐溶性蛋白质和硬蛋白质，可赋予肉食令人愉悦的口感，但经过长时间的加工、热处理，许多蛋白质会发生变性、分解，造成肉制品的粉质感以及脱水、收缩等不良质构。卡拉胶是一种带有强阴离子基团的食品胶，能与蛋白质中的极性部分发生反应，把水溶性蛋白、盐溶性蛋白质以及后添加的其他蛋白质有效结合在卡拉胶形成的凝胶体系中，结合卡拉胶的保水性能有效改善肉制品的质构。卡拉胶用于肉制品后能使其保持水分，提高风味、质构、切割性、冷冻融化、稳定性等性能。

在火腿及火腿肠上，卡拉胶具有凝胶、乳化、保水、增强弹性等作用，其中最主要的作用是提供保水性，并且通过与蛋白质络合提供良好的组织结构，使产品细腻、切片良好、口感好，是制作火腿肠必需的一种添加剂（孙书静，2003）。因为卡拉胶在冷盐水中分散且不会使盐水黏度上升，在禽肉给水处理中不会带来不便。卡拉胶与槐豆胶复配使用会使肉汤凝胶，而且调味料也悬浮在肉汤中清晰可见，并能保持罐头中鱼的风味。卡拉胶、槐豆胶与氯化钾溶液在冷冻鱼表面可形成薄膜，能保护鱼肉在加工过程中保持完整而不受机械损坏。

在制备火腿的过程中，在盐水中加入卡拉胶可以使水更好地与肉结合，同时使水溶性的蛋白质保留在火腿中。由于溶解后的卡拉胶提高了介质的黏度、影响盐水的渗透，因此在制备过程中首先把盐溶解在水中，然后加入卡拉胶粉，通过离子强度使卡拉胶悬浮在介质中，而在煮火腿的过程中卡拉胶开始溶解，发挥更好的作用。

在一些煮熟的鸡肉制品中，通过在鸡肉中注入食盐、磷酸盐、卡拉胶混合溶液，可以克服煮熟过程中脱水的问题，通过卡拉胶与水的结合改善产品的口感和质地，同时也提高产出量。在这些制品中，卡拉胶的用量约为 0.5%，高于奶制品中的 0.05%~0.1%。

总的来说，在肉制品中加入卡拉胶可以获得汁更多、更嫩的高质量产品，使消费者得到愉快的用餐体验，其主要应用功效包括：提高持水能力；减少清洗和蒸煮损失；增加产量；改善嫩度和多汁性；改善质感、口感和切片性；为冻融循环提供稳定性；稳定脂肪 - 蛋白质乳液。图 6-9 所示为应用卡拉胶的肉制品效果图。

图 6-9　应用卡拉胶的肉制品效果图

六、卡拉胶在啤酒中的应用

在啤酒中，卡拉胶可用作澄清剂，也可作为泡沫稳定刘。啤酒的酿造阶段有两个重要的生产过程，即麦芽汁的制备和啤酒的发酵。啤酒发酵的正常与否取决于麦芽汁质量的优劣，清亮透明的外观是体现麦汁质量的一个重要指标，因此麦汁制备过程中需要采用澄清剂除去多余的蛋白质后获得清亮透明的麦汁，在此工艺中，卡拉胶是所有麦汁澄清剂中较为理想的一种。卡拉胶带有强阴离子基团，能直接或通过金属离子与带正电荷的蛋白质、类脂、葡萄糖结合，由于卡拉胶的长链结构特性，可以不断结合和扩大后形成絮状物，在重力作用下很快沉淀出来，达到澄清麦芽汁的目的。这样得到的麦汁有良好清亮的外观，有利于酵母的生长并有利于过滤，可降低过滤损耗、提高麦汁得率、改善啤酒的生物稳定性、延长啤酒的保质期（陈先明，2009；张玲玲，2005）。在啤酒中添加卡拉胶的作用包括：高效的蛋白质凝固；更快的沉淀和絮凝；提高麦芽汁和啤酒的清晰度；缩短生产时间、减少过滤酸的使用；提高保质期（无冷沉淀）。

七、卡拉胶在糖果制造中的应用

用卡拉胶做透明水果软糖在我国早已有生产。卡拉胶软糖的透明度好、色泽鲜艳、均匀、光滑、黏性小、爽脆利口。在糖果中，卡拉胶赋予产品良好的质地和美味，通过提供独特的结构特性给人平滑和均匀的感觉，并且有良好的铺展性。图 6-10 所示为以卡拉胶为主要原料制备的糖果的效果图。

图 6-10　以卡拉胶为主要原料制备的糖果的效果图

八、卡拉胶在面包、奶油点心、酱汁和调味汁中的应用

新鲜面包的芯软、富有弹性，但放置时容易老化，面包的硬度和脆性都逐渐增加，面包的特殊风味也逐渐消失，加入 0.012%~0.02% 的卡拉胶能增加其保水能力、延缓老化、保持面包新鲜。在酱汁和调味汁中加入卡拉胶可以使产品获得最佳的质地和口感，其作用包括：防止飞溅；增稠和控制流动性；提供 pH 和热稳定性；具有良好的附着性；使悬浮体均匀分布；呈现高黏度特性。图

6-11 所示为卡拉胶在调味汁中应用的效果图。

图 6-11 卡拉胶在调味汁中应用的效果图

九、卡拉胶在宠物食品中的应用

宠物食品是半精制卡拉胶的最大应用市场，每年达 5500 吨以上。在这个领域，卡拉胶海藻粉在与刺槐豆胶联合使用后可以产生更好的功效，同时降低卡拉胶的用量。宠物食品中使用的肉一般是屠宰场产生的碎肉，在与水、面粉、卡拉胶海藻粉、刺槐豆胶混合后装罐、煮熟，其中的两种食品胶把碎肉黏合，同时在肉的表面产生一层浓汤，加强肉的口感。魔芋胶也可以与卡拉胶联合使用，产生类似的效果。卡拉胶在宠物食品中的作用包括：增强水和肉颗粒的结合；提供稳定性和质感；防止油脂在加工过程中分离；使肉汁更加丰富；容易脱模；为成品提供极好的光泽；提供理想的灌装黏度。

第八节　小结

卡拉胶具有良好的凝胶性、溶解性、稳定性，在食品生产加工领域有广泛的应用。卡拉胶与蛋白质的反应性能是其他水溶性高分子不具有的，使其在乳制品和肉制品领域有独特的应用价值。卡拉胶具有广谱抗病毒活性，尤其是经过生物降解得到的卡拉胶低聚糖、寡聚糖具有更多独特的生理活性，在功能性食品领域具有很高的应用价值，已经广泛应用于果冻、乳制品、肉制品、糖果、啤酒等产品的生产制造。

参考文献

[1] Anderson N S, Dolan T C S, Rees D A. Carrageenans. Part 3. Oxidative hydrolysis of methylated kappa-carrageenan and evidence for a masked repeating structure[J]. J Chem Soc, 1968: 596-601.

[2] Anderson N S, Dolan T C S, Rees D A. Carrageenans. Part 7. Polysaccharides from *Eucheuma spinosum* and *Eucheuma cottonii*. The covalent structure of iota-carrageenan[J]. J. Chem. Soc. Lond Perkins Trans I, 1973: 2173-2176.

[3] Anderson U S. Carrageenans. Part 4. Variations in the structure and gel properties of kappa-carrageenan and the characterization of sulphate esters by infrared spectroscopy[J]. J Chem Soc, 1968: 602-606.

[4] Anderson U S. Carrageenans. Part 5. The masked repeating structures of lambda- and mu-carrageenans[J]. Carbohyd Res, 1968, 7: 468-473.

[5] Barbeyron T, Potin P, Richard C, et al. Arylsulphatase from *Alteromonas carrageenovora*[J]. Microbiology, 1995, 141(11): 2897-2904.

[6] Chen L. The ratio of kappa to lambda-carrageenan in nuclear phases of the rhodophycean algae *Chondrus crispus* and *Gigartina stellate*[J]. J Mar Biol Assoc UK, 1973, 53: 11-16.

[7] Crimson C, Tayco F A T, Raymond S, et al. Characterization of a κ-Carrageenase-producing marine bacterium, Isolate ALAB-001[J]. Philippine Journal of Science, 2013, 142(1): 45-54.

[8] Davidson R L. Handbook of Water Soluble Gums[M]. New York: McGraw-Hill Book Co, 1980.

[9] Dolan T C S, Rees D A. The Carrageenans. Part 2. The positions of the glycosidic linkages and sulphate esters in lambda-carrageenan[J]. J Chem Soc, 1965: 3534-3539.

[10] Doty M S. Farming the red seaweed *Eucheuma* for Carrageenans[J]. Micronesica, 1973, 9: 59-73.

[11] Doty M S, Santos G A. Carrageenans from tetrasporic and cystocarpic *Eucheuma* species[J]. Aquat Bot, 1978, 4: 143-149.

[12] Greer C W, Yaphe W. Characterization of hybrid (beta-kappa-gamma) carrageenan from *Eucheuma gelatinae* J. Agardh (Rhodanhyta, Solieriaceae) using carrageenases, infrared and ^{13}C-nuclear magnetic resonance spectroscopy[J]. Bot Mar, 1984, 27: 473-478.

[13] Krauss R. The Marine Plant Biomass of the Pacific Northwest Coast[M]. Corvallis: Oregon State University Press, 1978.

[14] Lawson C J, Rees D A. Carrageenans. Part 6. Reinvestigation of acetolysis products of lambda-carrageenan[J]. J Chem Soc, 1968: 1301-1304.

[15] Lawson C J, Rees D A. An enzyme for the metabolic control of polysaccharides

conformation and function[J]. Nature, 1970, 227: 390-393.
[16] McCandless E L, West J A, Guiry M D. Carrageenan patterns in the Phyllophoraceae[J]. Biochem System Biol, 1982, 10: 275-284.
[17] McCandless E L, West J A, Guiry M D. Carrageenan patterns in the Gigartinaceae[J]. Biochem System Ecol, 1983, 11: 175-182.
[18] MacMullan E A, Eirich F. The precipitation reaction of carrageenan with gelatin[J]. J Colloid Sci, 1963, 18: 526-537.
[19] Morris E R, Rees D A, Robinson G. Cation specific aggregation of carrageenan helices: domain model of polymer gel structure[J]. J Mol Biol, 1980, 138: 349-362.
[20] Ostgaard K, Wangen B F, Knutsen S H, et al. Large-scale production and purification of κ-carrageenase from *Pseudomonas carrageenovora* for applications in seaweed biotechnology[J]. Enzyme & Microbial Technology, 1993, 15(4): 326-333.
[21] Paoletti S, Smidsrød O, Grasdalen H. Thermodynamic stability of the ordered conformation of carrageenan polyelectrolytes[J]. Biopolymers, 1984, 23: 1771-1794.
[22] Patel B K, Campanella O H, Janaswamy S. Impact of urea on the three-dimensional structure, viscoelastic and thermal behavior of iota-carrageenan[J]. Carbohydrate Polymers, 2013, 92(2): 1873-1879.
[23] Porse H, Rudolph B. The seaweed hydrocolloid industry: 2016 updates, requirements, and outlook[J]. J Appl Phycol, 2017, 29: 218-2200.
[24] Potin P, Sanseau A, Gall Y, et al. Purification and characterization of a new κ-carrageenase from a marine Cytophaga-like bacterium[J]. European Journal of Biochemistry, 1991, 201(1): 241-247.
[25] Rees D A. The carrageenan system of polysaccharides. Part 1. The relation between the kappa- and lambda-components[J]. J Chem Soc, 1963: 1821-1832.
[26] US Food and Nutrition Board. Food Chemicals Codex[M]. Washington DC: National Academy Press, 1981.
[27] Whistler R L, BeMiller J N. Industrial Gums[M]. New York: Academic Press, 1973.
[28] Yamada T, Ogamo A, Saito T, et a1. Preparation of O-acetylated low molecular weight carrageenans with potent anti-HIV activity and low anticoagulant effect[J]. Carbohydr Polym, 2000, 41(2): 115-120.
[29] Zaneveld J S. The utilization of marine algae in tropical south and east Asia[J]. Econ Bot, 1959, 13(2): 89-131.
[30] Zhou G, Sun Y, Xin H, et al. *In vivo* antitumor and immunomodulation activities of different molecular weight lambda-carrageenans from *Chondrus*

ocellatus[J]. Pharmacological Research，2004，50（1）：47-53.
[31] 王铭和. 琼胶与卡拉胶的生产与应用［M］. 北京：海洋出版社，2001.
[32] 赵镜琨. 卡拉胶及其应用［J］. 山东工业技术，2014，（2）：179-180.
[33] 纪明侯. 海藻化学［M］.北京：科学出版社，1997.
[34] 朱敏，张立新. 刺麒麟菜提取ι-卡拉胶工艺中碱处理的作用研究［J］. 科技研究，2011，（7）：70-71.
[35] 黄家康，蔡鹰，李思东，等. 沙菜卡拉胶漂白工艺研究［J］. 广东化工，2009，36（4）：31-33.
[36] 汤毅珊. 麒麟菜卡拉胶加工工艺及机理研究［D］. 广州：华南理工大学，1996.
[37] 胡亚芹，竺美. 卡拉胶及其结构研究进展［J］. 海洋湖沼通报，2005，（1）：94-102.
[38] 徐忠丽，吴晖. 卡拉胶的流变性能［J］. 广州食品科技，2004，81（3）：153-155.
[39] 刘芳，赵谋明，徐建祥，等. 不同原料卡拉胶的物性比较研究［J］. 华南理工大学学报（自然科学版），2001，29（5）：15-19.
[40] 杨玉玲，周光宏，姜攀，等. 卡拉胶凝胶质构特性的研究［J］. 食品工业科技，2008，（10）：220-223.
[41] 罗亮，左椝，陈兴国，等. κ-卡拉胶热可逆凝胶化行为研究［J］. 高分子学报，2003，（6）：862-865.
[42] 孟凡玲，罗亮，宁辉，等. κ-卡拉胶研究进展［J］. 高分子通报，2003，（5）：49-56.
[43] 燕苗. κ-Ca卡拉胶纤维的制备及性能研究［J］. 青岛：青岛大学，2018.
[44] 王晓园，杨晓泉，朱建华. 大豆蛋白组分与κ-卡拉胶混合凝胶的流变学研究［J］. 现代食品科技，2008，（6）：501-505.
[45] 孙哲浩. 明胶与卡拉胶共凝胶体的热力学特征及微观结构的研究［J］. 现代食品科技，2008，（7）：649-651.
[46] 朱楠楠，姚子昂，吴海歌，等. 卡拉胶寡糖的研究进展［J］. 化学与生物工程，2009，26（10）：9-12.
[47] 郭娟娟. κ-卡拉胶寡糖酶法制备及其免疫防御调节机制的研究［J］. 福建农林大学博士学位论文，2018.
[48] 杨波. 海洋硫酸半乳聚糖特异性降解、寡糖和糖脂的制备与序列分析及其寡糖芯片的构建［D］.青岛：中国海洋大学，2009.
[49] 袁华茂. 卡拉胶寡糖与衍生物的制备及生物活性研究［D］.青岛：中国科学院海洋研究所，2005.
[50] 刘芳，沈光林，彭志英. 卡拉胶的交互作用特性及其在食品工业中的应用［J］. 冷冻与速冻食品工业，2000，6（4）：31-33.
[51] 浮吟梅，王林山，苏海燕. 卡拉胶在食品工业中的应用［J］. 中国食品添加剂，2009，（5）：159-163.

[52] 杨以安. 卡拉胶在牙膏中的应用 [J]. 牙膏工业, 2004, (4): 30-31.
[53] 胡茵, 黄宏光, 韦曲颖. 卡拉胶在彩条牙膏中的试验与研究 [J]. 牙膏工业, 2006, (1): 32-34.
[54] 陶慧娜, 孙涛, 周冬香, 等. 卡拉胶及其衍生物的生物活性研究进展 [J]. 安徽农业科学, 2008, 36 (19): 7976-7968.
[55] 王长云, 管华诗. 多糖抗病毒作用研究进展Ⅲ卡拉胶及其抗病毒作用 [J]. 生物工程进展, 2000, 20 (3): 39-42.
[56] 袁华茂, 宋金明. 糖类化合物的化学修饰及其生物活性的研究进展 [J]. 海洋科学, 2003, 27 (3): 27-31.
[57] 郑惠华. 硒化卡拉胶对小鼠脂质过氧化的影响 [J]. 上海医药, 1999, 20 (4): 32-33.
[58] 张敖珍, 刘雯, 江明华. 硒化卡拉胶对小鼠的降血糖作用 [J]. 上海医科大学学报, 1993, 20 (5): 385-387.
[59] 徐致远, 周凌华, 王荫榆. 卡拉胶、瓜尔豆胶与果胶复配在酸奶中的应用 [J]. 乳业科学与技术, 2009, (6): 259-262.
[60] 孙书静. 卡拉胶在肉制品中的应用 [J]. 肉类研究, 2003, (4): 34-35.
[61] 陈先明, 钟玉林. 卡拉胶在啤酒酿造中的应用 [J]. 山西食品工业, 2009, (3): 24-26.
[62] 张玲玲. 卡拉胶在啤酒生产中的应用 [J]. 酿酒科技, 2005, (10): 28-31.

第七章　琼胶膳食纤维的来源、结构、性能和应用

第一节　引言

琼胶又称洋粉、冻粉、燕菜精、寒天，是一种从海洋红藻中提取的食品胶。早在1000多年前，我国就曾有人用含有琼胶的海藻加水煮成胶液后冷却成冻胶食用，这种吃法在唐朝时传到日本。日本有这样一个故事记载琼胶的发现过程：1658年的冬天，天皇和随从们在山中游玩时因大雪迷路，当他们到达一个小旅馆时，主人在招待时用了一道海藻胶做的菜。或是由于主人准备的凝胶太多，或是凝胶不好吃的缘故，剩下的凝胶被扔在雪地里。数日之后因夜间冻结、白天熔化脱水，胶冻变成一团疏松、多孔、半透明的干物质，取回加水再煮后发现其变成原来的胶冻。从此以后，人们知道了利用天然冷冻法制造琼胶的原始方法。由于琼胶发现于冬天，日本人把它称为"寒天"。

到了19世纪，日本的琼胶生产技术传到了欧洲。1881年，一个叫赫斯(Hesse)的德国微生物学家用琼胶代替明胶做细菌培养基，取得了比明胶更好的效果。1882年，在赫斯医生的介绍下，细菌学家柯霍（Koch）培养出了结核杆菌，他就是用琼胶作为培养基。此后，琼胶成为最理想的细菌培养基材料，是医学和生物科学研究中不可缺少的一种重要材料。

作为一种海洋食品，亚洲地区的南洋居民自古就以麒麟菜煮成冻胶食用（现在已知是卡拉胶），马来语称此凝胶冻为agar-agar或agar，该名称目前已成为琼胶的世界通用名词。在我国，琼胶也称冻粉、琼粉等，著名海藻学家曾呈奎等建议用"琼胶"代表agar，以此纪念我国最早是以海南岛（别称"琼"）的麒麟菜水煮冻胶供食用，并将所有海藻多糖统一以"胶"作词尾，代替"脂""粉"

等混乱用词。“琼胶”这个名称于1977年被《中国药典》采用。

琼胶的现代化生产开始于美国。1921和1922年Matsuoka申请了琼胶的冷冻工艺专利，目前采用的工艺是在此基础上由H. H. Selby和C. K. Tseng在第二次世界大战前发明的，该工作由美国政府资助，目的是实现战时琼胶的自给，特别是基于其在细菌培养基中的独特作用。除了美国在“二战”前的努力，当时世界上琼胶的生产基本来自日本，其产业体系包括400多家小型生产企业。在第二次世界大战中，由于琼胶的短缺，海岸线上有石花菜的国家开始生产琼胶，葡萄牙和西班牙的琼胶产业正是在那时诞生的（Glicksman，1983；Davidson，1980；Patil，1973；Glicksman，1981；Whistler，1973）。

1939年以前，日本生产的琼胶在世界上占据大部分份额。1939年后，由于日本不再对外出售琼胶，世界各国纷纷开始研究琼胶的生产方法，使琼胶的生产得以快速发展。“二战”后，日本除了利用石花菜为原料外，也大量采用江蓠（我国台湾地区称龙须菜）作为原料，至今江蓠已经成为生产琼胶的主要原料。日本的琼胶产量长期占据世界首位，其1990年的产量约为2000t，其次为西班牙、韩国、智利等国家。

1949年以前我国有少量天然琼胶生产基地，主要集中在青岛、大连等北方城市，新中国成立后琼胶产量逐步增加，年产量为30~50t，但无法满足国内需求。20世纪60年代后我国在南方建立了以江蓠为原料的琼胶工厂，在全国普遍采用以人工冷却和压榨脱水为基础的工业琼胶生产方法，这种方法在一定程度上提高了琼胶的产量。20世纪80年代后，福建发展了用坛紫菜为原料生产琼胶的方法，产量得到大幅提升。但是总的来看，我国琼胶生产厂的规模普遍较小、设备较差、工艺较落后（曾呈奎，1952；王铭和，2001；王璐，1999）。

第二节　琼胶的来源

琼胶主要是从石花菜、沙菜、江蓠等红藻植物中提取的，将红藻放在热水中一段时间即可提取出琼胶，冷却后再洗涤干燥可以得到琼胶制品。琼胶一般为粉末或条状，无臭无味，在冷水中不溶解，但可溶解于热水中形成黏稠液体。

含有琼胶的海藻统称为琼胶藻（Agarophyte），其种类很多。不同原料生产的琼胶在性质上存在或多或少的差别，因此在提到一种琼胶产品的时候，习惯上应标明其原料种类，例如：石花菜琼胶、江蓠琼胶等。琼胶的生产是从石花菜为原料开始的，故石花菜琼胶过去被认为是真正的琼胶，其他藻类只作为辅助原料使用。后来由于琼胶需求量迅速增大，石花菜原料供不应求，许多地方又不产石花菜，才逐渐使用其他海藻为原料。目前世界各地主要使用以下海藻作为琼胶的工业原料（图 7-1）。

(1)石花菜　(2)江蓠　(3)凝花菜　(4)鸡毛菜　(5)紫菜

图 7-1　提取琼胶的红藻类植物

（1）石花菜（*Gelidium*）　主要产于西班牙、葡萄牙、摩洛哥、日本、韩国、墨西哥、法国、美国、中国、智利和南非。不同地区有不同的品种，我国的品种称为石花菜（*Gelidium amansii*），主要生长于山东半岛沿岸，年产量约 200 吨。

（2）江蓠（*Gracilaria*）　主要产于智利、阿根廷，南非、日本、巴西、秘鲁、印度尼西亚、菲律宾、中国、印度和斯里兰卡，各地的品种不同。我国主要分布于南方，以广东、广西和海南的产量最大，其中细基江蓠（*Gracilaria tenuistipitata*）为主要的优良品种。海南省和雷州半岛沿岸还生长一种细江蓠，繁殖快、产量大，但藻体纤细、胶质略差，也是琼胶的重要原料。此外，我国沿海还广泛生长有真江蓠（*G. asiatica*），亦为优质原料。我国江蓠的年总产量约 3000 吨。

（3）凝花菜（*Gelidiella*） 主要产于埃及、马达加斯加、印度等地。我国也有生产，主要产于海南岛。

（4）鸡毛菜（*Pterocladia*） 主要产于葡萄牙和新西兰，我国也有生产，但产量较少。

（5）紫菜（*Porphyra*） 世界上只有我国利用紫菜作琼胶的工业原料，主要在福建省，利用没有食用价值的老的坛紫菜（*Porphyra haitanensis*）生产琼胶。前几年紫菜琼胶达到数百吨的年产量，但近年来因原料减少，产量有所降低。

第三节 琼胶的生产方法

琼胶存在于琼胶藻的细胞壁中，与纤维素、半纤维素、色素、淀粉、蛋白质、无机盐等共存，对于生产琼胶而言，这些都是不需要的杂质，其中纤维素、半纤维素等不溶于水，盐分等可溶于水，淀粉和部分色素可溶于热水，而琼胶只溶于 85℃以上的热水、不溶于冷水。因此琼胶的生产主要是根据萃取、分离和脱水干燥等原理，把原料中的琼胶最大限度地抽提出来、把杂质尽可能分离，最后脱水干燥后获得成品（Hjerten，1962；Hjerten，1971；Izumi，1970；Russell，1964）。

纪明侯（纪明侯，1997）介绍了一种石花菜琼胶的提取工艺。取 10.0g 晒干的石花菜，剪切成小块，水洗 2 次，放入 1L 烧杯中，加入 300mL 蒸馏水，加盖玻璃或盖以带孔铝箔纸，放于压力锅中，于 1kg/cm^2 压力下在 120℃加热提取 2h，取出用 80 目尼龙网过滤，滤液放温水中保温以防凝固。藻渣轻度挤压后再加 100~200mL 水，同上压力加热 1h，同样过滤，二次滤液合并后以脱脂棉经布氏漏斗过滤，或简易地以 100 目尼龙网过滤。将滤液注入搪瓷盘中放冷后切条，放冰箱冻结室 −10℃冻结一昼夜后用自来水熔化，晒干或加乙醇脱水 2 次，真空干燥。

图 7-2 所示为生产琼胶的基本工艺流程。琼胶的生产工艺取决于原料和产品类型，也取决于采用的脱水方法和设备。此外，不同厂家在生产工艺上常有自己的技术特点和秘密，其基本生产工艺包括：

原料的清洁→化学预处理→加压提取→化学后处理→过滤→冷凝→冻结→后处理→洗涤→干燥→消毒→漂白→洗涤→干燥

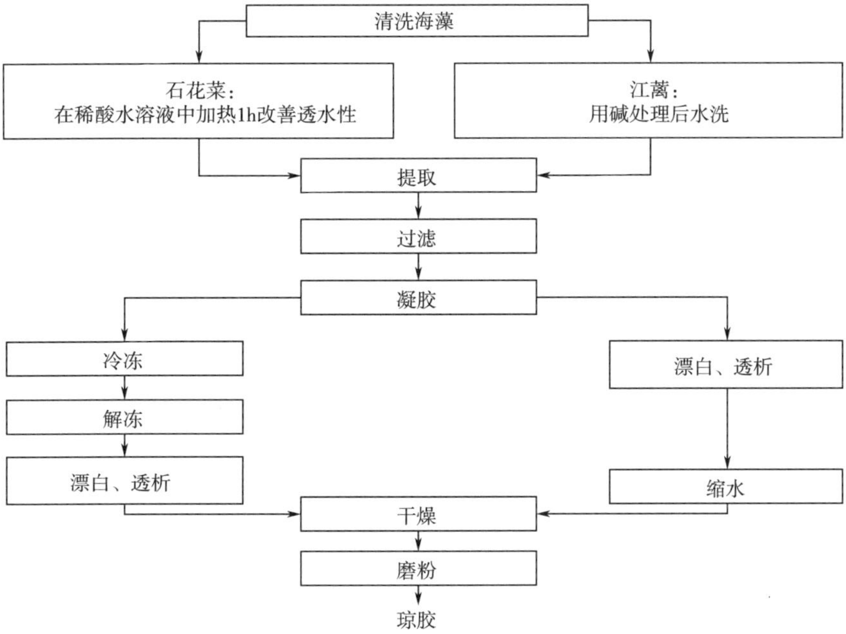

图 7-2　生产琼胶的工艺流程

食品级工业琼胶的生产一般包括以下步骤。

一、原料的预处理

原藻中含有大量的杂藻、贝壳、沙砾等杂质，提取前必须除去。此外还需要根据原料的特点进行预处理。

1. 酸处理

酸处理是以石花菜为原料生产琼胶时进行的预处理，在加热提取时加入少量浓度为 0.2%~0.3% 的硫酸溶液于水中，30℃下浸泡 8h 并保持 pH 为 6.6 左右。这种处理不但有利于破坏细胞壁使琼胶容易溶解析出，还能避免琼胶的降解、提高产品的凝胶强度（石光汉，1987）。

2. 盐处理

国外对石花菜、鸡毛菜、凝花菜的预处理常采用碳酸钠溶液在 80~90℃进行，有时也用钙或铝的氢氧化物或盐类进行预处理，其浓度因处理目的不同而异。

3. 碱处理

目前江蓠已成为生产琼胶的主要原料，但江蓠所含原胶的性能不能满足使用要求，提取前必须经过碱处理（戚勃，2009）。碱处理的目的是使琼胶分子中的 L- 半乳糖 -6- 硫酸酯脱去硫酸基后转变为 3，6- 内醚 -L- 半乳糖，从而提高凝胶强度。碱处理还可以破坏原料中的一部分色素和蛋白质，起到脱色和脱蛋白的作用。

碱处理采用的方法有高温稀碱法、中温浓碱法和常温浓碱法。高温稀碱法采用 2%~5% 的 NaOH 溶液在 85 ℃加热处理 3~5h，或用 5% 的 NaOH 溶液在 90℃处理 1h，这些条件下胶质的流失较多，产品的凝胶强度和光泽略差，但生产效率高、烧碱的消耗较少，适用于大规模生产。中温浓碱法采用 30%~40% 的 NaOH 溶液在 60~70 ℃热处理 1~3h，而常温浓碱法采用 30%~40% 的 NaOH 溶液常温下浸泡 5~7d，这种方法胶质的流失较少，产品的凝胶强度和光泽好，但生产周期长、效率低、碱的消耗较多，一般小型工厂多采用此法生产。

4. 酸处理和漂白

在碱被洗净后，常压下提胶时一般需要进行酸处理和漂白，其中酸处理的目的是软化及破坏细胞壁，易于出胶。酸处理和漂白经常同时进行，常用的酸为盐酸和硫酸，由于盐酸易于挥发、刺激人体并腐蚀机械设备，因而改用硫酸，但硫酸要稀释后使用。常用的漂白剂为漂白粉、次氯酸钠和亚氯酸钠等氧化性漂白剂以及亚硫酸氢钠和保险粉（连二硫酸钠）等还原性漂白剂。处理时如果酸的用量不足，会影响到漂白的效果，而且在常压提胶时海藻煮不烂，会降低出胶率。若酸的用量过多或浸酸时间过长，则在提胶前的洗涤过程中会有部分胶质溶解流失，而且产品的凝胶强度低。应该指出的是，不论海藻的碱处理或是浸酸还是漂白，都对产品的产量和质量有很大影响，因此应该根据原料的种类和性质选择最佳工艺条件进行处理（Azhitskii，1967；Barteling，1969；赵谋明，1998）。

二、胶质的提取

提胶在开口锅或密闭式压力锅中进行，向其中加适量水煮沸后投入原料，原料与水的质量比根据原料的情况而定，加水量以使煮好的胶液中含琼胶为 1% 或略稀为宜。锅中装有搅拌机，加热过程中间隔进行搅拌使琼胶充分溶出，锅底装有过滤板作粗略过滤用。小规模工厂的提取锅中不装搅拌机，而在锅中放入一个直立式圆锥形的过滤器，作为分离粗渣和胶液之用。在现代化的工厂中，琼胶的提取在有盖的蒸汽压力锅中进行，加热时间较短，煮汁易于过滤，产品质量较好。蒸煮时间的长短取决于原料的品种和预处理的情况。以石花菜为原料制备琼胶时一般不经过碱的预处理，提胶时向锅中放入原料质量 30~33.5 倍的水，煮沸后投入原料，再次煮沸后加入硫酸和保险粉，在提取的同时进行漂白。硫酸和保险粉的加入量依据原料是否经过日光漂白而定，一般加热搅拌40~60min后原料煮成粥状，停止加热，将锅盖好，沉降1~2h后便可进行过滤。

三、过滤

煮汁应趁热过滤，小型工厂用过滤袋或用铁架支撑的多层滤布过滤，大型工厂用板框压滤机过滤，以硅藻土或珍珠岩为助滤剂。

四、冷凝和切条

在小型工厂中，过滤后的胶液分装于小木槽或镀锌薄铁板制成的凝固盘中，使其自然冷却凝固后切成大条，再用推条器切成细条。这种方法的缺点是铁盘的焊缝会造成铅等重金属对产品的污染，因此最好用不锈钢盘。胶液的凝固速度极慢，特别是在夏天或高温地区，大量的凝固盘和胶液放置在空气中极易被微生物污染，使产品质量下降，甚至造成腐败。自然冷凝的冷却速度慢，占用空间大，不适合大规模生产。现代化的工厂中多使用间壁式板式换热器进行热量交换，达到胶液降温的目的。

胶液经过一次换热之后可加入漂白剂进行漂白和杀菌处理，然后再进行二次换热使温度进一步降低。胶液不能在板式换热器中直接凝固，否则会造成堵塞，因此必须掌握好胶液的温度，冷却到45℃左右的胶液再通过卧管式冷凝器使其凝固变成条状凝胶排出到受器中。利用换热器使胶液降温需要消耗大量冷水，水的用量决定于冷却水的入口温度和出口温度。为了提高冷却效率，入口处的冷却水温不宜过高。冷却水可采用循环方式把用过的水集中起来，降温后再用，但进入管式冷凝器的水温应尽可能低些，以保证胶液的快速冷凝。

五、凝胶的脱水

冷凝后的琼胶中含有大量水分，脱水方法的选择不但影响到产品的产量和质量，还与设备的选择和经济效益的好坏密切相关。目前工业上常用的脱水方法有以下几种。

1. 蒸发法

采用蒸发浓缩的方法提取琼胶消耗的热量非常大，其成本在工业生产上难以承受。当使用多效真空蒸发器时，海藻提取液在接近胶凝温度时呈现非牛顿黏性，在液体浓缩到含胶2%以上时蒸发器难以继续工作。即使用喷雾干燥也因含水量高、耗热量大而很少采用。此外，蒸发法不能去掉胶液中的杂质，产品质量差。

2. 沉淀法

用酒精或异丙醇使胶液中的琼胶沉淀出来在工业上还没有取得成功，其原因是热量消耗太大。异丙醇或乙醇均为易燃物质，若管理不当易引起火灾。此外醇类溶剂极易挥发损失，造成生产成本加大。若减少挥发，必须使用密封设备系统，导致设备投资增加。

3. 冷冻法

冷冻可以使胶体与水分离，但冻结的速度要慢，以利于冰晶的长大和水分的分离。冻结之后在室温下融化使水分和大部分水溶性杂质流出。这种方法需要的能量消耗低，故在工业上是可行的。此外，冷冻法可以使胶质中的杂质大部分随水流出，产品的质量较好，此法常用于生产条状琼胶。

4. 压榨法

用压榨的方法使凝胶中的水分排出，一般做法是先把凝胶切碎后装入布袋中,放入油压机压榨去水。这种方法消耗的总能量低于冷冻法,故在工业上可行。压榨法可以使胶体中的大部分杂质随水流走，产品的质量较好，适用于生产粉末状琼胶。

六、干燥

工业上常用的干燥方法有以下几种。

1. 阳光晒干

此法常用于条状产品的生产，也用于压榨脱水后的半成品薄片的干燥。一般是把物料摊开晒在用木架支撑的尼龙网上，此法设备简单、成本低，而且阳光有漂白作用，产品的光泽较好。但受到天气的限制，而且易于被灰尘和微生物污染，应选择干净的场地。

2. 低温吹干

此法是将脱水后的凝胶放在网盘上，置于多层架的干燥房中，用干风吹干，不用加热，所得琼胶的质量较好。

3. 热风干燥

此法是将脱水后的薄片切碎，用 50~55℃的热风进行干燥，热风由蒸汽管加热，干燥时间需 3~4h，干燥温度不宜超过 70℃。较先进的热风干燥设备为流化床干燥机，这种方式生产的产品受热时间短、质量好。

七、粉碎

干燥后的粗粒需要粉碎成一定细度的粉状产品。琼胶有韧性，粉碎前应尽量降低其含水率。在粉碎机中由于摩擦发热会使产品发黏,或着色而产生焦臭味，使产品质量下降，故粉碎前的琼胶应尽量保持干燥。

第四节　琼胶的化学结构

琼胶是一种以半乳糖为基础单位的多糖类物质，其分子链中还含有木糖、葡萄糖酸等单体，分子链上的半乳糖或多或少含有硫酸酯基团。琼胶的化学结构比较复杂，有多种化学结构方面的学说，其中以日本学者荒木（C. Araki）提出的学说为广大学者接受，他认为琼胶是由中性的琼脂糖（agarose）和带电荷的琼脂胶（agaropectin）两部分组成，其中琼脂糖是主要成分，是琼胶中起胶凝作用的部分（Allan，1971；Jones，1942；Lahaye，1986；Tagawa，1966）。

琼脂糖分子是由 1,3 键连接的 D- 半乳糖和 1,4 键连接的 3,6- 内醚 -L- 半乳糖组成的琼脂二糖（agarobiose）聚合后形成。琼脂糖的分子质量约为 120000u，相当于由 400 个琼胶二糖或 800 个单糖组成的长链。琼脂糖分子中取代基的不同，构成了琼胶的差异性。根据原料的不同，琼脂糖分子中有些 3,6- 内醚 -L- 半乳糖单体被 L- 半乳糖取代，有些 D- 半乳糖和 L- 半乳糖单体被 6-*O*- 甲基 -D- 半乳糖和 2-*O*- 甲基 -L- 半乳糖取代。图 7-3 所示为 D- 半乳糖和 L- 半乳糖的化学结构。

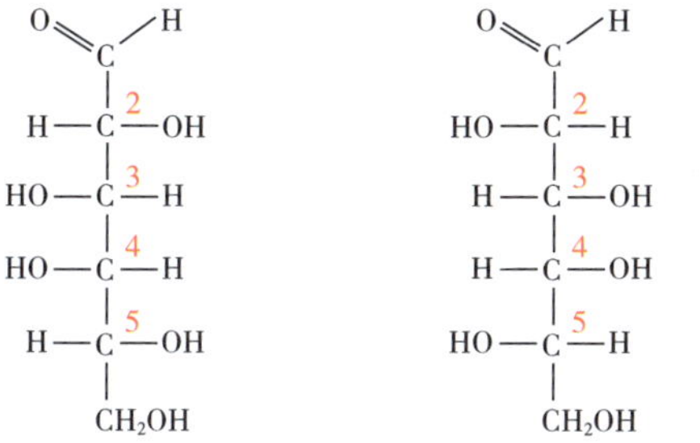

（1）D–半乳糖　　（2）L–半乳糖

图 7–3　D– 半乳糖和 L– 半乳糖的化学结构

琼脂胶的硫酸酯含量高达 8%，其分子链较短，分子质量约为 12600u，相当于 75~100 个单糖残基。琼脂胶的化学结构与琼脂糖的基本相似，不同的是琼脂胶分子中还含有琼胶所有的各种极性基团，从水解产物中证明其含有硫酸酯和丙酮酸酯。关于琼脂胶的确切结构一直没有确定，一般认为，琼脂胶的基本结构是由交替连接的 D- 半乳糖和 L- 半乳糖构成，在分子链的某些位置上有的 D- 半乳糖被 D- 半乳糖 -4- 硫酸酯或含有丙酮酸基的 4,6-*O*-（1- 羟亚乙基）-D- 半乳糖取代，有的被 D- 半乳糖 -2,6- 二硫酸酯取代，其基本结构中的 L- 半乳糖有的被 3,6- 内醚 -L- 半乳糖取代，有些琼脂胶是琼脂糖分子的前体，其分子中 L- 和 D- 型半乳糖各占约 50%，但在另一些琼脂胶中 D- 半乳糖的含量多于 L- 型。图 7-4 所示为琼脂糖和琼脂胶的化学结构。

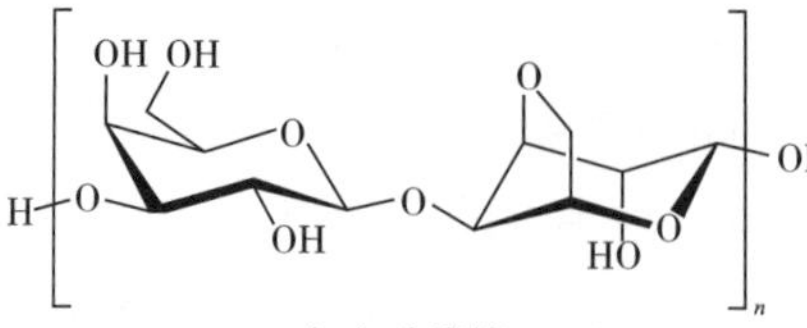

（1）琼脂糖

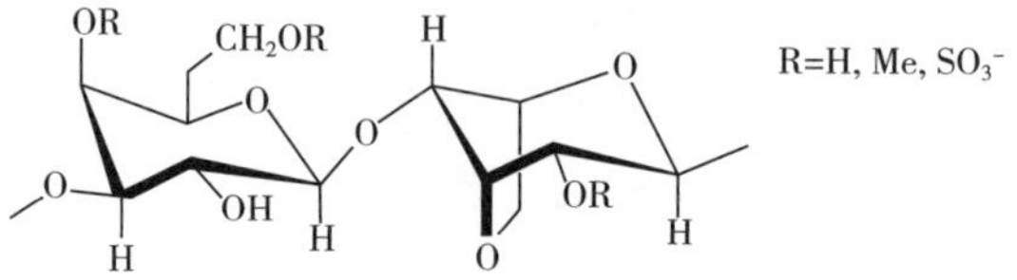

（2）琼脂胶

图 7-4　琼脂糖和琼脂胶的化学结构

近年来由于分离技术的进步及核磁共振光谱（NMR）和琼胶酶的应用，对琼胶的认识又深入了一大步。学者们已从琼胶中分离出包括琼胶二糖在内的 11 种二糖，最新的研究结果认为，琼胶是以琼胶二糖的重复单位为基础的一系列相关多糖所构成。这些多糖因原料的种类、生长的地理环境和季节的不同而有着不同形式和不同程度的取代基，因而也产生了性质上的差异，其中具有最少取代基的分子称为琼脂糖，其凝胶强度最高。

在琼脂糖中，不同单体的连接键对化学试剂和酶有不同的降解性能，其中 1，3 连接的键更容易受酶水解，而 1，4 连接键更容易受酸催化水解后得到琼脂二糖单元。但总的来说，1，4 连接键使多糖的结构更规则，也更稳定。未降解的琼脂糖的平均分子质量约为 120000u，等同于 400 个琼脂二糖连接在一起。根据原料来源的不同，琼胶大分子中的一部分 3，6- 脱水 -L- 半乳糖被 L- 半乳糖取代，部分 D- 半乳糖和 L- 半乳糖也可能被甲基化，其中甲基化的程度对琼胶的胶凝稳定有影响。

第五节　琼胶的理化性能和生物活性

一、琼胶的物理性质

琼胶呈白色至浅黄色，有条状、碎片状、颗粒及粉末状，无臭或稍具特征性气味，轻而柔软，一般为半透明、有光泽，含水时带韧性、干燥后易碎。

二、琼胶的分子质量

与其他天然多糖类及合成聚合物相似，琼胶不具有确定的分子质量。商品琼胶的平均分子质量一般为35700~44000u。琼胶中的硫酸酯含量一般低于4.5%，多数在1.5%~2.5%。

三、琼胶的溶解性

琼胶在室温下不溶于冷水，但能吸水膨胀，也不溶于大多数有机、无机溶液，微溶于乙醇胺和甲酰胺。加热后溶于沸水，搅拌可得黏稠液体，冷却到室温后可得到凝胶。琼胶在加热沸腾的低浓度乙醇溶液中可全溶，在30%~50%乙醇溶液中也能溶解。当琼胶溶液中有电解质存在时，加入乙醇、异丙醇或丙酮可使其脱水呈絮状析出，加入饱和的硫酸钠、硫酸镁或硫酸铵也可使其盐析。

四、琼胶的稳定性

干燥的琼胶很稳定，可长期在室温下放置，经过消毒贮存于密封容器中的高强度琼胶的凝胶具有和干琼胶同样的稳定性。琼胶水凝胶的纯品也相当稳定，琼胶溶液对温度较稳定，可以经受100℃或更高温度的反复处理。琼胶在pH5~8范围内稳定，其耐碱性强而耐酸性较差，在pH小于3.5时容易发生降解。

五、琼胶的黏度

琼胶水溶液的黏度受原料类型、加工条件、溶液中电解质及测定条件的影响而有所不同。琼胶水溶液在40℃左右开始出现分子聚集，因此溶液的黏度必须在40℃以上测定。高温会使琼胶分子降解，导致黏度急速下降。琼胶溶液的加热时间过长也会导致黏度的急剧降低。此外，超声、X射线、紫外线照射等对琼胶的分子质量和黏度均有负面影响，在溶胶中加入电解质或酸、碱性物质都会使黏度下降（Watase，1983；张莉，2009）。

六、琼胶的生物活性

琼胶在降解后可以得到具有优良生物活性的寡糖（刘美英，2008）。琼胶寡糖具有较强的抑菌作用，在浓度为3.11%时能有效减少菌落的产生（张红艳，2004），因此是一种很好的天然防腐剂，可用于食品和饮料的保鲜，防止其色变、腐败和氧化。Hu等（Hu，2006）通过体内外试验研究了新琼寡糖对肠道菌群生长的益生元效应，体外试验发现新琼寡糖能耐受上消化道酶的消化作用，经上消化道酶作用24h后几乎所有新琼寡糖不受淀粉分解酶的影响，说明其不被宿主胃肠道消化吸收，可以完整到达大肠。研究显示，琼胶寡糖能明显促进培养基上厌氧生长的双歧杆菌和乳酸杆菌的增殖，大大缩短有益菌的生长适应期。体内试验表明，新琼寡糖能明显增加小鼠粪便或盲肠内容物中乳酸杆菌和双歧杆菌的数量，减少有害菌的数量，而且小鼠未出现呕吐、腹胀等不良反应。试验中还发现其益生元作用与聚合度密切相关，聚合度越高、益生元效应越强。

琼胶低聚糖具有不被消化酶分解、不被肠内细菌分解、无热量产生等其他普通低聚糖没有的特性，口腔中少量残留的琼胶寡糖不能被链球菌利用而分解产生酸性物质，因此有利于口腔卫生、防止蛀牙，可用作高甜度甜味剂的填充剂和分散剂，还可用于饮料、面包、调味品、面条等食品的生产（刘江涛，2005）。

第六节　琼胶的凝胶性能

琼胶是一种重要的胶凝材料，凝胶性是其最大的功能特点，浓度很低的琼胶水溶液就能形成凝胶。在同样浓度下，琼胶形成的凝胶强度比其他类凝胶的大，而且不需要任何助凝剂。与卡拉胶和海藻酸盐不同，琼胶水溶液的凝胶过程基本不受溶液中离子的影响（Arnott，1974；Yaphe，1984；Letherby，1981），其凝胶机制为：①琼胶溶胶冷却时，琼脂糖分子以螺旋形状组成双螺旋体后形成三维网状结构；②进一步冷却后双螺旋体聚集而形成较硬的凝胶。

一、凝胶强度

凝胶强度是衡量琼胶品质的最主要指标，其大小与原料来源、生长地点和获取方法等因素有关，也受琼胶自身分子结构的影响。硫酸基、羧基的含量越多，凝胶强度越低；分子质量大、分子链长、聚合度大，凝胶强度越高；分子的立体结构中—OSO_3^-在3，6位置时凝胶强度越大；3，6-内醚半乳糖含量越多，凝胶强度越高；琼胶中琼脂糖含量越多，凝胶强度越高。在与其他水溶性高分子共混时，海藻酸钠和淀粉会降低琼胶的凝胶强度，明胶、俄罗斯鱼胶和刺梧桐胶也会稍微降低琼胶的凝胶强度，而葡萄糖和蔗糖则会使之提高。刺槐豆胶与琼胶产生协同效应能增强琼胶的凝胶强度。大多数盐、甘油、山梨醇、链烷醇胺和1，2，6-己三醇加入温热的琼胶溶液时，凝胶强度几乎不发生变化。

二、滞后性

1.5%的琼胶水溶液在32~43℃凝固，形成凝胶后需要再加热到85℃才能重新熔化，这个独特的性质称为滞后现象，为琼胶特有。正是因为这一特性，琼胶在微生物培养方面占有难以取代的地位。很多科学研究涉及的凝胶材料需要在 37 ℃左右保持稳定，而明胶在这个温度下不稳定（Fuse，1971；Glickman，1957）。

三、乳光性

无色透明的琼胶溶液在冷却变成凝胶时会呈现轻微的乳白色，这种现象称为“乳光现象”。当加入砂糖、甘油或葡萄糖等物质后，其折射率增加、外观明亮。

四、泌水性

琼胶凝胶在放置较长时间后，其表面会分泌出一些水珠，时间再长则水珠会连成片，这种现象称为“泌水”，其与凝胶浓度、硫酸基含量等呈负相关性。凝胶浓度低于 1% 时泌水性更明显，分泌出的水分中无机盐类的含量较多。实际生产过程中使用加压或冷冻都促使泌水性的增加，可用于琼胶的提纯。

总的来说，琼胶的凝胶性能主要包括以下几点。

（1）琼胶的凝胶功能是同类亲水胶体中最强的，其在水溶液中形成的凝胶也是在同样浓度下最坚硬的。

（2）琼胶形成凝胶的机制及制备方法是同类亲水胶体中最简单的，只需要温度的变化，而不像海藻酸盐需要二价金属离子、卡拉胶需要钾离子或与蛋白质结合、果胶需要高糖介质或酸性环境等。

（3）琼胶可以在 pH5~8 或更宽的酸碱度范围内形成胶体。

（4）琼胶可以承受高温处理，灭菌可以很方便地进行。

（5）1.5% 的琼胶水溶液在 32~43℃之间凝胶，然后加热到 85℃才开始熔化，这个性能是其他凝胶材料无法比拟的。

（6）琼胶没有味，也不需要加钾离子、钙离子等有味的金属离子形成凝胶，不会掩盖食品的天然香味。

（7）琼胶的凝胶是可逆的，因此可以在不失去初始性能的基础上反复使用。

（8）琼胶本身是透明的，可以很方便地加入色素成色，也可以加入糖、甘油等添加剂改善其色泽。

（9）琼胶是稳定的，不会由于金属离子的加入引发沉淀物的形成。

第七节　琼胶寡糖

琼胶寡糖是琼胶多糖经水解后形成的聚合度为 2~10 的低聚糖，又称琼胶低聚糖，主要由琼二糖的重复单位连接而成，包括琼寡糖（agar oligosaccharides）和新琼寡糖（neoagar oligosaccharides）两个系列。琼胶寡糖具有多种生物活性，如抗病毒、抗肿瘤、抗炎症、增强免疫和保湿美白等，可应用于药品、保健品、食品添加剂、饲料添加剂、美容护肤品等领域（闫莉莉，2011）。琼胶寡糖可以通过酸水解法、氧化还原法、酶解法等方法制备。

一、酸水解法

酸水解法是制备琼胶寡糖时常用的一种方法。陈海敏等（陈海敏，2003）利用硫酸和盐酸，通过直接加酸、逐级加酸、非均相等方法对琼胶进行降解，并研究了在不同酸和不同降解条件下琼胶寡糖聚合度的变化。结果显示，硫酸降解产物中单糖和二糖的含量较多，盐酸降解物中3~8糖含量较多，盐酸逐级降解的效果较好，其降解产物集中在3~8糖。毛文君等（毛文君，2006）利用酸解法制备了一种奇数琼胶寡糖单体，包括琼三糖、琼五糖、琼七糖、琼九糖。制备时向琼胶或琼脂糖中加水、加酸后在80℃下反应240min，反应结束后将反应液离心分离并蒸发浓缩，在浓缩液中加入有机溶剂，离心分离，弃去沉淀再将上清液浓缩，最后用色谱柱分离出各琼胶寡糖单体后冷冻干燥。于广利等（于广利，2007）发明了一种偶数琼胶寡糖的制备方法，其聚合度为2~20。制备过程中将琼胶在还原剂存在下用酸加热降解，用碱中和多余酸至中性，经浓缩、醇沉、洗涤后经色谱柱分离后得到琼胶寡糖，可用于进一步制备寡糖保健品或海洋寡糖药物。

二、氧化还原法

氧化还原法可以提供一种工艺简单、成本低廉的降解工艺用于制备琼胶寡糖。韩丽君等（韩丽君，2004）以成品琼胶粉或条状琼胶为原料，用pH7的0.1mol/L磷酸氢钠和磷酸二氢钠缓冲溶液进行琼胶的溶解，在Fe^{2+}存在的条件下加入H_2O_2进行降解，加入维生素C进行诱导反应，加入过氧化氢酶（CAT）作为反应终止剂来终止反应，将降解产物高速离心后加入乙醇纯化沉淀，取上清液旋转蒸发后冷冻干燥获得琼胶的寡糖降解产物。降解后得到的琼胶寡糖的分子质量在3000u左右，产率在85%以上。

三、酶解法

传统的化学降解法存在条件难控制、产物不均一、产物分离和回收难等问题。用微生物分泌的琼胶酶水解琼胶后制备琼胶寡糖，不仅反应条件温和、能耗低，而且具有酶催化的高效性和专一性，可选择性切断糖苷键，克服化学降解法存在的问题（缪伏荣，2007；杜宗军，2003）。于文功等（于文功，2004）使用大肠杆菌重组株 DH5 α -pET24-agaA 表达的琼胶酶对琼胶进行酶解后制备了新琼四、新琼六寡糖，其中使用的琼胶酶为转基因产物，可大量获得，酶解产物的 85%~95% 集中于聚合度为 4、6 的新琼寡糖，其反应时间短、条件温和、成本低廉，适用于大规模生产。

根据对琼胶中糖苷键的特异性，琼胶酶分为 α- 琼胶酶和 β- 琼胶酶，其中 α- 琼胶酶对琼胶的 α-1, 3 糖苷键作用，使其酶解生成以 α-D- 半乳糖为非还原端和以 3, 6- 内醚 -α-L- 半乳糖为还原性末端的琼胶寡糖酶解产物。从琼脂液化弧菌中分离得到的 α- 琼胶酶能使琼胶在酶解初期黏度急剧下降，生成还原糖，失去凝固性，酶解最终产物为琼二糖（管斌，2010）。

第八节　琼胶的应用

作为一种海洋源生物材料，琼胶主要用于甜品添加剂和细菌培养基，也被用作明胶的替代品，在汤、冰淇淋和甜点中作为增稠剂，在酿酒中作为澄清剂，在造纸行业作为施胶剂。历史上，在 1658 年日本人发现琼胶之后的 1882 年，德国微生物学家赫斯在罗伯特 · 柯霍（Robert Koch）教授的实验室工作时，发现琼胶是一种比明胶更好的固定化材料，由此开始了其在微生物学和组织培养中的应用（Renn，1984；Blanschard，1979；汪宏晖，2002）。

自赫斯把琼胶应用到微生物培养之后，琼胶成了微生物培养中不可或缺的基本材料，对微生物学的研究和发展起了巨大的促进作用。绝大多数微生物不能分解代谢琼胶，优质的琼胶中不含抑制微生物生长的成分，其凝固点低而熔点高，能形成牢固而且有弹性的胶冻并且稳定透明，这些特性使琼胶成为微生物培养的理想材料。

琼胶的特性在医疗领域也有应用价值，例如琼胶被广泛用作轻泻药，因为琼胶大分子在人体肠中不消化，可吸收大量水分后溶胀，从而促进肠道蠕动，并且对身体无害也无刺激性。琼胶能稳定胆红素于水溶液中，可阻止细菌转化，并具有轻泻的作用。针对新生儿肠肝循环的代谢特点，口服琼胶能促进胆红素的结合和排泄，能有效降低血中胆红素水平。在放射科，琼胶常作为钡餐中硫酸钡的悬浮剂；在药粒和药片的生产中，琼胶可作为松散剂；在药膏的生产中，琼胶可作为乳化剂和稳定剂；在牙科，将琼胶 - 海藻酸盐双重印模法代替常规海藻酸盐印模法可以得到质量较高的印模和模型。

在日化领域，琼胶可用于制作固体酒精燃料，也可用于制作纸张、织物和金属的有色涂料。琼胶可增强十二和十六烷基洗涤剂的起泡力。琼胶可应用在铝面镀铜技术上，得到更好的密度、光亮度和牢固度。

第九节　琼胶在食品领域的应用

作为一种膳食纤维，琼胶能在肠道中吸收水分后使肠内容物膨胀，增加大便量、刺激肠壁、引起便意，因此经常便秘的人适当食用一些富含琼胶的石花菜能缓解便秘。作为一种食品胶，琼胶能改善食品的质构、提升食品品质，并且没有任何毒性，其优良的凝胶特性在凝胶类食品中有重要的应用价值（宋雪健，2017）。

一、琼胶在糖果制品中的应用

琼胶是生产软糖的主要辅料之一，作为凝胶成分具有含水量高、透明、柔软、有弹性、货架期长的特点，可用于制备软糖、棉花糖、糖制水果片，也可用于水果冻中防止水果上浮和下沉，还作为填充剂用于棒状糖果和果冻食品中，在这些食品中琼胶的含量为0.3%~1.8%（杨哪，2008）。何玲等（何玲，1998）用3%琼胶、淀粉糖浆与砂糖混合物（淀粉糖浆：砂糖 =2.17 ： 1.00）、19.5倍水、10%的葡萄汁制作软糖，获得具有较好品质的果汁软糖。顾仁勇等（顾仁勇，2004）用琼脂15g、蔗糖200g、南瓜250 g、柠檬酸0.3g制得的南瓜软糖有较好的弹性和韧性，口感酸甜细腻。琼胶与其他胶凝剂混合使用后制作软糖，可以获得品质更好的产品。周薇等（周薇，2016）用2%复合胶凝剂（琼胶：卡拉胶 =1 ： 1）、紫薯浆210g、白砂糖70g、柠檬酸0.4g，在50℃下烘干16~20h后制作了紫薯软糖。张文杰等（张文杰，2016）用0.5%琼胶、1%卡拉胶、10%明胶、40%白砂糖、30%果葡糖浆、0.1%柠檬酸和茶树花浸提液100mL，在温度为45℃的条件下干燥24h后制作了茶树花软糖。图7-5所示为几种琼胶软糖的效果图。

二、琼胶在肉制品中的应用

作为肉制品的辅料，琼胶可以提高肉制品的品质、保护其风味。陈海华等（陈海华，2009）在竹荚鱼鱼糜凝胶中加入琼胶后使产品强度增加，结构均匀、致密，使竹荚鱼鱼糜凝胶的特性得到改善。赵光辉等（赵光辉，2014）的研究发现，琼胶的加入能使熏煮香肠的保油率提高、水分活度和亮度值降低，对香肠的出品率、质构、保水率没有影响。

图 7-5　几种琼胶软糖的效果图

琼胶对肉类罐头有较强的定型能力，能使罐头在经过高温灭菌后仍然保持稳定的凝固能力，还能提高罐头品质、防止挂壁。琼胶常被用作鱼禽肉类罐头食品的增稠剂和胶凝剂，其用量是罐头中清汤的 0.2%~2.0%。当这类产品为半流态时，尤其需要使用琼胶。对于熏制或腊制肉制品，琼胶常用于保护胶体以防止风味流失，经琼胶处理的肉制品比未处理的或只用抗坏血酸单独处理的更能保持原有的风味。

三、琼胶在焙烤食品中的应用

作为一种起黏结作用的添加剂，琼胶可用于曲奇饼、馅饼或奶油夹心派的馅、糕饼甜心表层的酥皮等焙烤食品，也可以在饼干、面包等食品中作为填充剂和膨松剂，还可用作面包和糕饼甜心的保湿剂，其用量在 0.1%~1%（李琴梅，2009）。

四、琼胶在护理食品中的应用

呈胶冻状的琼胶柔软顺滑易下咽，可作为咀嚼困难的老年人的护理食品，食用时避免食品哽噎于喉。不易食用的蔬菜和鱼，在加入琼胶调制后也能轻松食用，还不破坏食品的原有风味。图 7-6 所示为琼胶制成的凝胶食品效果图。

图 7–6　琼胶制成的凝胶食品效果图

五、琼胶在可食用膜中的应用

琼胶具有良好的成膜性，具有提高食用膜机械强度和阻湿能力的功效，并且可降解、可再生，在可食用膜领域有很高的应用价值（Freile-Pelegrin，2007）。The 等（The，2009）制备的琼胶 - 甘油膜具有优良的机械性能，且无色透明、质地柔韧，具有良好的热封性。Letendre 等（Letendre，2002）的研究发现，琼胶能使蛋白质薄膜的机械强度和阻湿性能提高。Wu 等（Wu，2009）将琼胶与马铃薯淀粉结合制作成薄膜，发现琼胶具有提高薄膜的机械强度和阻湿的作用。程文健等（程文健，2012）将琼胶与麦芽糊精共混进行制膜研究，结果表明，琼胶的加入能提高膜的机械强度，且质量分数低于 3% 的琼胶有利于成膜。张文宇等（张文宇，2014）的研究发现，采用 70% 琼胶、30% 蛋白质、甘油 0.8g，在 pH10、干燥温度为 50℃的条件下制备的薄膜，透明度达到 0.93，抗拉强度较单一蛋白质薄膜提高 6~10 倍。Rhim 等（Rhim，2011）用琼胶制备的不同类型的纳米黏土复合薄膜的抗拉强度为（29.7 ± 1.7）MPa、透湿率为（45.3 ± 9.6）%。此外，对琼胶 - 纳米银复合薄膜的研究发现其具有较好的抑菌效果（Ghosh，2010；Rhim，2013）。

六、琼胶在食品涂膜中的应用

琼胶本身没有营养、无色无味、不利于微生物的滋生，适用于对食品的涂膜。

孟令伟等（孟令伟，2014）用0.1%琼胶、0.7%壳聚糖、2%醋酸溶液对圣女果进行涂膜，结果显示能有效保护圣女果的品质、延长保质期。琼胶涂膜能降低油炸食品的含油率、提高健康指数。赵勇（赵勇，2008）用6.0%琼胶对油炸墨鱼丸进行涂膜，发现其含油量低且感官品质较好。万娟等（万娟，2012）用琼胶对油炸卤鱼进行涂膜，结果显示琼胶能使卤鱼含油率下降12%。

七、琼胶在食品行业的其他应用

琼胶可作为助悬剂应用在饮料生产中，能使固形物悬浮均匀、时间长久，提高饮料的透明度、增加流动性，使口感爽滑且货架期延长。琼胶浓度在0.001%~0.005%时就能使果粒悬浮均匀。0.3%的琼胶能提高冰激凌的黏度和膨胀率，使组织状态得到较好改善。琼胶可作为起酥剂、软化剂、保水剂应用在焙烤食品中，其最佳使用量为0.1%~1.0%。此外，琼胶还广泛应用于果冻、乳品、啤酒、酱油等产品的生产中 。

第十节　小结

琼胶具有优良的凝胶特性，可提高糖果的弹性及韧性、提高肉的保水性、改善肉制品品质、提高食用薄膜的机械强度和阻湿能力，对食品能起保鲜作用，在食品配料和食品包装、保鲜等方面有很广泛的应用。作为一种膳食纤维，琼胶具有良好的亲水性，能有效改善肠道健康、缓解便秘，在功能性食品领域有重要的应用价值。

参考文献

［1］Allan G G. A new procedure for the fractionation of agar［J］. Carbohydr Res，1971，17：234-236.

［2］Arnott S. The agarose double helix and its function in agarose gel structure［J］. J Mol Biol，1974，90：269-284.

［3］Azhitskii G Y，Kobozev G C. Ammonium sulfate use to eliminate first agaropectin and then to precipitate agarose［J］. Lab Delo，1967，3：143-145.

［4］Barteling S J. A simple method for the preparation of agarose［J］. Clin Chem，1969，15：1002-1005.

［5］Blanschard J M V，Mitchell J R. Polysaccharides in Food［M］. London：Butterworths，1979.

[6] Davidson R L. Handbook of Water Soluble Gums and Resins [M] . New York：McGraw-Hill，1980.

[7] Freile-Pelegrin Y，Madera-Santana T，Robledo D，et al. Degradation of agar films in a humid tropical climate：Thermal，mechanical，morphological and structural changes [J] . Polymer Degradation & Stability，2007，92（2）：244-252.

[8] Fuse T，Goto F. Some properties of agarose and agaropectin isolated from various mucilaginous substances of red seaweeds [J] . Agric Biol Chem，1971，35：799-804.

[9] Ghosh S，Kaushik R，Nagalakshmi K，et al. Antimicrobial activity of highly stable silver nanoparticles embedded in agar-agar matrix as a thin film [J] . Carbohydrate Research，2010，345（15）：2220-2227.

[10] Glickman S A，Shubtosova I G. Physical chemistry of agar theory and practice of agar fractionation [J] . Kolloid Zh，1957，19：281-286.

[11] Glicksman M. Food Hydrocolloids [M] . Baton Raton，Florida：CRC Press，1983.

[12] Glicksman M. Food Hydrocolloids. Vol.1. Comparative Properties of Hydrocolloids [M] . Baton Raton：CRC Press，1981.

[13] Glicksman M. Food Hydrocolloids. Vol.2. Natural Plant Exudates-Seaweed Extracts [M] . Baton Raton：CRC Press，1983.

[14] Hjerten S. A new method for preparation of agarose for gel electrophoresis [J] . Biochim Biophys Acta，1962，62：445-449.

[15] Hjerten S. Some new methods for the preparation of agarose [J] . J Chromatog，1971，61：73-80.

[16] Hu B，Gong Q H，Wang Y，et al. Prebiotic effects of neoagaro oligosaccharides prepared by enzymatic hydrolysis of agarose [J] . Anaerobe，2006，12：260-265.

[17] Izumi K. A new method for fractionation of agar [J] . Agric Biol Chem，1970，34：1739-1740.

[18] Jones W G M，Peats S. The constitution of agar [J] . J Chem Soc，1942：225-231.

[19] Lahaye M，Rochas C，Yaphe W. A new procedure for determining the heterogeneity of agar polymers in the cell walls of Gracilaria species [J] . Can J Bot，1986，64：579-585.

[20] Letendre M，D' Aprano G，Lacroix M，et al. Physicochemical properties and bacterial resistance of biodegradable milk protein films containing agar and pectin [J] . Journal of Agricultural & Food Chemistry，2002，50（21）：6017-6022.

[21] Letherby M，Young D. The gelation of agarose [J] . J Chem Soc Faraday

Trans，1981，77：1953-1966.
[22] Patil N B，Kale N R. A simple procedure for the preparation of agarose for gel electrophoresis [J] . Indian J Biochem Biophys，1973，10：160-163.
[23] Renn D W. Agar and agarose：indispensable partners in biotechnology [J] . Ind Eng Chem Prod Res Dev，1984，23：17-21.
[24] Rhim J W，Lee S B，Hong S I. Preparation and characterization of agar/clay nanocomposite films：the effect of clay type [J] . Journal of Food Science，2011，76（3）：40-48.
[25] Rhim J W，Wang L F，Hong S I. Preparation and characterization of agar/silver nanoparticles composite films with antimicrobial activity [J] . Food Hydrocolloids，2013，33（2）：327-335.
[26] Russell B，Mead T H，Polson A. Method of making agarose [J] . Biochim Biophys Acta，1964，96：169-174.
[27] Tagawa S. Separation of agar-agar by dimethyl sulfoxide into agarose and agaropectin [J] . J Shimonoseki Univ Fish，1966，14：165-171.
[28] The D P，Debeaufort F，Voilley A，et al. Biopolymer interactions affect the functional properties of edible films based on agar，cassava starch and arabinoxylan blends [J] . Journal of Food Engineering，2009，90（4）：548-558.
[29] Watase M，Nishinari R. Rheological properties of agarose gels with different molecular weights [J] . Rheol Acta，1983，22：580-587.
[30] Whistler R L. Industrial Gums [M] . New York：Academic Press，1973.
[31] Wu Y，Geng F，Chang P，et al. Effect of agar on the microstructure and performance of potato starch film [J]. Carbohydrate Polymers，2009，76（2）：299-304.
[32] Yaphe W. Properties of Gracilaria agars [J] . Hydrobiologia，1984，116/117：171-186.
[33] 曾呈奎，纪明侯，张峻甫. 琼胶与琼胶工业 [J] . 中国植物学杂志，1952，5（2）：50-53.
[34] 王铭和. 琼胶和卡拉胶的生产和利用 [M]. 北京：海洋出版社，2001.
[35] 王璐，李智恩. 琼胶的研究进展 [J]. 海洋科学，1999，（4）：14-17.
[36] 纪明侯. 海藻化学 [M] . 北京：科学出版社，1997.
[37] 石光汉. 石花菜酸预处理的研究 [J]. 海洋科学，1987，（2）：41-43.
[38] 戚勃，杨贤庆，李来好，等. 冷碱处理条件与龙须菜琼胶强度的关系 [J]. 食品科学，2009，（22）：23-26.
[39] 赵谋明，邱慧霞，李小丽. 江蓠藻酸化漂白及其琼胶分子结构保护的研究 [J]. 华南理工大学学报（自然科学版），1998，26（2）：81-85.
[40] 张莉，许加超，薛长湖，等. 琼胶流变学性质和胶凝性质的研究 [J]. 中国海洋药物，2009，（2）：11-17.

[41] 刘美英，梅建凤，易喻，等. 琼胶寡糖生物活性的研究进展［J］.药物生物技术，2008，15（6）：493-496.
[42] 张红艳，林凯，阎春娟. 国内外天然食品防腐剂的研究进展［J］. 粮食加工，2004，29（3）：57-60.
[43] 刘江涛，蔡俊鹏，吴冰. 琼胶酶及其综合应用的研究概况［J］. 现代食品科技，2005，21（1）：177-179.
[44] 问莉莉，董静静，李思东. 琼胶寡糖的制备及其应用研究进展［J］. 山东化工，2011，40：28-30.
[45] 陈海敏，严小军，郑立，等. 琼胶的降解及其产物的分析［J］. 郑州工程学院学报，2003，24（3）：41-44.
[46] 毛文君，管华诗. 奇数琼胶寡糖单体及其制备方法［P］. 中国专利 CN03138971.6，2006-05-17.
[47] 于广利，杨波，赵峡，等. 偶数琼胶寡糖醇单体及其制备方法［P］. 中国专利，CN200610171052.0，2007-07-18.
[48] 韩丽君，范晓，李宪璀，等. 琼胶多糖的降解方法［P］. 中国专利 CN02132573.1，2004-01-14.
[49] 缪伏荣，李忠荣. 琼胶的降解及其产物的开发应用［J］. 现代农业科技，2007，（2）：125，128.
[50] 杜宗军，王祥红，李筠，等. 琼胶酶研究进展［J］. 微生物学通报，2003，30（1）：64-67.
[51] 于文功，李京宝，褚艳，等. 一种新琼四、六糖的制造方法［P］. 中国专利，CN03112579.4，2004-02-04.
[52] 管斌，倪雪朋，李悦明，等. 海藻多糖降解酶的研究进展［J］. 中国酿造，2010，（9）：8-12.
[53] 汪宏晖，程辉，章少萍. 琼脂/藻酸盐双重印模法在死髓牙固定修复中的应用［J］.福建医科大学学报，2002，（4）：453-454.
[54] 宋雪健，王洪江，张东杰. 琼脂在食品中的应用研究进展［J］. 现代农业科技，2017，（12）：267-268.
[55] 杨哪，徐学明，黄莎莎，等. 食品胶在凝胶糖果中的应用［J］. 食品研究与开发，2008，29（7）：153-155.
[56] 何玲，刘树文. 果汁软糖的研究［J］. 黑龙江八一农垦大学学报，1998，（1）：77-80.
[57] 顾仁勇，傅伟昌，杨万根. 琼脂南瓜软糖的制作工艺［J］. 食品与发酵工业，2004，30（2）：34.
[58] 周薇，刘月英，王素方. 紫薯软糖的研制［J］. 农业工程，2016，6（5）：70-73.
[59] 张文杰，刘聪，林珊，等. 茶树花软糖的制作工艺［J］. 食品安全导刊，2016，（27）：146-148.
[60] 陈海华，薛长湖. 亲水胶体对竹荚鱼鱼糜凝胶特性的影响［J］. 农业机械

学报，2009，40（2）：119-125.
[61] 赵光辉，赵改名，田玮，等. 海藻胶对熏煮香肠品质的影响研究［J］. 现代食品科技，2014，（2）：105-111.
[62] 李琴梅，戚勃．琼脂的物化特性及其在食品工业中的应用［J］．中国食品添加剂，2009，（6）：170-174.
[63] 程文健，叶兴乾. 琼脂-麦芽糊精共混物的成膜特性研究［J］. 中国食品学报，2012，12（1）：65-70.
[64] 张文宇，成兰英. 油菜籽蛋白质琼脂复合膜的性能研究［J］. 精细化工，2014，31（9）：1096-1100.
[65] 孟令伟，王启利，胡亚光. 壳聚糖/琼脂涂膜处理对圣女果贮藏品质的影响［J］. 黑龙江八一农垦大学学报，2014，26（4）：61-65.
[66] 赵勇. 降低油炸食品含油量的研究［D］. 重庆：西南大学，2008.
[67] 万娟，张慜，王拥军，等. 油炸卤鱼货架期和含油率的研究［J］. 食品与生物技术学报，2012，31（2）：71-76.

第八章　岩藻多糖膳食纤维的来源、结构、性能和应用

第一节　引言

岩藻多糖也称褐藻糖胶、褐藻多糖硫酸酯、褐藻聚糖硫酸酯、岩藻依聚糖、岩藻聚糖硫酸酯等，是一种水溶性硫酸杂多糖（秦益民，2020）。作为海带等褐藻特有的海洋源纯天然多糖，岩藻多糖主要由含硫酸基岩藻糖组成，伴有少量半乳糖、甘露糖、木糖、阿拉伯糖、糖醛酸等，其独特的化学结构赋予其抗凝血、降血脂、抗慢性肾衰、抗肿瘤、抗病毒、促进组织再生、抑制胃溃疡、增强机体免疫机能等多种生理活性，以及螯合重金属离子、亲水等理化特性。大量科学研究证明，岩藻多糖对巨噬细胞、T 细胞有直接免疫调节作用，具有明显的抗凝血、促纤溶等药理活性，能诱导癌细胞凋亡、诱发细胞生长因子生成、促进细胞生长、修复受损坏或机能减退的器官和组织、预防血栓形成，还具有良好的降血脂、降血糖、降胆固醇的功效，可治疗慢性肾衰，对中早期肾衰效果显著，特别对改善肾功能、提高肾脏对肌酐的清除率效果显著。作为金属离子的结合剂和阻吸剂，岩藻多糖可以有效降低人体对铅等有害重金属离子的吸收。

岩藻多糖是一种性能优良、功效独特的海洋源健康产品，在功能性食品、美容护肤品、生物医用材料、植物生长刺激剂等众多领域有重要的应用价值，可以有效清除幽门螺旋杆菌、调理肠道菌群、促进肿瘤康复，并且在伤口护理、美容护肤、作物生长等众多领域发挥独特的作用。作为海藻源多糖，岩藻多糖也是一种性能优良的膳食纤维。

第二节　岩藻多糖的来源和提取

一、岩藻多糖的来源

在褐藻生物体中，岩藻多糖一般以小滴状存在于褐藻间组织或细胞间黏液基质中，能从叶片表面分泌出来，目前主要从海带、裙带菜、海蕴、泡叶藻、羊栖菜、马尾藻、绳藻、墨角藻等褐藻中提取。我国拥有丰富的褐藻资源，海带养殖规模全球最大，其中约有 50% 的产量用于提取褐藻胶，在与岩藻多糖联合提取时可以为岩藻多糖的生产制备提供充足的原料保障。裙带菜是另一种在我国大规模人工栽培的海藻，其岩藻多糖含量高，从中提取的岩藻多糖已经广泛应用于功能性食品。海蕴，又名水云，是一种味道鲜美的海藻食品，尽管其产量相对较低，日本的很多企业以此为原料提取出的岩藻多糖具有明显的药理作用，用于治疗胃和十二指肠溃疡的疗效显著。Sigma 公司从墨角藻中提取的试剂型岩藻多糖是一种取代度很高的硫酸酯多糖，具有抗炎、抗凝血、抗病毒、抗肿瘤等很高的生物活性。图 8-1 所示为用于提取岩藻多糖的几种主要褐藻。

根据海藻种类、生长季节的不同，岩藻多糖在褐藻生物体内的含量和组成有较大变化，同一棵海藻的不同部位含有的岩藻多糖也不尽相同，例如海带叶片中的含量比茎部多，叶片中岩藻多糖的含量自基部向尖部逐渐升高、叶片边缘比中间部位的含量高。岩藻多糖的含量也受海藻的生长季节影响，在 7~12 月份的含量较高、3~4 月份较低。生长在潮间带较高区域的褐藻暴露于阳光中的时间较长，其岩藻多糖含量也较高（纪明侯，1997）。岩藻多糖的化学结构也受多种因素影响，其多分散性与其存在的位置有关，均质的硫酸化岩藻多糖主要发现于细胞壁，而由木糖、半乳糖、葡萄糖醛酸、岩藻糖等组成的杂聚泡叶藻岩藻多糖主要存在于细胞间隙（De Reviers，1983）。

二、岩藻多糖的提取

岩藻多糖是一种极性大分子化合物，因其结构中含有大量羟基易溶于水。目前国内外主要采用水提法、酸提法、氯化钙法等浸提法提取岩藻多糖，这些方法的优点是工艺简单、操作方便、成本低，但也存在提取率较低、活性损失大、过滤纯化困难等缺点，限制了岩藻多糖的规模化生产。近年来在传统的浸提法基础上开发出了超声波辅助提取、微波辅助提取、酶解辅助提取等新工艺，有效推动了岩藻多糖的产业化生产和应用。图 8-2 所示为以褐藻为原料提取岩藻多糖的一个典型工艺流程图。

(1)海带

(2)海蕴

(3)泡叶藻

(4)裙带菜

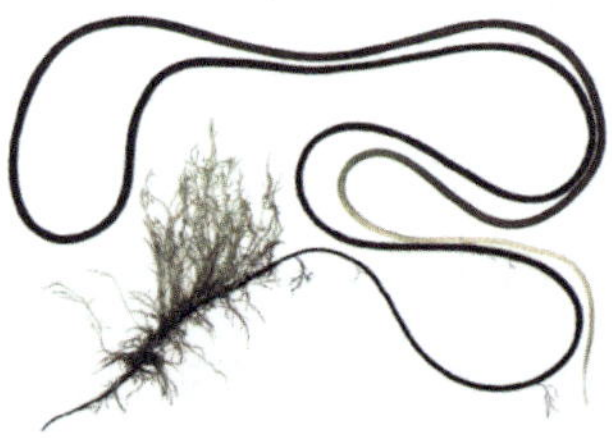

(5)绳藻

(6)羊栖菜

(7)墨角藻

图 8-1　用于提取岩藻多糖的几种主要褐藻

1. 水提法

水提法主要是用热水浸泡海带等褐藻后使藻体中的岩藻多糖溶解于水，实现其与藻体的分离，该方法是岩藻多糖的传统提取方法。热水提取法中的提取剂为水，主要工艺参数为料液比、浸提温度、提取时间、提取次数等，其中温度是影响岩藻多糖提取的重要因素之一，温度过低，提取率低，温度过高会导致多糖失去活性或产生降解。程仕伟等（程仕伟，2010）通过单因素和正交试验优化岩藻多糖的水提条件，获得的最佳工艺参数是：料液比 1∶40（g/mL）、提取温度 70 ℃、浸提时间 6h，在此工艺条件下岩藻多糖的提取率达 4.99%、总多糖含量 96.9%。

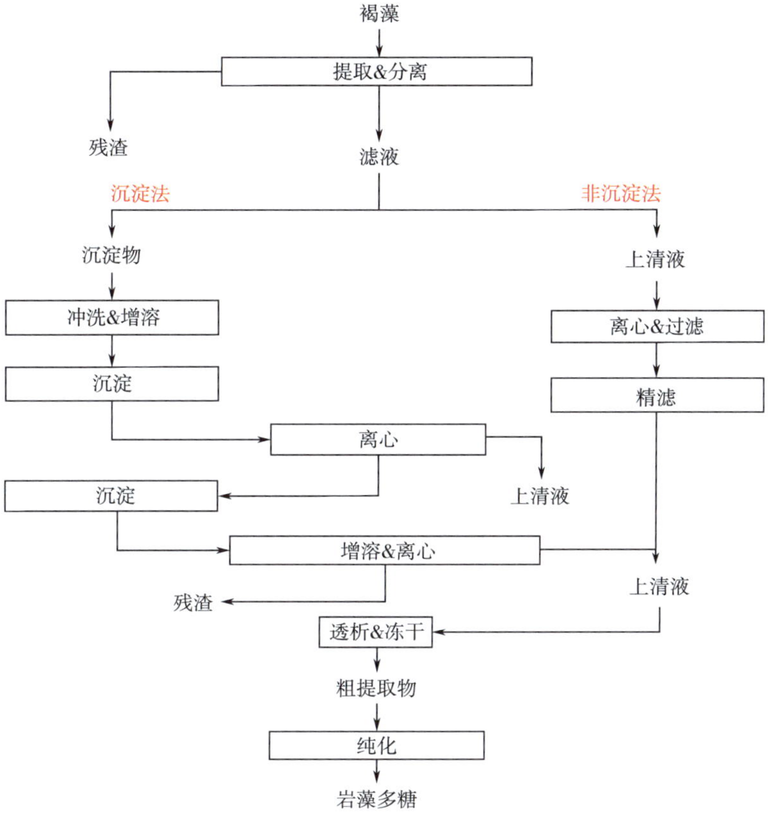

图 8-2　提取岩藻多糖的工艺流程图

2. 酸提法

除了岩藻多糖，褐藻还含有海藻酸、褐藻淀粉等不溶于酸的多糖成分。利用海藻酸在较低 pH 下难以溶解的特点，酸提法一般采用盐酸、三氯乙酸等调节提取液的 pH，使提取物中的海藻酸含量降低、岩藻多糖纯度更高。但是由于酸性环境容易对大分子活性物质造成部分降解和分子形态的破坏，使用此法时提取时间不能太长，以尽量保持岩藻多糖分子的天然状态。O’Neill（O’Neill，1954）在 200g 墨角藻粉中加入 2L 浓度为 0.17mol/L、pH2.2 的稀 HCl 溶液，

65℃下抽提3次，每次抽提前调整pH到2.2，每次提取1h，提取后合并3次所得的提取液，离心后取上清液，用NaOH中和至中性后通过旋转蒸发仪减压蒸发至干，溶于0.5L蒸馏水中并去除不溶物，先加乙醇至30%乙醇浓度，离心并除去沉淀，上清液加乙醇至60%乙醇浓度，离心得到沉淀物，干燥后即为岩藻多糖粗品。

3. 氯化钙法

氯化钙法是利用海藻酸钙不溶于水的特性，将海藻酸转化为海藻酸钙后实现其与岩藻多糖的分离，从而改善提取物的纯度。Chandia等（Chandia，2008）在干燥的褐藻样品（Lessonia vadosa）中加入2%的$CaCl_2$水溶液，80℃下提取5h，岩藻多糖的提取率为4.4%。

4. 酶解提取法

酶解提取法是最近几年发展起来的新工艺，其基本原理是通过酶的作用破坏褐藻植物细胞壁后使其中的多糖更好地溶解于提取液中，例如在浸提过程中加入纤维素酶可以充分破坏褐藻细胞的组织结构，其优点是工艺条件温和，对岩藻多糖的活性影响较小，可加速岩藻多糖的提取、提高提取率（Hahn，2012）。杨晓雪（杨晓雪，2017）以海带裙边为原料，在与传统热水浸提法比较的基础上，研究了复合酶法高效提取岩藻多糖和海藻酸钠的工艺。通过单因素实验和正交试验，考察了复合酶法中各种酶的添加量、酶解温度、酶解时间、pH和液固比对岩藻多糖提取效果的影响。结果表明，复合酶中纤维素酶、果胶酶、木聚糖酶、α-淀粉酶和酸性蛋白酶添加量的最佳比例为18∶11∶11∶1∶5，最佳酶解条件为：复合酶添加量480U/g、酶解温度59℃、pH4.5、时间10h、液固比（mL/g）30，该条件下得到岩藻多糖的平均得率为2.04%、岩藻多糖的一次提取率为80.63%，其中总糖含量为67.43%、硫酸根含量为28.46%。热水浸提法的最佳提取条件是：温度80℃、时间20h、液固比（mL/g）25，该条件下岩藻多糖的平均得率为0.84%，岩藻多糖的一次提取率为33.20%，其中总糖含量为36.30%、硫酸根含量为14.63%，明显低于复合酶法提取得到的岩藻多糖的指标。

5. 超声波辅助提取法

在岩藻多糖的提取过程中，超声波辅助提取法是以水溶液浸提法为基础，利用超声波的热作用、机械作用、空化作用及击碎、扩散等次级效应使海藻生物体处于高温、高压状态，促使组织细胞变形、破裂后有效成分溶出，不仅提高提取率、缩短提取时间，还节约溶剂。与传统的热水提取法相比，可以大大缩短提取时间，获得的粗多糖的色泽也比传统法更好。戴圣佳等（戴圣佳，2015）通过单因素试验和正交试验对海带源岩藻多糖的超声波辅助提取工艺进行优化，确定最佳工艺条件为：超声功率 250W、超声时间 25min、料液比 1 ∶ 70（g/mL）、温度 60℃，该条件下的岩藻多糖提取率达 5.58%，粗多糖中岩藻糖含量 20.93%、硫酸酯基含量 26.87%，均高于热水法提取的岩藻多糖。表 8-1 比较了超声波辅助提取法和热水提取法的各项指标。可以看出，超声波辅助提取工艺所需时间短、温度较低，能增加岩藻多糖提取率并保持其生物活性。超声波辅助提取获得的岩藻多糖产品颜色较浅，说明其能有效减少色素的析出，有利于简化除色素等处理步骤。

表 8-1　超声波辅助提取法和热水提取法的比较（戴圣佳，2015）

项目	超声波辅助提取法	热水提取法	
		相同时间	高温长时间
功率 /W	250	无	无
时间 /min	25	25	480
料液比 /（g/mL）	1∶70	1∶40	1∶40
温度 /℃	60	80	80
岩藻多糖提取率 /%	5.58	2.67	5.42
岩藻糖含量 /%	20.93	15.54	16.36
硫酸酯基含量 /%	26.87	18.44	15.67
粗多糖性状	浅黄褐色颗粒	棕褐色颗粒	棕褐色颗粒

6. 微波辅助提取法

微波有强大的穿透能力，海藻细胞经微波处理后，通过吸收能量使胞内液体温度升高、水分子蒸发、细胞壁破裂，进而使胞内物质得到更好的释放。采用微波辅助提取岩藻多糖具有操作方便、提取时间短、效率高、无污染等优点，但耗电量大，对多糖的结构和活性可能有一定程度的破坏（王振宇，2006；王莉，2001；Conchie，1950）。

第三节　岩藻多糖的化学结构

作为一种硫酸酯化杂多糖，岩藻多糖的化学结构主要体现在单糖组成、连接方式、硫酸酯化度及酯化位点等方面，其中海藻的种类及来源对岩藻多糖的化学结构有重要影响。

一、岩藻多糖的单糖组成

岩藻多糖主要是由含硫酸基的岩藻糖（Fucose）构成的水溶性多糖，其分子链的主要成分是岩藻糖和硫酸基（Gulbrand，1937），还含有少量的木糖、甘露糖、半乳糖、阿拉伯糖、葡萄糖醛酸等。图 8-3 所示为 L- 岩藻糖的分子结构。

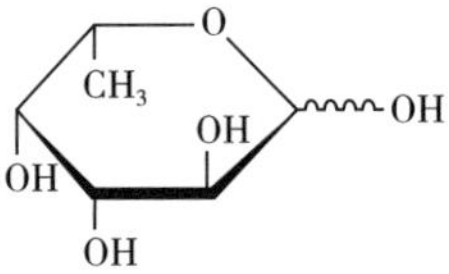

图 8-3　L-岩藻糖的分子结构

继瑞典科学家 Kylin（Kylin，1913）在 1913 年发现岩藻多糖后，世界各国学者研究了从泡叶藻、巨藻、海带、裙带菜、羊栖菜、墨角藻、绳藻等褐藻中提取的岩藻多糖的结构和性能。Percival 等（Percival，1968）发现泡叶藻源岩藻多糖含有 49% 的岩藻糖、10% 的木糖和 11% 的葡萄糖醛酸。Nishide 等（Nishide，1990）对 21 种日本产褐藻中提取的岩藻多糖的单糖及糖醛酸组分进行研究，结果表明其单糖组分以 L- 岩藻糖为主，均含有木糖、甘露糖、半乳糖、葡萄糖和鼠李糖，少数含有阿拉伯糖，其糖醛酸以葡萄糖醛酸或甘露糖醛酸为主，有的含有半乳糖醛酸。Nishino 等（Nishino，1994）对墨角藻源岩藻多糖进行分析，发现其中除了岩藻糖等成分，还含有 0.4% 的氨基葡萄糖，说明岩藻多糖是一种化学组分和结构十分复杂的大分子多糖化合物，其以 L- 岩藻糖和硫酸基团为主，随着褐藻的种类、生长季节和藻体部位以及提取分离手段的不同，在化学组分上有较大差异。

王长振（王长振，2007）从海带中提取出岩藻多糖，分析显示其单糖组成主要由 L- 岩藻糖、α- 鼠李糖、D- 阿拉伯糖、D- 木糖、D- 甘露糖、D- 半乳糖以及葡萄糖组成，各种单糖的摩尔比为 1.0 ： 0.04 ： 0.13 ： 0.09 ： 0.48 ： 0.26 ： 0.09，岩藻多糖的分子质量达 1000ku，硫酸根、总糖和蛋白质含量分别为 26.47%、

37.63% 和 2.84%。

二、岩藻多糖的单糖连接方式

岩藻多糖的主要来源为褐藻和棘皮动物，其分子结构随来源的不同有较大差异。一般来说，棘皮动物源岩藻多糖的结构比较简单，多为线性分子，硫酸根的连接方式也比较有规律，而褐藻源岩藻多糖多有支链结构，单糖的种类和硫酸根的连接方式也比较复杂。

1913 年 Kylin 首先报道了岩藻多糖中含有 L- 岩藻糖，随后的大量科学研究证实岩藻糖通过 α-1, 2、α-1, 3 或 α-1, 4 连接键构成主链，主链上除了岩藻糖还有其他单糖，部分岩藻多糖分子链上还有支链。岩藻多糖分子结构中的硫酸基主要结合在 L- 岩藻糖的 C2、C3 或 C4 位上，平均每两个岩藻糖基含有一个硫酸基（Morya，2012；曲桂燕，2013）。图 8-4 所示为从墨角藻中提取的岩藻多糖的结构模型。

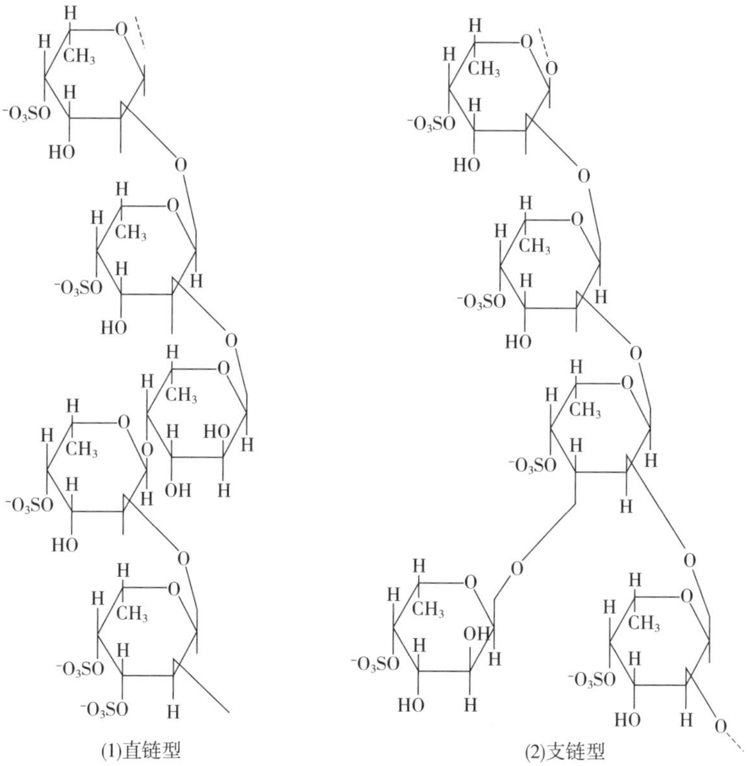

(1)直链型　　(2)支链型

图 8-4　从墨角藻中提取的岩藻多糖的结构模型（Conchie，1950）

1993 年，Patankar 等（Patankar，1993）提出岩藻多糖的高分子骨架结构由 1, 3 连接的 α-L- 岩藻糖组成，硫酸根主要取代在 C4 位上，同时，每 2~3 个岩藻糖残基就有一个由岩藻糖组成的支链。此后，Pereira 等（Pereira，1999）运用化学分析和波谱分析的方法，对从棘皮动物海参和海胆中提取的岩藻多糖的结构进行了细致的研究，发现这些多糖都是以 1, 3 连接的 α-L- 岩藻糖为基本骨架，硫酸根主要取代在 2 位或（和）4 位上，每 4 个糖单元构成一个重复单元。

三、岩藻多糖的硫酸基取代方式

岩藻多糖的生物活性主要取决于其化学组成和结构特性，尤其是硫酸基团的含量及其位置（吴茜茜，2001；张连飞，2011）。在岩藻多糖的分子结构中，每个岩藻糖上至少含有一个硫酸基团（Morya，2012），其取代位置因褐藻种属、产地及生长季节而不同。我国青岛、福建产海带中提取的岩藻多糖的硫酸基主要连接在 C4 位上，而大连产的海带源岩藻多糖的硫酸基主要连接在 C2 或 C3 位上。从墨角藻中提取的岩藻多糖中的绝大多数硫酸基团位于岩藻糖残基的 C4 位置，其中岩藻多糖中的岩藻糖含量约 44.1%、硫酸基含量约 26.3%（Nishino，1994）。

四、影响岩藻多糖化学结构的各种因素

岩藻多糖的化学组成非常复杂，受褐藻种属、产地、季节、部位以及提取工艺等因素影响，目前主要以标志性成分岩藻糖和硫酸根含量表征岩藻多糖含量，例如以岩藻糖含量乘 1.75 表示岩藻多糖的含量，其中 1.75 是岩藻多糖对岩藻糖分子质量的比值，即（128+96）/128=1.75（范晓，1996）。

研究发现，不同褐藻来源的岩藻多糖的结构并不完全相同。对从粉团扇藻（*Padina pavonia*）中提取的岩藻多糖的结构研究表明，该多糖含有 1，4 连接的 β-D- 葡萄糖醛酸、1，4 连接的 β-D- 葡萄糖、1，4 连接的 β-D- 甘露糖、1，4 连接的 β-D- 半乳糖及（1, 2）连接的 α-L- 岩藻糖等多种残基（Hussein，1980）。Chevolot 等（Chevolot，2001）采用甲基化分析和 NMR 对从泡叶藻中提取的岩藻多糖的酸水解产物——低分子质量岩藻多糖的结构进行研究，结果表明该多糖的主链含有大量 1, 4 连接的 α-L- 岩藻糖，硫酸根主要连接在 C2 位，少量连接在 C3 位，极少连接在 C4 位，同时首次发现 C2、C3 双取代的岩藻糖，与 Patankar 等（Patankar，1993）报道的墨角藻源岩藻多糖的结构有很大差别。

Rocha 等（Rocha，2005）研究了从施氏褐舌藻（*Spatoglossum schroederi*）

中提取的岩藻多糖的分子结构，该多糖的分子质量为 215ku，岩藻糖、木糖、半乳糖及硫酸根的摩尔比为 1.0 ∶ 0.5 ∶ 2.0 ∶ 2.0，此外还含有少量的糖醛酸。化学分析、甲基化分析和 NMR 分析的结果表明该多糖拥有一种特殊的结构，主链由 1，4 连接的 β-D- 半乳糖构成，硫酸根取代在 C3 位上，约有 25% 的糖残基含有支链，支链由 α-L- 岩藻糖（C3 被硫酸根取代）或者是两个非硫酸根取代的 1，4 连接的 β-D- 木糖组成，如图 8-5 所示（Rocha，2005）。

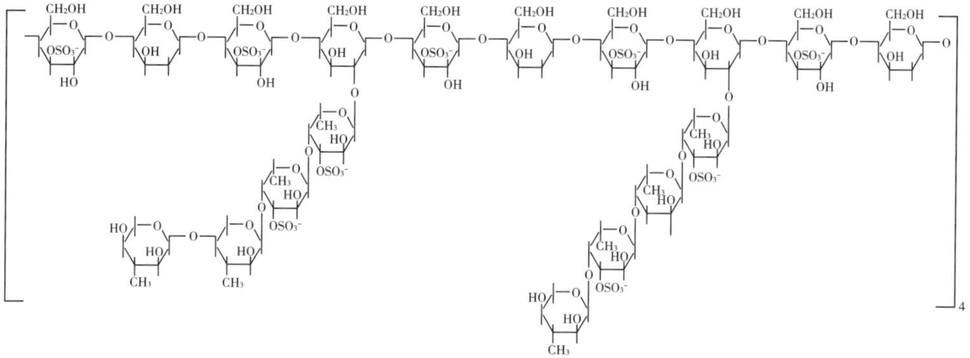

图 8-5　从施氏褐舌藻（*Spatoglossum schroederi*）中提取的岩藻多糖的分子结构模型

第四节　岩藻多糖的生物活性

一、抗凝血和抗血栓

大量试验结果证明，岩藻多糖具有抗凝血活性，其抗凝活性与剂量、硫酸酯含量、硫酸化的位置、硫酸酯 / 总糖比、分子质量、复合物的取代基团等多种因素相关（王晶，2011）。Nishino 等（Nishino，1991）发现，分子质量相近时，随着硫酸酯基团含量增高，岩藻多糖对凝血酶的抑制作用也增强。岩藻多糖还具有明显的抗血栓活性，其中抑制凝血酶原的激活及凝血酶活性是其主要的作用机制。

二、降血脂

岩藻多糖能明显降低血清胆固醇和甘油三酯的含量，且无肝、肾功能损害等毒副作用（王素贞，1994），可使血浆中胆固醇含量减少 13%~17%、低密度脂蛋白降低 20%~25%、高密度脂蛋白含量增加 16%，同时使动脉粥样硬化指数减少、血浆中脂质过氧化物浓度降低（Chang，2000）。岩藻多糖是一种类唾液酸样的活性物质，能使细胞表面的负电荷增多，通过影响血液中胆固醇的沉积产生降低血清胆固醇的作用。

三、抗菌活性

随着越来越多耐药菌株和“超级细菌”的出现，人们在不断寻找具有抗菌作用的化合物。大量研究表明，许多天然多糖对细菌具有抑制作用。岩藻多糖是富含硫酸基和糖醛酸的多糖，对多种细菌有抑制作用。海带源岩藻多糖在解聚为低分子质量岩藻多糖（LMWF）后，可以有效抑制大肠埃希菌和金黄色葡萄球菌，并且对大肠埃希菌的抑制作用更强（Liu，2017），其作用机制为岩藻多糖通过与细菌细胞膜蛋白结合，改变膜蛋白结构、破坏磷脂双分子层、破坏细胞膜的完整性。在琼脂培养基中，当 LMWF 浓度为 6.00mg/mL 和 7.50mg/mL 时，可以分别完全抑制大肠埃希菌和金黄色葡萄球菌菌落的生长。在溶液中，当浓度为 5.00mg/mL 时，岩藻多糖能完全抑制大肠埃希菌和金黄色葡萄球菌生长，分子质量越低、糖醛酸含量越高、葡萄糖含量越低，其抑菌活性越强。

四、抗病毒

岩藻多糖对艾滋病病毒（HIV）、单纯疱疹病毒（HSV）、巨细胞病毒（CMV）、H5N1 病毒、对虾白斑综合征病毒（WSSV）等具有良好的抗病毒活性（Wang，2012），对于人类疾病防治和家禽与水产养殖有重要意义。Karmakar 等（Karmakar，2010）的试验证实，岩藻多糖的抗病毒活性与其磺化程度和分子质量有关。Mandal 等（Mandal，2007）通过试验发现，岩藻多糖对单纯 HSV-1 和 HSV-2 具有强大的抗病毒活性，对 Vero 细胞培养没有细胞毒性。研究发现，岩藻多糖对病毒粒子无直接灭活作用，其作用方式可能是抑制了病毒吸附过程。病毒在侵入人体时会引起宿主的免疫反应，岩藻多糖还可以通过增强巨噬细胞吞噬能力和诱导 B 细胞分化成熟等免疫调节方式实现抗病毒活性（Adhikari，2006）。

五、抗肿瘤活性

大量研究表明，岩藻多糖对多种癌细胞有抑制作用，且对正常细胞无毒副作用。岩藻多糖能通过阻滞细胞周期、促进凋亡、抑制血管形成、活化 Toll 样受体 4（TLR4）/ 活性氧簇（ROS）/ 内质网应激轴等作用机制发挥抗肺癌活性，还能增强化疗药物的抗癌作用、减轻对机体的副作用。小叶喇叭藻来源的岩藻多糖能抑制人类腺癌肺泡基底上皮细胞 A549 细胞的增殖、介导其凋亡、阻滞细胞周期，使其停留在 G0/G1 期（Alwarsamy，2016）。羊栖菜来源的岩藻多糖能降低 A549 移植瘤小鼠模型的肿瘤体积和质量，该作用与抑制血管形成有关，岩藻多糖能干扰血管内皮生长因子（VEGF）与人微血管内皮细胞上血管内皮生长因子受体 2（VEGFR2）的结合,阻断 VEGFR2/Erk/VEGF 通路（Chen，2016）。岩藻多糖可以在三阴性人乳腺癌 MDA-MB-231 细胞和二甲基苯蒽（DMBA）诱导乳腺癌小鼠模型中发挥抗肿瘤活性，介导 caspase 依赖性凋亡和 caspase 非依赖性凋亡、降低 β- 连环蛋白（β-catenin）的水平（Xue，2017）。

不同来源的多种岩藻多糖对多种人结直肠癌细胞具有抑制作用，通过多种机制发挥作用，如下调胰岛素样生长因子 I 受体（IGF-IR）信号通路、阻滞细胞周期、介导凋亡。有意思的是，岩藻多糖可以不依赖于 p53 基因，单独发挥抑癌作用，也可以与 p53 基因协同发挥抑癌作用。随机双盲对照试验发现，半叶马尾藻来源的低分子质量岩藻多糖（LMWF）与化疗药物共同应用可以有效改善转移性结直肠癌患者的预后（Tsai，2017）。Usoltseva 等（Usoltseva，2018）发现波利团扇藻来源的岩藻多糖及其衍生物可以抑制人结直肠腺癌上皮细胞 DLD-1 和人结肠癌细胞 HCT-116 的生长。

国内外试验还发现，岩藻多糖通过介导凋亡和阻滞细胞周期，对淋巴瘤发挥抑制作用。墨角藻来源的岩藻多糖能通过阻滞细胞周期和介导凋亡抑制人弥漫性大 B 细胞淋巴瘤细胞的生长，也能抑制移植瘤小鼠体内肿瘤的生长（Yang，2015）。岩藻多糖通过下调 CDK4 和 CDK6 的表达阻滞细胞周期，通过活化半胱天冬酶 -3（caspase-3）、-8 和 -9 以及下调抗凋亡蛋白 Bcl-xL、Mcl-1 和 X 连锁凋亡抑制蛋白(XIAP)介导凋亡。岩藻多糖还能通过调节 NF-κB 和激活蛋白 -1（AP-1）蛋白复合物发挥对 PEL 细胞的细胞毒性、通过抑制 T 淋巴细胞活化杀伤细胞来源蛋白激酶（TOPK）和核因子 κB 抑制蛋白 α（IκBα）的磷酸化来抑制 NF-κB 信号通路、通过减少 JunB 和 JunD 蛋白抑制 AP-1 信号通路。

岩藻多糖能抑制小鼠膀胱肿瘤血管的形成，促进人膀胱癌细胞的凋亡和端粒酶的失活，降低其迁移和和侵袭能力。墨角藻来源的岩藻多糖通过促进 5637 人膀胱癌细胞产生 ROS，抑制 PI3k/AKT 通路、诱导凋亡和端粒酶失活，发挥抗瘤活性（Han,2017）。此外,岩藻多糖可通过促进 ROS 的产生、MMPs 的丢失、细胞色素 C 的释放以及增大 Bax/Bcl-2 比值导致 5637 细胞的凋亡，还通过减少端粒酶逆转录酶（hTERT）、sp1 和 c-Myc 基因的表达导致端粒酶的失活。

岩藻多糖对胃癌、骨肉瘤、宫颈癌、多发性骨髓瘤等也具有抑制作用。从亨氏马尾藻中提取的岩藻多糖可以增强单功能烷化剂甲基硝基亚硝基胍

（MNNG）诱导胃癌大鼠的免疫功能，发挥抗肿瘤作用（Han，2018）。墨角藻来源的岩藻多糖可抑制骨肉瘤中血管形成，试验对象为由人外周血来源的过度生长的内皮细胞（OEC）和人成骨肉瘤细胞 MG63 细胞组成的共同培养模型。研究显示，岩藻多糖能显著减少血管发生，该作用与减少 VEGF、基质衍生因子 -1（stromal derived factor-1）和促血管生成素 -2（Ang-2）、改变肿瘤微环境有关（Wang，2017）。

六、免疫调节活性

单核细胞和巨噬细胞是机体免疫系统的重要组成部分，参与多种免疫过程。岩藻多糖通过作用于多种单核和巨噬细胞调节 NO、细胞因子 TNF-α、IL-4、干扰素 -γ（IFN-γ）、集落刺激因子 -1（CSF-1）、趋化因子 CCL22 的分泌发挥免疫调节活性。岩藻多糖还能调节肠道辅助性 T 细胞（Th cell）Th1/Th2 的比值和免疫球蛋白 A（IgA）的表达维持肠道的免疫平衡。在环磷酰胺（CTX）介导的小鼠肠道黏膜炎模型中，Zuo 等（Zuo，2015）研究了海地瓜来源的岩藻多糖发挥的免疫调节作用，结果表明，口服岩藻多糖能通过增大 IFN-γ/IL4 的比值调节 Th1/Th2 的比值，维持肠道黏膜的免疫平衡、显著逆转 CTX 对小鼠肠道造成的损伤、增加肠道绒毛长度与隐窝深度的比值。岩藻多糖还能通过增加细胞因子 IL-6 和 IL-10 的表达增加 IgA 的表达，从而增强肠道的获得性免疫。

七、神经保护作用

多种不同来源的岩藻多糖可通过抗氧化、减少氧化应激、抑制凋亡等机制，调节多巴胺能和胆碱能系统，对多种细胞及帕金森、阿尔茨海默病（AD）小鼠模型发挥神经保护作用。研究（Yang，2017）显示，从马尾藻中提取的岩藻多糖具有神经保护作用，通过其抗氧化活性能减轻 H_2O_2 介导的细胞毒性作用，可以预防神经退行性疾病。从半叶马尾藻中提取的岩藻多糖也具有神经保护作用，能减少细胞色素 c 的释放、抑制 caspase-3、-8、-9 的活性、抑制 6- 羟基多巴胺（6-OHDA）介导的人神经母细胞瘤细胞 SH-SY5Y 细胞的凋亡，发挥抗凋亡活性。经铁离子还原抗氧化能力法（FRAP）测试具有抗氧化活性，也具有 DPPH 和 ABTS 自由基清除活性，还能影响细胞周期分布，其神经保护作用也与 Akt 的磷酸化有关（Huang，2017）。

八、抗氧化活性

大量研究表明，岩藻多糖能清除羟自由基、超氧负离子、过氧化氢和单态氧等活性氧簇（ROS），表现出良好的抗氧化活性。岩藻多糖的体外抗氧化能力随其浓度的增高逐渐增加（Cheng，2010）。Hifney 等（Hifney，2016）的试验结果显示，硫酸基团可能是作为还原剂促进了岩藻多糖的抗氧化活性，而不是直接对自由基具有清除作用。Marudhupandi 等（Marudhupandi，2014）的研究结果证实，岩藻多糖的抗氧化性依赖于其硫酸酯的含量。Mak 等（Mak，2013）的研究发现，岩藻多糖在不同的季节有不同的化学结构，因此其抗氧化活性也会发生变化。岩藻多糖的分子质量与其抗氧化活性之间并非单纯的线性关系，且不同的低分子质量降解法对其抗氧化活性也有影响（Lim，2015）。

九、岩藻多糖与关节炎

岩藻多糖具有抗关节炎活性（Phull，2017）。在细胞水平，岩藻多糖能下调兔关节炎软骨细胞环氧合酶 -2（COX-2）的表达；在个体水平，岩藻多糖能显著减轻鼠足水肿。岩藻多糖能改善弗氏完全佐剂关节炎小鼠的临床症状，对受损的关节结构和组织发挥保护作用，能显著减轻小鼠足水肿、有效恢复受损的肝、胸腺和脾功能。此外，岩藻多糖还能改善关节炎小鼠的相关血液学参数、增加血红蛋白、红细胞、血小板数、减少白细胞数、降低血沉。

十、调节骨代谢

岩藻多糖既能缓解骨质疏松，也能抑制骨的钙化。金鑫等（金鑫，2016）发现低分子质量岩藻多糖（LMWF）在去势大鼠模型中能够产生抗骨质疏松作用，即能增加骨密度、骨小梁的数量、降低骨代谢、增加骨最大载荷、减少骨折发生。进一步研究表明，LMWF 可诱导成熟破骨细胞的凋亡、抑制骨吸收功能和破骨活性，这为 LMWF 的抗骨质疏松活性提供了理论支持（金鑫，2016）。

十一、调节脂肪代谢

岩藻多糖具有调节脂肪细胞合成、分解脂肪的作用（Oliveira，2018）。通过油红 O 染色实验，发现不同岩藻多糖片段对小鼠胚胎成纤维（前脂肪）细胞 3T3-L1 细胞的作用不同，某些片段能够促进其合成甘油三酯，某些则能抑制其合成。某些片段还能显著抑制甘油三酯合成过程中的关键蛋白 C/EBPα、C/EBPβ 和过氧化物酶体增殖剂激活受体 γ（peroxisome proliferators-activated receptor γ，PPARγ）的表达。通过分析游离甘油含量，发现所有片段均具有脂肪分解活性。

十二、促进伤口愈合

低分子质量岩藻多糖能加速大鼠伤口收缩、促进伤口愈合，能明显减少伤口炎性细胞的浸润、促进血管形成、增加胶原纤维的含量，对伤口愈合有促进作用（Park，2017）。

十三、预防胃溃疡

岩藻多糖具有预防胃溃疡的作用，并且该作用强弱与分子质量和构象有关。岩藻多糖对大鼠的胃具有保护作用，能恢复抗氧化酶 GSH 和 SOD 的活性，还能下调促炎性细胞因子和相关转录因子的表达，包括 TNF-α、IL-6 和 NF-κB（Xu，2018）。

十四、保湿活性

有研究发现，褐藻中的低分子质量多糖显示出最高的水分吸收和保湿能力并且优于透明质酸（Wang，2013）。在硫酸化基团、单糖等化学成分与功能之间的关系研究中发现硫酸化基团是水分吸收和保湿能力的主要活性部分。石学连等（石学连，2010）对吸湿性和保湿性的研究表明，岩藻多糖及其衍生物与透明质酸有相似的保湿性质，环境湿度对其吸湿率影响较小。由于岩藻多糖等褐藻多糖的制备方法简便、原料易得，可作为透明质酸的替代品开发性能优良的天然保湿剂。

十五、抗衰老活性

研究表明，岩藻多糖具有抗衰老活性。岩藻多糖可使衰老小鼠胸腺指数与脾脏指数明显回升，显著提高小鼠全血丙二醛（MDA）含量、超氧化物歧化酶（SOD）活性、谷胱甘肽过氧化物酶（GSH-Px）活性，说明其具有抗衰老活性，且抗衰老活性强弱与其硫酸基含量、分子质量大小和单糖构成有关（李小蓉，2015）。还有研究发现，岩藻多糖通过对 Nrf2/ARE 信号通路的上调，可以改善小肠的细胞凋亡能力，并且可部分恢复小肠微生物的整体状态，从而延缓衰老（Chen，2017）。

十六、辐射防护活性

辐射能造成系统调节紊乱和机体代谢紊乱，甚至能导致细胞癌变，因此辐射防护对人类健康十分重要。天然化合物具有无毒副作用、能增强机体抵抗力等多种优点，故利用其进行辐射防护越来越受到重视。研究表明，岩藻多糖能缓解辐射对皮肤和造血系统产生的危害，具有辐射防护活性。深海褐藻腔昆布海藻来源的低分子质量岩藻多糖（LMWF）能在紫外线 B 辐射小鼠模型中发挥抗光老化作用（Kim，2018）。相较于对照组，LMWF 能显著减少皮肤水肿、皱纹形成以及皱纹的深度和长度，能通过减轻炎症反应抑制炎症细胞浸润、降低胶原纤维含量、增强抗氧化能力、抑制凋亡。LMWF 还能降低髓过氧化物酶（MPO）活性，减少 NADPH 氧化酶 2（Nox2）的表达，降低丙二醛（MDA）、超氧化物阴离子（superoxide anion）和 IL-1β 的水平，增加谷胱甘肽还原酶的 mRNA 表达，增加 IL-10 和 GSH。此外，岩藻多糖还可以减少 MMP-1、-9、和 -13 的 mRNA 表达。

十七、抗突变作用

突变是指在一些遗传因素或外界因素的作用下，人体中正常细胞的基因发生突变、激活和过度表达，从而使机体的正常细胞发生癌变的过程。用小鼠对海藻多糖的抗突变活性研究中发现，岩藻多糖能明显抑制对免疫抑制剂环磷酰胺（CTX）诱发的小鼠骨髓红细胞微核率和精子畸形率，说明其对由外界因素诱发的体细胞和生殖细胞的基因突变有显著的拮抗效应。

十八、对肠道屏障功能的保护作用

动物体内试验发现，岩藻多糖能改变肠道菌群结构、增加菌群多样性，具有改善乳腺癌大鼠肠道屏障功能的作用。Shi 等（Shi，2017）发现饮食中添加 50mg/kg 体重岩藻多糖可以改变正常小鼠的肠道菌群、增加菌群多样性，并且减轻 CTX 诱导的肠黏膜损伤。给小鼠补充岩藻多糖后，其由 CTX 引起的小肠黏膜炎也得到明显改善（Zuo，2015）。Shang 等（Shang，2016）发现岩藻多糖能维持肠道菌群的平衡结构、降低抗原负荷和宿主的炎症反应、降低血清脂多糖结合蛋白水平。岩藻多糖对 DMBA 诱发的乳腺癌大鼠的肠道屏障损伤具有一定的保护作用，能使肠绒毛形态和结构逐渐恢复正常，并能使大鼠肠道紧密连接蛋白（occludin）和 ZO-1 的表达增加（张婷，2018）。

十九、缓解糖尿病并发症

岩藻多糖能缓解糖尿病相关的肝和生殖系统的损害，能减轻炎症反应、增强抗氧化能力、恢复肝功能，对糖尿病和肥胖相关的肝功能受损产生保护作用（Zheng，2018）。经过低分子量岩藻多糖治疗后，db/db2 型糖尿病小鼠的肝体重指数下降、肝细胞的脂肪沉积也减少，血中谷丙转氨酶（Alanine aminotransferase，ALT）、谷草转氨酶（Aspartate aminotransferase，AST）、甘油三酯和总胆固醇的水平均显著下降，肝中甘油三酯和总胆固醇的水平也下降。低分子质量岩藻多糖能降低 db/db 小鼠 TNF-α 和单核细胞趋化蛋白 -1（monocyte chemotactic protein-1，MCP-1）水平、升高脂联素水平、抑制脂质过氧化、减少超氧化物，增强 CAT 和 SOD 活性。

二十、自噬调节活性

细胞自噬广泛存在于病理生理状态，并参与肿瘤、肝脏纤维化、肝缺血再灌注等多种病理过程。近年来的研究发现，岩藻多糖可调节细胞自噬，既能诱导自噬,也能抑制自噬。有报道（Chua,2015）显示,岩藻多糖对 AGS（胃腺癌）细胞有细胞毒性。大量研究表明，岩藻多糖可通过凋亡途径抑制癌细胞增殖。在相差显微镜和荧光显微镜下均可观察到岩藻多糖使自噬泡和自噬体形成增加，经免疫组化检测，微管相关蛋白 1 轻链 3-Ⅰ（microtubule-associated protein 1 light chain 3-Ⅰ，LC3-Ⅰ）减少，LC3-Ⅱ和 Beclin-1 增加。这些都表明岩藻多糖也可通过介导自噬形成发挥对 AGS 细胞的抗增殖作用。岩藻多糖经 γ 射线辐射产生的低分子质量产物对 AGS 细胞有更强的细胞毒性（Choi，2013）。

岩藻多糖可以抑制 RAW264.7 巨噬细胞因内质网应激导致的自噬，也可通过 A 类清道夫受体（class A scavenger receptor，SR-A）提高 AKT、mTOR、p70S6K 的磷酸化水平（Huang，2014）。Li 等（Li，2016）发现岩藻多糖可以抑制自噬和细胞外基质（extracellular matrix，ECM）的产生，降低试验组 TGF-β1、p-Smad2（drosophila mothers against decapentaplegic protein 2） 和 p-Smad3（磷酸化的 Smad2 和 Smad3）的水平，改善肝纤维化。有试验表明，TGF-β 和 Smad 可以促进自噬的发生（Pan，2015）。因此，岩藻多糖可能通过抑制 TGF-β 通路抑制自噬水平，从而缓解肝脏纤维化。

二十一、优质膳食纤维

岩藻多糖是一种优质的膳食纤维，在人体内具有促进胃肠蠕动等重要的生理功能,可吸附有毒物质并加速排出,尤其是吸附 Pb、Sn、Cd 等多种有毒重金属，减轻这些物质对人体的毒害（李德远，2002）。

第五节　岩藻多糖在膳食纤维领域的应用

在国内市场上，目前青岛明月海藻集团有限公司、北京雷力联合海洋生物科技有限公司、北京绿色金可生物技术股份有限公司、大连深蓝肽科技研发有限公司、大连海宝生物技术有限公司、日照洁晶海洋生物技术开发有限公司等多家企业均在积极推动岩藻多糖的产业化，但大多企业以生产岩藻多糖保健食品原料为主，而具有国家保健食品批号的岩藻多糖相关产品数量较少，并且主要以褐藻多糖复合添加产品为主，主要以增强免疫功能较为突出，包括赛洋牌排铅慧源咀嚼片（国食健字 G20050448），其保健功能为促进排铅、辅助改善记忆；银龄牌海惠元胶囊（国食健字 G20050642），其保健功能为增强免疫力；

银龄牌海慧健胶囊（国食健字 G20141247），其保健功能为增强免疫力、抗氧化；海赋健胶囊［卫食健字（1999）第 0343 号］，其保健功能为辅助抑制肿瘤、免疫调节；天合一牌葆康胶囊［卫食健字（2000）第 0722 号］，其保健功能为免疫调节。

除了具有保健食品批号的保健食品外，还有部分企业生产岩藻多糖功能产品，例如大连海宝生物技术有限公司的“健力海宝”褐藻糖胶产品、青岛明月海藻集团有限公司的岩藻多糖系列功能产品等。大连海宝生物技术有限公司生产的“健力海宝”牌海藻饮料（褐藻糖胶）产品以裙带菜孢子叶中提取的岩藻多糖（褐藻糖胶）为主要原料，添加浓缩蓝莓、苹果汁、梨汁为辅料。

青岛明月海藻集团有限公司开发了岩藻多糖系列功能产品并向全国销售，所用岩藻多糖源自纯净海域的褐藻，产品剂型包括液体饮料、压片糖果等，每天推荐用量为 1~4g。图 8-6 所示为青岛明月海藻集团有限公司的岩藻多糖系列产品，其中“清幽乐”以富含岩藻多糖的海带浓缩粉为主要功效成分，复配多种益胃草本精华、协同增效，旨在帮助人们预防和抵抗幽门螺旋杆菌感染、养胃护胃。

图 8-6　青岛明月海藻集团有限公司岩藻多糖系列产品

“生命跃动（Elanvital）”褐藻植物饮料采用 VIP 定制模式，依据食品营养学和客户自身情况，可以为客户一对一量身定制。产品以富含岩藻多糖的褐藻浓缩粉为主要原料，采用生物提取技术从褐藻中精制、提取而成，是一种优质的褐藻源生物活性物质，同时复配多种植物活性物质均衡营养，在改善生活方式和饮食习惯的同时实现食疗法康复。

“岩藻宝”褐藻浓缩粉压片糖果是以富含岩藻多糖的褐藻浓缩粉为主要成分制成的复合片，其岩藻多糖含量高、品质优良，原料采用优质食品级天然褐藻、提取工艺温和，最大限度保证了岩藻多糖原有的化学结构。

自 2018 年以来，有部分企业生产的岩藻多糖产品已经通过国家食品药品监督管理局备案，如青岛明月海藻集团有限公司、大连深蓝肽科技研发有限公司等，表明国内企业已具备岩藻多糖的生产资质，能够为国内市场输出优质的岩藻多糖原料，保障下游健康产品的开发和应用。

岩藻多糖在我国台湾地区应用较多，目前主要集中于小分子岩藻多糖，其岩藻多糖源自台湾周围纯净海域的褐藻，产品剂型为固体饮料，每天推荐用量为 2.2g。

第六节　小结

岩藻多糖在褐藻中的含量相对较少，但其突出的生理活性已经越来越多地引起世界各国的重视。如何充分发掘和利用岩藻多糖这一天然多糖资源，对提高海藻养殖和加工行业的附加值、发展我国海藻生物产业具有深远意义。科学技术在岩藻多糖的深度开发应用过程中起关键作用，将通过生物、医药、化工、材料等技术的集成进一步验证岩藻多糖的生理功能和疗效、明确其结构和功效相关性、阐明其作用机制，为更有效地开发和利用岩藻多糖及海藻生物资源提供理论依据，促进海藻生物资源在健康产品领域的广泛应用，造福人类健康。

参考文献

[1] Adhikari U，Mateu C G，Chattopadhyay K，et al. Structure and antiviral activity of sulfated fucans from *Stoechospermum marginatum*[J]. Phytochemistry（Amsterdam），2006，67（22）：2474-2482.

[2] Alwarsamy M，Gooneratne R，Ravichandran R. Effect of fucoidan from *Turbinaria conoides* on human lung adenocarcinoma epithelial（A549）cells

[J]. Carbohydr Polym, 2016, 152: 207-213.
[3] Chandia N P, Matsuhiro B. Characterization of a fucoidan from *Lessonia vadosa* (Phaeophyta) and its anticoagulant and elicitor properties [J]. International Journal of Biological Macromolecules, 2008, 42 (3): 235-240.
[4] Chang M. Effects of seatangle (*Laminaria japonica*) extract and fucoidan components on lipid metabolism of stressed mouse [J]. Journal of the Korean Fisheries Society, 2000, 32 (2): 124-128.
[5] Chen H, Cong Q, Du Z, et al. Sulfated fucoidan FP08S2 inhibits lung cancer cell growth *in vivo* by disrupting angiogenesis via targeting VEGFR2/VEGF and blocking VEGFR2/Erk/VEGF signaling [J]. Cancer Lett, 2016, 382 (1): 44-52.
[6] Chen P, Yang S, Hu C, et al. *Sargassum fusiforme* polysaccharide rejuvenates the small intestine in mice through altering its physiology and gut microbiota composition [J]. Current Molecular Medicine, 2017, 18 (5): 350-358.
[7] Cheng S W, Chen C N, Feng Z B, et al. Water extraction fucoidan from *Laminaria japonica* [J]. Food Sci, 2010, 31 (9): 1-5.
[8] Chevolot L, Mulloy B, Ratiskol J, et al. A disaccharide repeat unit is the major structure in fucoidans from two species of brown algae [J]. Carbohydrate Research, 2001, 330 (4): 529-535.
[9] Choi J I, Kim H J. Preparation of low molecular weight fucoidan by gamma-irradiation and its anticancer activity [J]. Carbohydr Polym, 2013, 97 (2): 358-362.
[10] Chua E G, Verbrugghe P, Perkins T T, et al. Fucoidans disrupt adherence of Helicobacter pylori to AGS cells *in vitro* [J]. Evid Based Complement Alternat Med, 2015: 1-6.
[11] Conchie J, Pereival E. Fucoidin, Part Ⅱ: The hydrolysis of a methylated fucoidin prepared from focus vesiculosis [J]. J Chem Soc, 1950: 827-832.
[12] De Reviers B, Marbeau S, Kloareg B. Attempt to interpret the structure of fucoidans in relation to their localization in the cell wall of Phaeophyceae [J]. Cryptogamie Algologie, 1983, 4: 55-62.
[13] Gulbrand L, Eirik H, Emil O. Uber fucoidin [J]. Biological Chemistry, 1937, 247: 189-196.
[14] Hahn T, Lang S, Ulber R, et al. Novel procedures for the extraction of fucoidan from brown algae [J]. Process Biochemistry, 2012, 47 (12): 1691-1698.
[15] Han M H, Lee D S, Jeong J W, et al. Fucoidan induces ROS-dependent apoptosis in 5637 human bladder cancer cells by down regulating telomerase

activity via inactivation of the PI3K/Akt signaling pathway [J] . Drug Dev Res，2017，78（1）：37-48.

[16] Han M，Sun P，Li Y，et al. Structural characterization of a polysaccharide from *Sargassum henslowianum*，and its immunomodulatory effect on gastric cancer rat [J] . Int J Biol Macromol，2018，108：1120-1127.

[17] Hifney A F，Fawzy M A，Abdel-Gawad K M，et al. Industrial optimization of fucoidan extraction from *Sargassum* sp. and its potential antioxidant and emulsifying activities [J] . Food Hydrocolloids，2016，54：77-88.

[18] Huang C Y，Kuo C H，Chen P W. Compressional-puffing pretreatment enhances neuroprotective effects of fucoidans from the brown seaweed *Sargassum hemiphyllum* on 6-hydroxydopamine induced apoptosis in SH-SY5Y cells [J] . Molecules，2017，23（1）：78-82.

[19] Huang H，Li X，Zhuang Y，et al. Class A scavenger receptor activation inhibits endoplasmic reticulum stress-induced autophagy in macrophage [J] . J Biomed Res，2014，28（3）：213-221.

[20] Hussein M M D，Abdel-Aziz A，Salem H M. Some structural features of a new sulphated heteropolysaccharide from *Padina pavonia* [J] . Phytochemistry，1980，19（10）：2133-2135.

[21] Karmakar P，Pujol C A，Damonte E B，et al. Polysaccharides from *Padina tetrastromatica*：structural features，chemical modification and antiviral activity [J] . Carbohydrate Polymers，2010，80（2）：513-520.

[22] Kim Y I，Oh W S，Song P H，et al. Anti-photoaging effects of low molecular weight fucoidan on ultraviolet B-irradiated mice [J] . Mar Drugs，2018，16（8）.pii：E286.

[23] Kylin H. Biochemistry of sea algae [J] . Hoppe-Seylers Zeitschrift fur Physiologische Chemie，1913，83：171-197.

[24] Li J，Chen K，Li S，et al. Protective effect of fucoidan from *Fucus vesiculosus* on liver fibrosis via the TGF-beta1/Smad pathway-mediated inhibition of extracellular matrix and autophagy [J] . Drug Des Devel Ther，2016，10：619-630.

[25] Lim S，Choi J I，Park H. Antioxidant activities of fucoidan degraded by gamma irradiation and acidic hydrolysis [J] . Radiation Physics and Chemistry，2015，109：23-26.

[26] Liu M，Liu Y，Cao M J，et al. Antibacterial activity and mechanisms of depolymerized fucoidans isolated from *Laminaria japonica* [J] . Carbohydr Polym，2017，172：294-305

[27] Mak W，Hamid N，Liu T，et al. Fucoidan from New Zealand *Undaria pinnatifida*：Monthly variations and determination of antioxidant activities [J] . Carbohydrate Polymers，2013，95（1）：606-614.

[28] Mandal P，Mateu C G，Chattopadhyay K，et al. Structural features and antiviral activity of sulphated fucans from the brown seaweed *Cystoseira indica* [J] . Antiviral Chemistry and Chemotherapy，2007，18（3）：153-162.

[29] Marudhupandi T，Kumar T T，Senthil S L，et al. *In vitro* antioxidant properties of fucoidan fractions from *Sargassum tenerrimum* [J] . Pak J Biol Sci，2014，17（3）：402-407.

[30] Morya V K，Kim J，Kim E K. Algal fucoidan：structural and size-dependent bioactivities and their perspectives [J] . Applied Microbiology & Biotechnology，2012，93（1）：71-82.

[31] Nishide E，Anzai H，Uchida N，et a1. Sugar constituents of fucose-containing polysaccharides from various Japanese brown algae [J] . Thirteenth International Seaweed Symposium，Kluwer Acadmic Publishers，Belgium，1990：573-576.

[32] Nishino T，Nishioka C，Ura H，et a1. Isolation and partial characterization of a novel amino sugar containing fucan sulfate from commerical *Fucus vericulosus* fucoidan [J]. Carbohydr Res，1994，255：213-224.

[33] Nishino T，Aizu Y，Nagumo T. The influence of sulfate content and molecular weight of a fucan sulfate from the brown seaweed *Ecklonia kurome* on its antithrombin activity [J] . Thrombosis Research，1991，64（6）：723-731.

[34] Oliveira R M，Camara R B G，Monte J F S，et al. Commercial fucoidans from *Fucus vesiculosus* can be grouped into antiadipogenic and adipogenic agents [J] . Mar Drugs，2018，16（6）：193-198.

[35] O' Neill A N. Degradative studies on fucoidan [J] . Journal of American Chemical Society，1954，76：5074-5076.

[36] Pan C C，Kumar S，Shah N，et al. Endoglin regulation of Smad2 function mediates Beclin1 expression and endothelial autophagy [J] . J Biol Chem，2015，290（24）：14884-14892.

[37] Park J H，Choi S H，Park S J，et al. Promoting wound healing using low molecular weight fucoidan in a full-thickness dermal excision rat model [J] . Mar Drugs，2017，15（4）：112-116.

[38] Patankar M S，Oehninger S，Barnett T，et al. A revised structure for fucoidan may explain some of its biological activities [J] . The Journal of Biological Chemistry，1993，268（29）：21770-21776.

[39] Percival E. Glucoroxylofucan，a cell wall component of *Ascophyllum nodosum* [J] . Carbohydr Res，1968，7：272-283.

[40] Pereira M S，Mulloy B，Mourão P A S. Structure and anticoagulant activity of sulfated fucans-Comparison between the regular，repetitive，and linear fucans from echinoderms with the more heterogeneous and branched polymers from brown algae [J] . Journal of Biological Chemistry，1999，274（12）：7656-

7667.

[41] Phull A R, Majid M, Haq I U, et al. *In vitro* and *in vivo* evaluation of anti-arthritic, antioxidant efficacy of fucoidan from *Undaria pinnatifida* (Harvey) Suringar[J]. Int J Biol Macromol, 2017, 97: 468-480.

[42] Rocha H A O, Moraes F A, Trindade E S, et al. Structural and hemostatic activities of a sulfated galactofucan from the brown alga *Spatoglossum schroederi*: an ideal antithrombotic agent?[J]. Journal of Biological Chemistry, 2005, 280(50): 41278-41288.

[43] Shang Q, Shan X, Cai C, et al. Dietary fucoidan modulates the gut microbiota in mice by increasing the abundance of *Lactobacillus* and *Ruminococcaceae*[J]. Food Funct, 2016, 7(7): 3224-3232.

[44] Shi H, Chang Y, Gao Y, et al. Dietary fucoidan of Acaudina molpadioides alters gut microbiota and mitigates intestinal mucosal injury induced by cyclophosphamide[J]. Food Funct, 2017, 8(9): 3383-3393.

[45] Tsai H L, Tai C J, Huang C W, et al. Efficacy of low-molecular-weight fucoidan as a supplemental therapy in metastatic colorectal cancer patients: A double-blind randomized controlled trial[J]. Mar Drugs, 2017, 15(4): 122-128.

[46] Usoltseva R V, Anastyuk S D, Ishina I A, et al. Structural characteristics and anticancer activity *in vitro* of fucoidan from brown alga *Padina boryana*[J]. Carbohydr Polym, 2018, 184: 260-268.

[47] Wang W, Wang S X, Guan H S. The Antiviral activities and mechanisms of marine polysaccharides: An overview[J]. Marine Drugs, 2012, 10(12): 2795-2816.

[48] Wang F, Schmidt H, Pavleska D, et al. Crude fucoidan extracts impair angiogenesis in models relevant for bone regeneration and osteosarcoma via reduction of VEGF and SDF-1[J]. Mar Drugs, 2017, 15(6): 186-191.

[49] Wang J, Jin W, Hou Y, et al. Chemical composition and moisture absorption/retention ability of polysaccharides extracted from five algae[J]. International Journal of Biological Macromolecules, 2013, 57: 26-29.

[50] Xu X, Chang Y, Xue C, et al. Gastric protective activities of sea cucumber fucoidans with different molecular weight and chain conformations: A structure-activity relationship investigation[J]. J Agric Food Chem, 2018, 66(32): 8615-8622.

[51] Xue M, Ji X, Xue C, et al. Caspase-dependent and caspase-independent induction of apoptosis in breast cancer by fucoidan via the PI3K/AKT/GSK3beta pathway *in vivo* and *in vitro*[J]. Biomed Pharmacother, 2017, 94: 898-908.

[52] Yang G, Zhang Q, Kong Y, et al. Antitumor activity of fucoidan against diffuse large B cell lymphoma *in vitro* and *in vivo*[J]. Acta Biochim Biophys

Sin (Shanghai), 2015, 47 (11): 925-931.
[53] Yang W N, Chen P W, Huang C Y. Compositional characteristics and *in vitro* evaluations of antioxidant and neuroprotective properties of crude extracts of fucoidan prepared from compressional puffing-pretreated *Sargassum crassifolium*[J]. Mar Drugs, 2017, 15 (6): 183-188.
[54] Zheng Y, Liu T, Wang Z, et al. Low molecular weight fucoidan attenuates liver injury via SIRT1/AMPK/PGC1alpha axis in db/db mice[J]. Int J Biol Macromol, 2018, 112: 929-936.
[55] Zuo T, Li X, Chang Y, et al. Dietary fucoidan of *Acaudina molpadioides* and its enzymatically degraded fragments could prevent intestinal mucositis induced by chemotherapy in mice[J]. Food Funct, 2015, 6 (2): 415-422.
[56] 纪明侯. 海藻化学[M]. 北京：科学出版社，1997：318-335.
[57] 程仕伟，陈超男，冯志彬，等. 海带岩藻多糖的水提制备及其抗氧化活性研究[J]. 食品科学，2010，31（6）：101-104.
[58] 杨晓雪. 海带多糖综合提取纯化工艺的研究[D]. 济南：山东农业大学，2017.
[59] 戴圣佳，刘振锋，吕卫金，等. 超声辅助提取海带褐藻多糖硫酸酯的工艺研究[J]. 食品研究与开发，2015，36（22）：28-32.
[60] 王振宇，孙芳，刘荣. 微波辅助提取松仁多糖的工艺研究[J]. 食品工业科技，2006，（9）：133-139.
[61] 王莉，刘志勇，鲁建江，等. 黄蔑多糖的微波提取及含量测定[J]. 中医药学报，2001，29（6）：35-36.
[62] 王长振. 海带硫酸多糖蛋白复合物的分离纯化及其生物活性研究[D]. 北京：中国人民解放军军事医学科学院，2007.
[63] 曲桂燕. 五种褐藻岩藻聚糖硫酸酯提取纯化及其功能活性的比较研究[D]. 青岛：中国海洋大学，2013.
[64] 吴茜茜，吴克，蔡敬民，等. 海带岩藻多糖的分离与部分性质研究[J]. 食品与发酵工业，2001，27（10）：39-42.
[65] 张连飞，宋淑亮，吉爱国. 过硫酸化岩藻多糖硫酸酯[J].生命的化学，2011，31（2）：258-261.
[66] 范晓，严小军，韩丽君. 海藻化学分析方法[M]. 北京：学苑出版社，1996：21-30.
[67] 王晶，张全斌，张忠山，et al. *In-vitro* anticoagulant activity of fucoidan derivatives from brown seaweed *Laminaria japonica*[J]. Chinese Journal of Oceanology and Limnology，2011，（3）：189-195.
[68] 王素贞. 岩藻多糖治疗动脉粥样硬化临床观察[J]. 康复与疗养，1994，（4）：173-174.
[69] 金鑫，朱立国，李秀兰，等. 低分子质量岩藻多糖对去势大鼠骨质疏松的影响[J]. 实用医学，2016，32（1）：40-43.

[70] 金鑫，朱立国，李秀兰，等. 低分子质量岩藻多糖对破骨细胞凋亡的影响[J]. 中国骨质疏松，2016，22（06）：657-662.
[71] 石学连，张晶晶，宋厚芳，等. 浒苔多糖的分级纯化及保湿活性研究[J]. 海洋科学，2010，（7）：81-87.
[72] 李小蓉，张拴. 海带中岩藻多糖的抗衰老活性及构效关系研究[J]. 食品工业科技，2015，36（15）：117-121.
[73] 张婷，薛美兰，刘佳，等. 岩藻多糖对乳腺肿瘤大鼠肠道屏障损伤的保护作用[J]. 营养学报，2018，40（1）：59-63.
[74] 李德远，徐现波，熊亮，等. 海带的保健功效及海带生理活性多糖研究现状[J]. 食品科学，2002，23（7）：151-154.
[75] 秦益民. 岩藻多糖的功能与应用[M]. 北京：中国轻工业出版社，2020.

第九章 海藻酸寡糖及其在膳食纤维中的应用

第一节 引言

海藻中的糖类化合物可分为单糖、寡糖、多糖、结合糖和衍生糖，其中寡糖（Oligosaccharides）是由3~10个单糖分子通过糖苷键连接成的化合物。寡糖广泛存在于生命体内，主要以糖蛋白、糖脂和糖肽等糖缀合物的形式参与许多生命活动，这些糖缀合物在发挥生物学功能的过程中起决定作用的就是其中的寡糖残基，现已发现在激素、抗体、生长素和其他许多生物分子中都有寡糖存在。寡糖也存在于细胞膜中，其分子链突出于细胞膜的表面，在生物大分子及细胞间的相互识别过程中发挥信号功能（Xing，2020）。

海藻酸寡糖是海藻酸降解后得到的一种寡聚物，由甘露糖醛酸（M）、古洛糖醛酸（G）或二者的杂合段组成。海藻酸寡糖与海藻酸在分子质量上的区别使它们有很不相同的性能，尤其是寡糖具有多糖不具备的很多生物活性，在功能性食品、特医食品、美容护肤品、植物生长刺激剂等领域有很高的应用价值（Rye，2018）。在功能性食品领域，面对21世纪人类健康的新挑战，如营养缺乏与营养失衡、老年保健与老年病等，海藻寡糖为克服亚健康、满足特殊群体的功能性食品需求提供了独特的解决方案，目前全球寡糖功能性食品市场容量每年超过400亿美元。在日化领域，海藻寡糖在保水、保湿、洗发、护发、杀菌消毒，以及抗菌、活化细胞、抗氧化、抗衰老、防晒等产品的开发和应用中有很高的应用价值和市场需求。在农业生产中，寡糖可应用于无公害肥料、作物抗逆和绿色农药开发，作为植物生长刺激剂、饲料饵料添加剂、种子处理剂以及果蔬、水产品保鲜剂等具有很高的应用价值，还在兽药、水产动物药和替代抗生素方面具有强劲的市场需求。此外，寡糖在防辐射、止血、耐低温、防冻食品、解毒食品等方面也有特殊用途。

第二节　海藻酸寡糖的制备

目前海藻酸寡糖的制备主要有物理降解法、化学降解法和酶解法等（Yanaki，1983；Donati，2003；杨钊，2004；Wong，2000），其中酶解法是一种条件温和、可控性强和特异性高的生物降解方法，也是该领域的主要研究方向之一。

一、物理降解法制备海藻酸寡糖

辐照降解是一种低成本的加工方法，是制备海藻酸寡糖的常用手段（Nagasawa,2000）。Luan 等（Luan,2009）把分子质量为 900ku、M/G 比例为 1.3 的海藻酸钠溶于水制成 4%（质量体积分数）的水溶液后室温下用 Co-60 源 γ 射线在 10、30、50、75、100、150 和 200kGy 下辐照，辐照速率为 10kGy/h。图 9-1 所示为辐照剂量对海藻酸钠分子质量（M_w）和分子质量分布（M_w/M_n）的影响。辐照剂量越高，分子质量及分子质量分布值均有明显下降。如图 9-1 所示，辐照剂量上升到 50kGy 的过程中，分子质量下降非常明显，此后剂量上升对分子质量下降的影响不大。

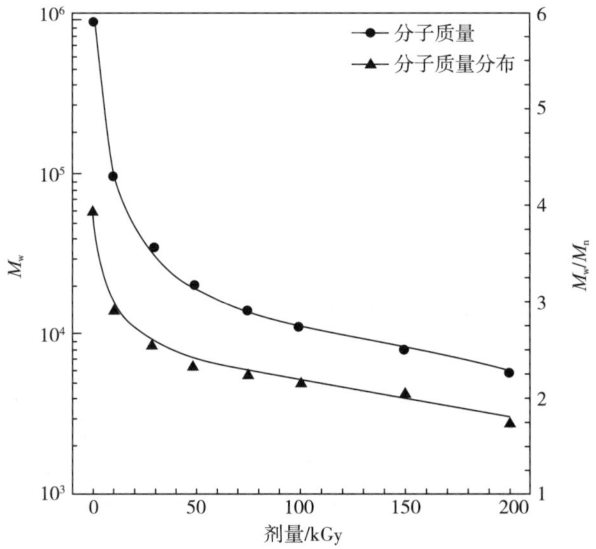

图 9-1　海藻酸钠分子质量（M_w）和分子质量分布（M_w/M_n）随辐照剂量的变化

二、化学降解法制备海藻酸寡糖

海藻酸寡糖可以通过高分子质量海藻酸盐在酸性条件下的可控降解制备（Haug，1967；Haug，1974；Campa，2004），其原理在于海藻酸分子主链的糖苷键在酸催化下的分裂，包括以下几个步骤（Timell，1964）：①糖苷键上的氧原子被氢离子质子化，形成共轭酸；②共轭酸的异裂；③海藻酸分子链的断裂，得到还原性的端基。

三、生物降解法制备海藻酸寡糖

海藻酸钠在裂解酶作用下降解后可以制备寡糖（陈俊帆，2011；陈俊帆，2013；李悦明，2010）。按其降解海藻酸片段的不同，海藻酸裂解酶可分为两大类：1，4-β-D-甘露糖醛酸裂解酶和1，4-α-L-古洛糖醛酸裂解酶，分别作用于海藻酸的甘露糖醛酸和古洛糖醛酸片段。海藻酸裂解酶主要来源于微生物和海洋动植物，其中微生物来源包括铜绿假单胞菌、解藻朊酸弧菌、假单胞菌、棕色固氮菌、褐球固氮菌、环状芽孢杆菌、棒状杆菌、克里伯菌等，海洋动植物包括鲍鱼、昆布属褐藻、滨螺等（岳明，2006）。海藻酸裂解酶通过单体之间的β-1，4-糖苷键的β-消去机制（β-eliminate）裂解海藻酸的糖苷键，并在产物的非还原性末端产生含有不饱和双键的寡聚糖醛酸，产物在230~240nm有强烈的紫外吸收，不论是D-甘露糖醛酸或L-古洛糖醛酸为单体的海藻酸都生成不饱和衍生物。

海洋双壳贝类、棘皮类动物、细菌、真菌等生物体中均有海藻酸裂解酶（Butler，1990）。不同种类的酶对海藻酸分子链上的不同部位有活性，尽管作为一种共聚物，酶对海藻酸的裂解性能比较复杂（Haugen，1990），例如鲍鱼等海洋双壳贝类的裂解酶主要属于甘露糖醛酸酶（Boyen，1990；Nakada，1967；Haugen，1990），而一些细菌中存在古洛糖醛酸酶（Brown，1991；Boyen，1990；Boyd，1977；Boyd，1978；Haugen，1990）。

江琳琳等（江琳琳，2009）将pH7.0的0.03 g/mL海藻酸钠水溶液于40℃水浴中预热10min后与粗酶液按体积比5 ∶ 1混合，使反应液中海藻酸钠的质量浓度为0.025g/mL并在40℃水浴中催化海藻酸降解。降解过程中反应液黏度随时间变化而降低，最初几小时黏度下降较快，还原糖质量浓度随时间延长而增加。试验结果显示，经海藻酸降解酶分解形成的寡糖在聚合度为6.8时具有较高的活性，以此处理水稻芽能激发水稻细胞产生植保素。

第三节　海藻酸寡糖的理化性能

海藻酸寡糖保留了海藻酸的基本化学和物理性能，例如其与单价和多价金属离子的结合性能，尤其是古洛糖醛酸组成的寡糖链段对多价金属离子有很强的结合力，可用于释放与其结合的金属离子。由于分子质量低，海藻酸寡糖一般不形成凝胶（Padol，2016），这个性能可用于生物体系中干扰钙离子等多价金属离子产生的凝胶作用。通过静电海藻酸寡糖对黏液高分子体系可产生相互作用（Nordgård，2011；Nordgård，2014），也可以与细菌（Powell，2014；Powell，2013）和细胞外高分子物质产生作用。由于分子质量低，海藻酸寡糖在水溶液中固含量很高的情况下黏度比较低，而普通海藻酸钠的黏度一般比较高。图 9-2 所示为在不同制备条件下获得的海藻酸寡糖的化学结构。

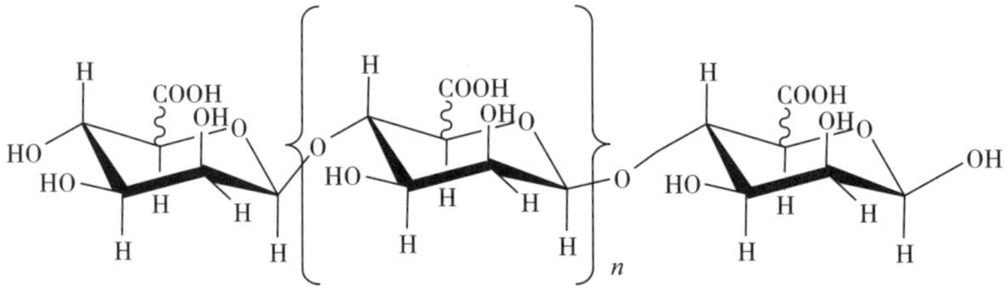

(1)酸催化降解

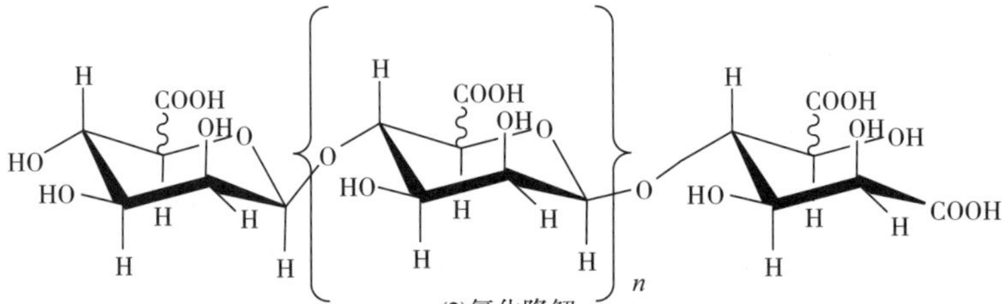

(2)氧化降解

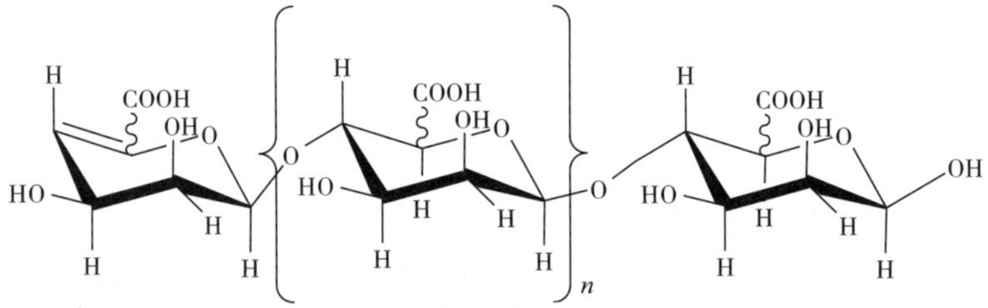

(3)酶法降解

图 9-2　不同制备条件下获得的海藻酸寡糖的化学结构

第四节　海藻酸寡糖的生物活性

海藻酸的生物安全性很高，已经广泛应用于食品、医药等行业。美国 FDA 把海藻酸和海藻酸盐列为 GRAS（generally recognized as safe，一般公认安全），可用作食品添加剂（reference no. 21CFR184.1724）。海藻酸寡糖的安全性与海藻酸高分子相似，没有安全性方面的负面报道。

海藻酸寡糖有一系列生物活性，如抗氧化、抗肿瘤、抑菌、促生长等，与内源性寡糖相似度很高，在药物研制、功能性食品、农业生产等领域有广阔的应用前景（范素琴，2019）。

一、抗氧化活性

生物体在进行生命活动的过程中会产生超氧阴离子自由基（$O_2^-\cdot$）、羟基自由基（·OH）、脂质自由基（RO·，ROO·）等活性氧（Reactive Oxygen Species，ROS）。当体内的强氧化剂多于抗氧化剂使两者失衡时，产生的氧化压力会引发动脉粥样硬化、糖尿病、高血压、癌症、囊型纤维化、帕金森病、阿尔茨海默病等多种疾病。海藻酸寡糖具有优良的抗氧化活性，其对自由基的清除作用随浓度增加而加强，具有优良的保健功效。除了清除活性氧，海藻酸寡糖还能显著降低脂质过氧化物的含量，提高过氧化物酶和超氧化物歧化酶的活性，具有抗脂质过氧化的作用（孙丽萍，2005）。

吴海歌等（吴海歌，2015）通过酸解法制备海藻酸钠寡糖，在检测其体外自由基清除能力与抗氧化能力的基础上，建立了海藻酸钠寡糖保护氧化损伤细胞模型，进而对细胞形态与活性、胞内活性氧清除率、关键氧化还原酶活性进行检测。结果表明，海藻酸钠寡糖对小胶质细胞有保护作用，能有效清除胞内活性氧、维持细胞正常形态、提高超氧化物歧化酶（SOD）和谷胱甘肽过氧化物酶（GSH-Px）的活性，缓解过氧化氢对细胞的氧化损伤。

海藻酸寡糖的抗氧化性能受浓度、分子质量、降解方法等多种因素的影响。低分子质量海藻酸盐对ABTS和超氧自由基的捕获性能与浓度和时间呈正相关性，而与海藻酸的分子质量呈负相关性（Kelishomi，2016）。酶降解获得的分子质量低于1ku的海藻酸寡糖对超氧基、羟基和次氯酸自由基的捕获性能优于分子质量为1~10ku的海藻酸寡糖，也优于抗坏血酸和肌肽。此外，分子质量为1~6ku的海藻酸寡糖的抗氧化性能优于分子质量为6~10ku的寡糖（Zhao，2012）。

二、免疫调节

海藻酸寡糖能刺激单核细胞、巨噬细胞等免疫反应细胞分泌TNF-α、IL-1和IL-6等细胞因子，使机体免疫系统得到恢复和加强，并能通过免疫调节作用发挥多种生理活性（杨华，2004）。海藻酸寡糖具有一定的免疫原性，能刺激机体免疫应答，增强动物体的细胞和体液免疫反应，在抗肿瘤、抗菌、抗病毒中发挥重要作用。酶降解得到的海藻酸寡糖在浓度为 1000 μg/mL 时能诱导 RAW264.7 细胞中肿瘤坏死因子和活性氧的分泌，并能通过增加诱导型一氧化氮合酶（iNOS）的表达增加一氧化氮的生成，从而起到免疫调节作用。海藻酸寡糖可以认为是巨噬细胞的有效激活剂（Iwamoto，2005）。

三、抗炎

海藻酸分解后得到的 α-L- 古洛糖醛酸和 β-D- 甘露糖醛酸两种单糖具有优异的抗炎活性，可用作有效的抗炎药。每天服用二次各 500mg 的古洛糖醛酸可以在 12 周内显著降低强直性脊柱炎（Ankylosing Spondylitis，AS）症状，并改善患者疾病的严重程度、炎症状况以及肢体活力（Nazeri，2019）。β-D- 甘露糖醛酸在很多研究中也显示出免疫抑制特性，其治疗效果体现在良好的耐受性和使用安全性（Mirshafiey，2007；Mirshafiey，2005；Mirshafiey，2007）。研究显示，α-L- 古洛糖醛酸和 β-D- 甘露糖醛酸的抗炎活性与其在炎症期间调节 TLR4 信号通路的作用密切相关（Aletaha，2017；Mortazavi-Jahromi，2018；Hajivalili，2016）。不同方法得到的海藻酸寡糖的抗炎活性有较大区别，通过氧化降解获得的海藻酸寡糖对 LPS- 激活的 RAW264.7 巨噬细胞的炎症反应有抑制作用，而酶降解和酸降解获得的寡糖没有相似的活性（Zhou，2015），氧化降解法得到的海藻酸寡糖能更好地抑制炎症，其作用机制可能是由于分子结构的还原端 C1 上存在的羧基可以抑制 LPS 刺激产生的 NO（Zhou，2015）。

四、抗肿瘤

海藻酸寡糖能抑制人体白血病细胞 U-937 的生长并诱导其凋亡，其在抗肿瘤过程中的活性不是直接对细胞产生毒性，而是通过激活和促进机体免疫系统的抵御功能来实现的，与常规抗肿瘤药物相比，降低了药物产生的毒副作用，提高了患者的生活质量。由于海藻酸寡糖具有良好的生物相容性，本身无细胞毒性，对生物细胞无损伤，以其开发的抗肿瘤药物可极大降低药物潜在的毒副作用（王媛媛，2010）。

海藻酸寡糖的抗肿瘤功效涉及多种作用机制，包括抑制肿瘤细胞的增殖和迁移、调节免疫防御反应以及提高抗氧化和抗炎能力，例如，海藻酸寡糖被证明可以通过抑制 Hippo/YAP/c-Jun 通路减弱人类前列腺癌细胞的增殖、迁移和侵袭（Han，2019）。海藻酸寡糖的抗肿瘤功效与其免疫调节功效密切相关。研究显示，酶降解的聚合度为 20~24 的寡糖在浓度为 500 μg/mL 时可以通过上调人单核细胞中细胞毒性因子的合成强化对白血病细胞 U937 的防御（Iwamoto，2003），分子质量为 3798u、硫酸酯化度为 1.3、浓度为 100μg/kg 的海藻酸寡糖硫酸酯化衍生物通过免疫调节具有显著的抗肿瘤活性（Hu，2004）。

五、降血糖

糖尿病是目前发达国家和发展中国家都面临的最常见的代谢性疾病（Hao，2011）。近年来，多糖和寡糖在抗糖尿病活性方面得到重视（Zhang，2008），其中海藻酸寡糖和硫酸酯化海藻酸寡糖呈现出有效的降糖效果（Wang，2018）。海洋源寡糖能刺激胰岛素的释放（Zhang，2008），浓度为 20μg/mL 的硫酸酯化聚古洛糖醛酸及其寡糖可以有效强化 FGF1/FGFR1c 和 FGF19/FGFR1c 信号传导，在 2 型糖尿病治疗中有应用价值（Lan，2017）。分子质量为 3ku、浓度为 50μmol/L 的甘露糖醛酸寡糖可以改善 C2C12 骨骼肌细胞的胰岛素敏感性，刺激葡萄糖的摄取，其作用机制与胰岛素受体和葡萄糖转运体 4 的上调、线粒体功能的改善等相关（Saltiel，2001；Hayashi，1998；Hao，2011）。

六、降血脂

寡糖在细胞间的识别和黏接、激素 - 细胞的识别以及病毒或细菌对主体细胞的黏接等许多生物过程中是重要的协调物质。海藻酸寡糖能明显降低糖尿病小鼠血糖和尿素氮，增加糖尿病小鼠的血清钙和血清胰岛素含量，对四氧嘧啶所致的胰岛素损伤有明显的恢复作用，对糖尿病小鼠有降血糖及保护胰岛细胞的功能。心血管疾病的发生往往与血液中血脂及胆固醇含量偏高有关，合适剂量的海藻酸寡糖能较好地防止高胆固醇血症的形成，有降脂、维护心血管正常功能的作用。

研究显示，海藻酸盐的降血脂功效受多种因素影响，其中高黏度的海藻酸盐能更好地降低血脂积聚（Wang，2003），与古洛糖醛酸相比，甘露糖醛酸含量高的海藻酸更能降低胆固醇含量（Yang，2015），而硫酸酯化的海藻酸寡糖具有更好的降血脂功效（Liu，2014），藻酸双酯钠（Propylene Glycol Alginate Sodium Sulfate，PSS）在中国已经成功应用于高脂血症和缺血性心脑血管疾病的治疗（Lin，2007；Xin，2018）。酰胺化海藻酸衍生物也可以显著降低血液胆固醇（Marounek，2017）。

七、降血压

大量研究显示，海藻酸盐和海藻酸寡糖具有降血压疗效（Terakado，2012；Hiura，2001）。目前有两种作用机制可以解释其降血压功效：①抑制肠道对盐的吸收；②直接产生的血管扩张性效果（Moriya，2013）。一般认为作为一种食品配料，海藻酸盐是一种分子质量大、黏度高、在消化系统中不被人体降解的生物高分子，可以降低或抑制胆固醇和钠离子在肠道内的吸收，起到降血压的功效（Hiura，2001）。研究显示，平均分子质量为1800u的海藻酸钾以100~500mg/kg的量喂食后可以降低自发性高血压大鼠的血压（Ji，2009），通过增加尿钠排泄达到降压效果（Chen，2010；Moriya，2013）。

八、减肥

肥胖与高血压、高血糖、胰岛素抵抗、糖尿病、高脂血症等一系列代谢综合征密切相关（Haslam，2006）。研究显示，海藻酸钠及其寡糖可以降低肥胖、降低餐后血糖水平、增加脂肪排泄、减少能量摄入（Brownlee，2005）。

肠道和肠道菌群在控制肥胖症及人体能量代谢过程中起重要作用。作为一种膳食纤维，海藻酸钠可以重塑肠道菌群、改善肠道功能、调节与体重和慢性疾患相关的代谢过程（Strugala，2005）。肥胖小鼠的肠道转录组在食用50mg/kg的海藻酸钠后，脂质代谢和碳水化合物代谢涉及的基因表达有所改变，表明海藻酸钠通过改变肠道转录组可以抑制肥胖和肥胖相关的代谢综合征。

膳食纤维的减肥功效已经被广为认可（He，2004；Howarth，2001）。海藻酸钠可以通过调节人的食欲，尤其是通过在胃中形成凝胶降低食物的摄取量，起到减肥作用（Paxman，2008）。例如饮用325mL含1%海藻酸钠的乳制品后产生很强的餐后饱腹感（Hoad，2004）。在服用含海藻酸钠的葡萄糖饮料后，餐后血糖反应得到减弱（Wolf，2002；Williams，2004）。动物试验显示，海藻酸钠可以减少肠道对胆固醇和葡萄糖的吸收（Vaugelade，2000；Kimura，1996）。海藻酸钠的减肥功效与其在胃肠道中产生的增稠和凝胶作用密切相关（Wolf，2002；Williams，2004；Anderson，1999；Anderson，1999；Draget，1994）。

九、促进细胞增殖

海藻酸寡糖可以刺激哺乳动物细胞增殖，尤其是在生长因子存在的情况下（Kawada，1999）。人角质形成细胞是能够合成角蛋白的上皮细胞，在保护人体方面起到屏障作用，促使其增殖对人体健康有重要作用（Cai，2017；Jung，2017；Basler，2017）。酶降解的海藻酸寡糖在浓度为10mg/mL时在非肝素结合的表皮生长因子存在的情况下可以刺激角质形成细胞的增殖（Kawada，1997）。与此相似，浓度为5μg/mL的海藻酸寡糖可以在重组VEGF165的存在下激活内皮细胞的增殖和迁移（Kawada，1999），其中的构效关系显示，古洛糖醛酸具有更好的细胞激活作用，这个现象与古洛糖醛酸与内皮细胞受体的亲和力相关（Kawada，1997）。

十、抗菌

体外培养中海藻酸寡糖对大肠杆菌、金黄色葡萄球菌、嗜水气单胞菌、白色念珠菌等有较强的抗菌活性，使其在新一代安全高效、无毒副作用的水产养殖用饲料添加剂中有重要的应用价值（Yan，2011）。在水产养殖中，海藻酸寡糖对常见的嗜水气单胞菌、白色念珠菌及鳗弧菌表现出较强的抑菌活性，且随寡糖浓度的升高而增强（陈丽，2009）。体外抑菌研究发现，海藻酸寡糖对大肠杆菌和金黄色葡萄球菌有直接抑制作用，且呈量效关系（陈丽，2007）。

在菌膜中，细菌对传统抗生素的抵抗力可以增加1000倍（Ceri，1999；Moskowitz，2004）。尽管有很多种针对菌膜的治疗方案，但是目前的技术均没有达到预期效果（Powell，2018）。研究显示含有96% α-L-古洛糖醛酸和4%的β-D-甘露糖醛酸的海藻酸寡糖具有抗菌和抗菌膜的功效（Khan，2012）。聚合度为16、浓度为2%（质量体积分数）、古洛糖醛酸含量>85%的海藻酸寡糖可以抑制革兰阴性细菌的增长并通过协同作用增强粘菌素对铜绿假单胞菌NH57388A的活性，有益于囊性纤维化患者的治疗（Alkawash，2006），浓度为5%的寡糖在小鼠肺部感染模型中显示可以阻止菌膜的形成（Wang，2016），其作用机制可能是破坏菌膜中蛋白质、多糖、脂质、RNA、DNA等细胞外高分子物质形成的网络结构（Bales，2013；Powell，2018；Whitchurch，2002；Govan，1996；Borgogna，2013；Powell，2013；Powell，2014；Roberts，2013；Mayer，2013；Pritchard，2017）。

十一、抗辐射

紫外线辐射可引起DNA损伤，造成神经系统、内分泌系统调节障碍，同时还会增加生物体内氧自由基的形成，引起皮肤老化等诸多问题。源自天然产物的低毒辐射防护剂可用于抵抗紫外线辐射，其中海藻酸寡糖是近年来发现的一种具有优异抗辐射性能的糖类防护剂。研究发现，通过生物酶解工艺制备的海藻酸寡糖在其非还原末端形成一个在230nm区域有特征吸收峰的双键，因而表现出非常好的抗紫外线辐射作用。同时，海藻酸寡糖还可以通过清除氧化自由基降低紫外线辐射对细胞的损伤（王鹏，2011）。

十二、改善黏液和囊性纤维化

黏蛋白是一类黏附在消化、泌尿和生殖道的糖蛋白，是黏液中的主要高分子量成分。黏蛋白由特殊的杯状细胞分泌，在细胞表面形成水化的交联结构，它是病原体的有效屏障。黏液的分泌保护了肺、肠和泌尿道的表面，但是其过度生成、过高黏度或不生成会影响肠黏膜屏障功能，导致微生物感染、慢性炎症和腔梗阻等疾病的发生。囊胞性纤维症是一种遗传性疾病（Garcia，2009；Gustafsson，2012；Yang，2013），其中黏液的改变导致细菌增生和炎症反应，进而产生更多的黏液，影响了肺功能。这类患者依赖长期抗生素治疗，其积聚的黏液也导致末端肠梗阻以及小肠细菌过度生长等病症。

海藻酸寡糖可通过其与黏蛋白的特殊作用改变囊胞性纤维症患者黏痰的流变性能。AlgiPharma AS 公司开发的海藻酸寡糖产品 OligoG CF-5/20 是一种干粉状的吸入药剂，目前已经进入Ⅱ期临床试验。在美国凯斯西储大学（Case Western Reserve University）进行的一项研究显示，给囊胞性纤维症的老鼠用海藻酸寡糖处理可以影响肠道黏液的积聚，喂食海藻酸寡糖对患有囊胞性纤维症的老鼠肠道表型有重要影响，7d 的短期治疗和 25d 的长期治疗均实质性降低肠梗阻、改善成活率，其中成活率改善的主要原因是海藻酸寡糖对黏液的分解减少了黏液的积聚。在这个过程中，海藻酸寡糖的应用价值体现在：①具有螯合钙离子的性能；②可与黏蛋白结合。钙离子是黏蛋白分泌前的主要成分，其去除导致黏蛋白的释放、解聚和扩展（Ambort，2012）。有研究显示，黏液在钙离子螯合物存在的情况下可以溶解（Gustafsson，2012；Ambort，2012）。海藻酸盐有螯合钙离子的性能，试验结果显示：古洛糖醛酸寡糖比甘露糖醛酸寡糖更能结合钙离子（Braccini，1999）；也有研究证明：低分子质量古洛糖醛酸寡糖对钙离子有特别强的结合力（Jørgensen，2007；Bowman，2016）。

OligoG CF-5/20 海藻酸寡糖被证明是一种钙离子螯合剂，研究显示，其通过捕获黏蛋白中的钙离子使其分泌进入肠道后使黏液膨胀、成熟和分散。低分子质量的高 G 寡糖直接与黏蛋白结合，导致黏蛋白复杂的高分子网络结构中分子间结合的破坏。这个作用的结果是黏蛋白基质中孔径的增大、黏液流变性的改变（Sletmoen，2012）。OligoG CF-5/20 与黏蛋白的直接结合改变了黏蛋白的表面电荷，从而降低了唾液的黏度（Pritchard，2016；Bazett，2015；De Lisle，2007）。海藻酸寡糖改变黏液黏度的性能对治疗慢性阻塞性肺病和鼻窦炎等慢性呼吸道疾病也有重要的应用价值。

第五节　海藻酸寡糖在功能性食品中的应用

海藻酸寡糖是一种优质的膳食纤维，可以有效预防便秘的形成，促进胃肠蠕动。作为解毒剂，海藻酸寡糖能吸附 Pb^{2+}、Sn^{2+}、Cd^{2+} 等有毒重金属离子，将其排出体外。目前市场上已经有以海藻酸寡糖为原料生产的富锌排铅咀嚼片，其主要原料为海藻酸钠、羧甲基壳聚糖、醋酸钙、醋酸锌等，能有效促进排铅。

海藻酸寡糖与食品中的一些组分复合后能明显改善这些物质的自身性能，提高应用价值。例如把鲤鱼肌原纤维蛋白与海藻酸寡糖复合后在低盐浓度下呈现高溶解性，热稳定性也被提高，还表现出优异的乳浊液形成能力，甚至在接近等电点时这些优良特性也不会消失。

双歧杆菌是肠道正常菌群中的优势菌，具有调节肠道内微生态平衡、抑制肠道内病原菌生长和腐败菌发育、降低血清胆固醇、延缓衰老等作用。人们把能够促进双歧杆菌增殖和生长的物质称为双歧因子。寡糖是公认的双歧因子，具有促进双歧杆菌增殖的作用，还能抑制有害菌产气荚膜梭状芽孢杆菌的生长，增强机体免疫力。

第六节　小结

海藻酸寡糖保留了海藻酸的大多数化学和物理性能，尤其是对单价和多价金属离子的结合力。但是由于分子质量低，海藻酸寡糖在二价金属离子的存在下不会形成凝胶，基于这个性能，可用海藻酸寡糖螯合生物系统中的多价金属离子，干扰钙离子的交联作用，产生独特的生物活性和应用功效。海藻酸寡糖在慢性肺病、生物膜感染、水产品保鲜、植物生长刺激剂等领域有重要的应用价值，在功能性食品领域是一种性能优良的膳食纤维。

参考文献

[1] Aletaha S，Haddad L，Roozbehkia M，et al. M2000（beta-d-mannuronic Acid）as a novel antagonist for blocking the TLR2 and TLR4 downstream signalling pathway[J]. Scand J Immunol，2017，85：122-129.

[2] Alkawash M A，Soothill J S，Schiller N L. Alginate lyase enhances antibiotic killing of mucoid *Pseudomonas aeruginosa* in biofilms[J]. Apmis，2006，114：131-138.

[3] Ambort D, Johansson M E, Gustafsson J K, et al. Calcium and pH-dependent packing and release of the gel-forming MUC2 mucin[J]. Proc Natl Acad Sci U S A, 2012, 109 (15): 5645-5650.

[4] Anderson J W, Allgood L D, Turner J, et al. Effects of psyllium on glucose and serum lipid responses in men with type 2 diabetes and hypercholesterolemia[J]. Am J Clin Nutr, 1999, 70: 466-473.

[5] Anderson J W, Allgood L D, Turner J, et al. Effects of psyllium on glucose and serum lipid responses in men with type 2 diabetes and hypercholesterolemia[J]. Am J Clin Nutr, 1999, 70: 466-473.

[6] Bales P M, Renke E M, May S L, et al. Purification and characterization of biofilm-associated EPS exopolysaccharides from ESKAPE organisms and other pathogens[J]. PLoS ONE, 2013, 8: e67950.

[7] Basler K, Galliano M F, Bergmann S, et al. Biphasic influence of Staphylococcus aureus on human epidermal tight junctions[J]. Ann N Y Acad Sci, 2017, 1405: 53-70.

[8] Bazett M, Honeyman L, Stefanov A N, et al. Cystic fibrosis mouse model-dependent intestinal structure and gut microbiome[J]. Mamm Genome, 2015, 26 (5-6): 222-234.

[9] Borgogna M, Skjak-Braek G, Paoletti S, et al. On the initial binding of alginate by calcium ions: the tilted egg-box hypothesis[J]. J Phys Chem B, 2013, 117: 7277-7282.

[10] Bowman K A, Aarstad O A, Nakamura M, et al. Single molecule investigation of the onset and minimum size of the calcium-mediated junction zone in alginate[J]. Carbohydr Polym, 2016, 148: 52-60.

[11] Boyen C, Kloareg B, Polne-Fuller M, et al. Preparation of alginate lyases from marine molluscs for protoplast isolation in brown algae[J]. Phycologia, 1990, 29: 173-181.

[12] Braccini I, Grasso R P, Perez S. Conformational and configurational features of acidic polysaccharides and their interactions with calcium ions: a molecular modeling investigation[J]. Carbohydr Res, 1999, 317 (1-4): 119-130.

[13] Brown B J, Preston J F. L-Guluronan-specific alginate lyase from a marine bacterium associated with *Sargassum*[J]. Carbohydr Res, 1991, 211: 91-102.

[14] Boyd J, Turvey J R. Isolation of a poly-c-L-guluronate lyase from *Klebsiella aerogenes*[J]. Carbohydr Res, 1977, 57: 163-171.

[15] Boyd J, Turvey J R. Structural studies of alginic acid using a bacterial poly-a-L-guluronate lyase[J]. Carbohydr Res, 1978, 66: 187-194.

[16] Boyen C, Bertheau Y, Barbeyron T, et al. Preparation of guluronate lyase from *Pseudomonas alginovora* for protoplast isolation in *Laminaria*[J]. Enz

Microbiol Technol，1990，12：885-890.

[17] Brownlee I A，Allen A，Pearson J P，et al. Alginate as a source of dietary fiber[J]. Crit Rev Food Sci，2005，45：497-510.

[18] Butler D M，Evans L V，Kloareg B. Isolation of protoplasts from marine macroalgae. In Akatsuka I（ed），Introduction to Applied Phycology[M]. The Hague：SPB Academic Publishing，1990：647-668.

[19] Cai X W，Zhu R，Ran L，et al. A novel non-contact communication between human keratinocytes and T cells：Exosomes derived from keratinocytes support superantigen-induced proliferation of resting T cells[J]. Mol Med Rep，2017，16：7032-7038.

[20] Campa C，Oust A，Skjak-Braek G，et al. Determination of average degree of polymerization and distribution of oligosaccharides in a partially acid-hydrolyzed homopolysaccharide：a comparison of four experimental methods applied to mannuronan[J]. J Chromatogr A，2004，1026（1-2）：271-281.

[21] Ceri H，Olson M E，Stremick C，et al. The Calgary Biofilm Device：New technology for rapid determination of antibiotic susceptibilities of bacterial biofilms[J]. J Clin Microbiol，1999，37：1771-1776.

[22] Chen Y Y，Ji W，Du J R，et al. Preventive effects of low molecular mass potassium alginate extracted from brown algae on DOCA salt-induced hypertension in rats[J]. Biomed Pharmacother，2010，64：291-295.

[23] De Lisle R C. Altered transit and bacterial overgrowth in the cystic fibrosis mouse small intestine[J]. Am J Physiol Gastrointest Liver Physiol，2007，293（1）：G104-G111.

[24] Donati I，Gamini A，Skjak-Braek G，et al. Determination of the diadic composition of alginate by means of circular dichroism：a fast and accurate improved method[J]. Carbohydrate Research，2003，338，10（1）：1139-1142.

[25] Draget K I，Braek G S，Smidsrod O. Alginic acid gels-the effect of alginate chemical-composition and molecular weight[J]. Carbohydr Polym，1994，25：31-38.

[26] Garcia M A S，Yang N，Quinton P M. Normal mouse intestinal mucus release requires cystic fibrosis transmembrane regulator-dependent bicarbonate secretion[J]. J Clin Invest，2009，119（9）：2613-2622.

[27] Govan J R W，Deretic V. Microbial pathogenesis in cystic fibrosis：Mucoid *Pseudomonas aeruginosa* and *Burkholderia cepacia*[J]. Microbiol Rev，1996，60：539-574.

[28] Gustafsson J K，Ermund A，Ambort D，et al. Bicarbonate and functional CFTR channel are required for proper mucin secretion and link cystic fibrosis with its mucus phenotype[J]. J Exp Med，2012，209（7）：1263-1272.

[29] Hajivalili M, Pourgholi F, Majidi J, et al. G2013 modulates TLR4 signaling pathway in IRAK-1 and TARF-6 dependent and miR-146a independent manner [J]. Cell Mol Biol, 2016, 62: 1-5.

[30] Han Y, Zhang L, Yu X, et al. Alginate oligosaccharide attenuates alpha 2, 6-sialylation modification to inhibit prostate cancer cell growth via the Hippo/YAP pathway [J]. Cell Death Dis, 2019, 10: 1-14.

[31] Hao C, Hao J J, Wang W, et al. Insulin sensitizing effects of oligomannuronate-chromium (Ⅲ) complexes in C2C12 skeletal muscle cells [J]. PLoS ONE, 2011, 6: e24598.

[32] Haslam D, Sattar N, Lean M. ABC of obesity-obesity-time to wake up [J]. Br Med J, 2006, 333: 640-642.

[33] Haug A, Larsen B, Smidsrød O. Studies on the sequence of uronic acid residues in alginic acid [J]. Acta Chem Scand, 1967, 21: 691-704.

[34] Haug A, Larsen B, Smidsrød O. Uronic acid sequence in alginate from different sources [J]. Carbohydr Res, 1974, 32: 217-225.

[35] Haugen F, Kortner F, Larsen B. Kinetics and specificity of alginate lyases: Part I, a case study [J]. Carbohydr Res, 1990, 198: 101-109.

[36] Hayashi T, Hirshman M F, Kurth E J, et al. Evidence for 5′ AMP-activated protein kinase mediation of the effect of muscle contraction on glucose transport [J]. Diabetes, 1998, 47: 1369-1373.

[37] He K, Hu F B, Colditz G A, et al. Changes in intake of fruits and vegetables in relation to risk of obesity and weight gain among middle-aged women [J]. Int J Obes, 2004, 28: 1569-1574.

[38] Hiura N, Chaki T, Ogawa H. Antihypertensive effects of sodium alginate oligosaccharides [J]. Nippon Nogeik Kaishi, 2001, 75: 783-785.

[39] Hoad C L, Rayment P, Spiller R C, et al. *In vivo* imaging of intragastric gelation and its effect on satiety in humans [J]. J Nutr, 2004, 134: 2293-2300.

[40] Howarth N C, Saltzman E, Roberts S B. Dietary fiber and weight regulation [J]. Nutr Rev, 2001, 59: 129-139.

[41] Hu X K, Jiang X L, Hwang H M, et al. Antitumour activities of alginate-derived oligosaccharides and their sulphated substitution derivatives [J]. Eur J Phycol, 2004, 39: 67-71.

[42] Iwamoto M, Kurachi M, Nakashima T, et al. Structure-activity relationship of alginate oligosaccharides in the induction of cytokine production from RAW264.7 cells [J]. Febs Lett, 2005, 579: 4423-4429.

[43] Iwamoto Y, Xu X, Tamura T, et al. Enzymatically depolymerized alginate oligomers that cause cytotoxic cytokine production in human mononuclear cells [J]. Biosci Biotechnol Biochem, 2003, 67: 258-263.

[44] Ji W，Chen Y Y，Du J R，et al. Antihypertensive effect and pharmacokinetics of low molecular mass potassium alginate [J]. Sichuan Da Xue Xue Bao Yi Xue Ban（J Sichuan Univ Med Sci Ed），2009，40：694-696.

[45] Jørgensen T E，Sletmoen M，Draget K I，et al. Influence of oligoguluronates on alginate gelation，kinetics，and polymer organization [J]. Biomacromolecules，2007，8（8）：2388-2397.

[46] Jung S，Lademann J，Darvin M E，et al. *In vivo* characterization of structural changes after topical application of glucocorticoids in healthy human skin [J]. J Biomed Opt，2017，22：76018.

[47] Kawada A，Hiura N，Tajima S，et al. Alginate oligosaccharides stimulate VEGF-mediated growth and migration of human endothelial cells [J]. Arch Dermatol Res，1999，291：542-547.

[48] Kawada A，Hiura N，Shiraiwa M，et al. Stimulation of human keratinocyte growth by alginate oligosaccharides，a possible co-factor for epidermal growth factor in cell culture [J]. Febs Lett，1997，408：43-46.

[49] Kelishomi Z H，Goliaei B，Mandavi H，et al. Antioxidant activity of low molecular weight alginate produced by thermal treatment [J]. Food Chem，2016，196：897-902.

[50] Khan S，Tondervik A，Sletta H，et al. Overcoming drug resistance with alginate oligosaccharides able to potentiate the action of selected antibiotics [J]. Antimicrob Agents Chemother，2012，56：5134-5141.

[51] Kimura Y，Watanabe K，Okuda H. Effects of soluble sodium alginate on cholesterol excretion and glucose tolerance in rats [J]. J Ethnopharmacol，1996，54：47-54.

[52] Lan Y，Zeng X，Guo Z H，et al. Polyguluronate sulfate and its oligosaccharides but not heparin promotes FGF19/FGFR1c signaling [J]. J Ocean Univ China，2017，16：532-536.

[53] Lin C Z，Guan H S，Li H H，et al. The influence of molecular mass of sulfated propylene glycol ester of low-molecular-weight alginate on anticoagulant activities [J]. Eur Polym J，2007，43：3009-3015.

[54] Liu X，Hao J J，Zhang L J，et al. Activated AMPK explains hypolipidemic effects of sulfated low molecular weight guluronate on HepG2 cells [J]. Eur J Med Chem，2014，85：304-310.

[55] Luan L Q，Nagasawa N，Ha V T T，et al. Enhancement of plant growth stimulation activity of irradiated alginate by fractionation [J]. Radiation Physics and Chemistry，2009，78：796-799.

[56] Marounek M，Volek Z，Skrivanova E，et al. Comparative study of the hypocholesterolemic and hypolipidemic activity of alginate and amidated alginate in rats [J]. Int J Biol Macromol，2017，105：620-624.

[57] Mayer F L, Wilson D, Hube B. Candida albicans pathogenicity mechanisms [J] . Virulence, 2013, 4: 119-128.
[58] Mirshafiey A, Rehm B, Abhari R S, et al. Production of M2000 (beta-d-mannuronic acid) and its therapeutic effect on experimental nephritis [J] . Environ Toxicol Pharmacol, 2007, 24: 60-66.
[59] Mirshafiey A, Cuzzocrea S, Rehm B, et al. Treatment of experimental arthritis with M2000, a novel designed non-steroidal anti-inflammatory drug [J] . Scand J Immunol, 2005, 61: 435-441.
[60] Mirshafiey A, Rehm B, Sotoude M, et al. Therapeutic approach by a novel designed anti-inflammatory drug, M2000, in experimental immune complex glomerulonephritis [J] . Immunopharmacol Immunotoxicol, 2007, 29: 49-61.
[61] Moriya C, Shida Y, Yamane Y, et al. Subcutaneous administration of sodium alginate oligosaccharides prevents salt-induced hypertension in dahl salt-sensitive rats [J] . Clin Exp Hypertens, 2013, 35: 607-613.
[62] Mortazavi-Jahromi S S, Farazmand A, Motamed N, et al. Effects of guluronic acid (G2013) on SHIP1, SOCS1 induction and related molecules in TLR4 signaling pathway [J] . Int Immunopharmacol, 2018, 55: 323-329.
[63] Moskowitz S M, Foster J M, Emerson J, et al. Clinically feasible biofilm susceptibility assay for isolates of *Pseudomonas aeruginosa* from patients with cystic fibrosis [J] . J Clin Microbiol, 2004, 42: 1915-1922.
[64] Nagasawa N, Mitomo H, Yoshii F, et al. Radiation-induced degradation of sodium alginate [J] . Polym Degrad Stab, 2000, 69: 279-285.
[65] Nakada H I, Sweeny R S. Alginic acid degradation by eliminases from abalone hepatopancreas [J] . J Biol Chem, 1967, 10: 845-851.
[66] Nazeri S, Jamshidi A R, Mahmoudi M, et al. The safety and efficacy of guluronic acid (G2013) in ankylosing spondylitis: A randomized controlled parallel clinical trial [J] . Pharmacol Rep, 2019, 71: 393-398.
[67] Nordgård C T, Draget K I. Oligosaccharides as modulators of rheology in complex mucous systems [J] . Biomacromolecules, 2011, 12 (8): 3084-3090.
[68] Nordgård C T, Nonstad U, Olderøy M O, et al. Alterations in mucus barrier function and matrix structure induced by guluronate oligomers [J] . Biomacromolecules, 2014, 15 (6): 2294-2300.
[69] Padol A M, Draget K I, Stokke B T. Effects of added oligoguluronate on mechanical properties of Ca-alginate-oligoguluronate hydrogels depend on chain length of the alginate [J] . Carbohydr Polym, 2016, 147: 234-242.
[70] Paxman J R, Richardson J C, Dettmar P W, et al. Daily ingestion of alginate reduces energy intake in free-living subjects [J] . Appetite, 2008, 51: 713-719.

[71] Powell L C, Sowedan A, Khan S, et al. The effect of alginate oligosaccharides on the mechanical properties of Gram-negative biofilms [J]. Biofouling, 2013, 29 (4): 413-421.

[72] Powell L C, Pritchard M F, Ferguson E L, et al. Targeted disruption of the extracellular polymeric network of *Pseudomonas aeruginosa* biofilms by alginate oligosaccharides [J]. NPJ Biofilms Microbiomes, 2018, 4: 13-18.

[73] Powell L C, Pritchard M F, Emanuel C, et al. A nanoscale characterization of the interaction of a novel alginate oligomer with the cell surface and motility of *Pseudomonas aeruginosa* [J]. Am J Respir Cell Mol, 2014, 50: 483-492.

[74] Pritchard M F, Jack A A, Powell L C, et al. Alginate oligosaccharides modify hyphal infiltration of *Candida albicans* in an *in vitro* model of invasive human candidosis [J]. J Appl Microbiol, 2017, 123: 625-636.

[75] Pritchard M F, Powell L C, Menzies G E, et al. A new class of safe oligosaccharide polymer therapy to modify the mucus barrier of chronic respiratory disease [J]. Mol Pharm, 2016, 13 (3): 863-872.

[76] Roberts J L, Khan S, Emanuel C, et al. An *in vitro* study of alginate oligomer therapies on oral biofilms [J]. J Dent, 2013, 41: 1307-1308.

[77] Rye P D, Tondervik A, Sletta H, et al. Alginate oligomers and their use as active pharmaceutical drugs. In Rehm B H A & Moradali M F (eds), Alginates and Their Biomedical Applications, Springer Nature Singapore Pte Ltd, 2018.

[78] Saltiel A R, Kahn C R. Insulin signalling and the regulation of glucose and lipid metabolism [J]. Nature, 2001, 414: 799-806.

[79] Sletmoen M, Maurstad G, Nordgard C T, et al. Oligoguluronate induced competitive displacement of mucin-alginate interactions: relevance for mucolytic function [J]. Soft Matter, 2012, 8 (32): 8413-8421.

[80] Strugala V, Kennington E J, Campbell R J, et al. Inhibition of pepsin activity by alginates *in vitro* and the effect of epimerization [J]. Int J Pharm, 2005, 304: 40-50.

[81] Terakado S, Ueno M, Tamura Y, et al. Sodium alginate oligosaccharides attenuate hypertension and associated kidney damage in dahl salt-sensitive rats fed a high-salt diet [J]. Clin Exp Hypertens, 2012, 34: 99-106.

[82] Timell T E. The acid hydrolysis of glycosides: I. General conditions and the effect of the nature of the aglycone [J]. Can J Chem, 1964, 42: 1456.

[83] Vaugelade P, Hoebler C, Bernard F, et al. Non-starch polysaccharides extracted from seaweed can modulate intestinal absorption of glucose and insulin response in the pig [J]. Reprod Nutr Dev, 2000, 40: 33-47.

[84] Wang X, Liu F, Gao Y, et al. Transcriptome analysis revealed anti-obesity effects of the sodium alginate in high-fat diet-induced obese mice [J]. Int J

Biol Macromol，2018，115：861-870.
[85] Wang H Z，Song Z J，Ciofu O，et al. OligoG CF-5/20 disruption of mucoid pseudomonas aeruginosa biofilm in a murine lung infection model [J]. Antimicrob Agents Chemother，2016，60：2620-2626.
[86] Wang W，Yoshie Y，Suzuki T. Effect of alginate viscosity on digestibility and lipid metabolism in rats [J]. Nippon Suisan Gakk，2003，69：72-79.
[87] Whitchurch C B，Tolker-Nielsen T，Ragas P C，et al. Extracellular DNA required for bacterial biofilm formation [J]. Science，2002，295：1487-1490.
[88] Williams J A，Lai C S，Corwin H，et al. Inclusion of guar gum and alginate into a crispy bar improves postprandial glycemia in humans [J]. J Nutr，2004，134：886-889.
[89] Wolf B W，Lai C S，Kipnes M S，et al. Glycemic and insulinemic responses of nondiabetic healthy adult subjects to an experimental acid-induced viscosity complex incorporated into a glucose beverage [J]. Nutrition，2002，18：621-626.
[90] Wong T Y，Preston L A，Schiller N L. Alginate lyase：review of major sources and enzyme characteristics，structure-function analysis，biological roles and applications [J]. Acta Phys Hung Ns-H，2000，54（1）：289-340.
[91] Xin M，Sun Y，Chen H J，et al. Propylene glycol guluronate sulfate（PGGS）reduces lipid accumulation via AMP-activated kinase activation in palmitate-induced HepG2 cells [J]. Int J Biol Macromol，2018，114：26-34.
[92] Xing M，Cao Q，Wang Y，et al. Advances in research on the bioactivity of alginate oligosaccharides [J]. Mar Drugs，2020，18（3），144-154.
[93] Yan G L，Guo Y M，Yuan J M，et al. Sodium alginate oligosaccharides from brown algae inhibit *Salmonella enteritidis* colonization in broiler chickens [J]. Poultry Science，2011，90（7）：1441-1448.
[94] Yanaki T，Nishi K，Tabata K，et al. Ultrasonic degradation of schizophyllum commune polysaccharide in dilute aqueous solution [J]. J Appl Polym Sci，1983，28（2）：873-878.
[95] Yang N，Garcia M A，Quinton P M. Normal mucus formation requires cAMP-dependent HCO^-_3 secretion and Ca^{2+}-mediated mucin exocytosis [J]. J Physiol，2013，591（18）：4581-4593.
[96] Yang J H，Bang M A，Jang C H，et al. Alginate oligosaccharide enhances LDL uptake via regulation of LDLR and PCSK9 expression [J]. J Nutr Biochem，2015，26：1393-1400.
[97] Zhang D D，Fujii I，Lin C Z，et al. The stimulatory activities of polysaccharide compounds derived from algae extracts on insulin secretion *in vitro* [J]. Biol Pharm Bull，2008，31：921-924.

[98] Zhao X, Li B F, Xue C H, et al. Effect of molecular weight on the antioxidant property of low molecular weight alginate from *Laminaria japonica* [J]. J Appl Phycol, 2012, 24: 295-300.

[99] Zhou R, Shi X Y, Bi D C, et al. Alginate-derived oligosaccharide inhibits neuroinflammation and promotes microglial phagocytosis of beta-amyloid [J]. Mar, Drugs, 2015, 13: 5828-5846.

[100] Zhou R, Shi X Y, Gao Y, et al. Anti-inflammatory activity of guluronate oligosaccharides obtained by oxidative degradation from alginate in lipopolysaccharide-activated murine macrophage RAW 264.7 cells [J]. J Agric Food Chem, 2015, 63: 160-168.

[101] 杨钊，李金平，管华诗，等. 一种新的褐藻胶寡糖制备方法-氧化降解法 [J].海洋科学，2004，28（7）：19-21.

[102] 陈俊帆，石波，范红玲，等. 褐藻胶裂解酶的研究进展 [J]. 食品工业科技，2011，32（8）：428-443.

[103] 陈俊帆，聂莹，石波，等. 紫红链霉菌*Streptomyce violaceoruber* IFO 15732 产褐藻胶裂解酶的培养条件优化 [J]. 中国食物与营养，2013，19（4）：48-51.

[104] 李悦明，韩建友，管斌，等. 利用芽孢杆菌发酵生产褐藻胶裂解酶的研究 [J]. 中国酿造，2010，29（4）：79-81.

[105] 岳明，丁宏标，乔宇. 海藻酸裂解酶酶学与基因工程研究进展及应用 [J]. 生物技术通报，2006，（6）：5-8.

[106] 江琳琳，陈温福，陈晓艺，等. 海藻酸寡糖生物活性研究 [J]. 大连工业大学学报，2009，28（3）：157-160.

[107] 范素琴，陈鑫炳，代增英，等. 褐藻胶低聚糖的生物活性及其在水产制品中的应用研究进展 [J]. 肉类工业，2019，（3）：49-52.

[108] 孙丽萍，薛长湖，许佳超，等. 褐藻胶寡糖体外清除自由基活性的研究 [J]. 中国海洋大学学报（自然科学版），2005，35（5）：811-814.

[109] 吴海歌，王雪伟，李倩，等.海藻酸钠寡糖抗氧化活性的研究 [J]. 大连大学学报，2015，36（3）：70-75.

[110] 杨华，张建斌，王珍喜. 微生态添加剂-甘露寡糖应用研究进展 [J]. 饲料博览，2004，（12）：47-48.

[111] 王鹏，江晓路，江艳华，等. 系列海洋特征性寡糖抗紫外线辐射构效关系研究 [J]. 天然产物研究与开发，2011，（5）：874-877，904.

[112] 王媛媛，郭文斌，王淑芳，等. 褐藻胶低聚糖的生物活性与应用研究进展 [J].食品与发酵工业，2010，（10）：122-126.

[113] 陈丽，王淑军，刘泉，等. 褐藻胶低聚糖对3种水产致病菌抗菌活性研究 [J]. 淮海工学院学报（自然科学版），2009，18（1）：90-92.

[114] 陈丽，张林维，薛婉立. 褐藻胶低聚糖的制备及抑菌性研究 [J]. 中国饲料，2007，（9）：34-35，42.

第十章　海藻酸丙二醇酯及其在膳食纤维中的应用

第一节　引言

海藻酸是英国化学家 Stanford 在 1881 年首先发现的，1929 年美国 Kelco 公司开始规模化生产海藻酸盐，并于 1934 年开发出乳溶性海藻酸衍生物作为冰激凌稳定剂。1949 年，Kelco 公司研究出了海藻酸与环氧丙烷反应后得到的有机衍生物，海藻酸丙二醇酯（Propylene Glycol Alginate，简称 PGA）（Steiner，1947；Steiner，1950）。图 10-1 所示为海藻酸丙二醇酯的化学结构。

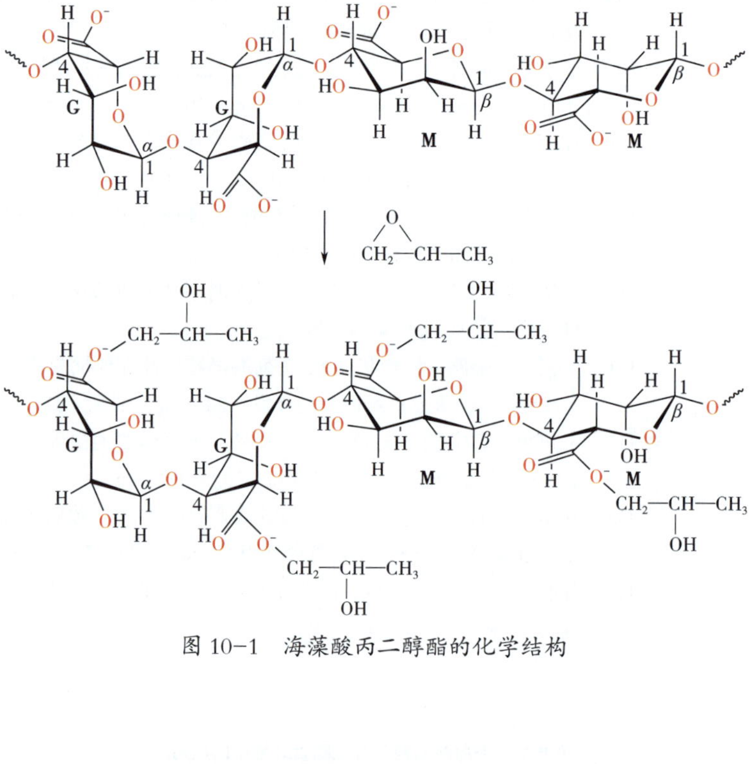

图 10-1　海藻酸丙二醇酯的化学结构

海藻酸丙二醇酯也称藻酸丙二醇酯、藻酸丙二酯，其分子中的丙二醇基为亲脂端，可以与脂肪球结合。分子中的糖醛酸为亲水端，含有大量羟基和部分羧基，可以与蛋白质结合。海藻酸丙二醇酯是食品用稳定胶体中唯一具有稳定和乳化双重作用的天然稳定剂（王姣姣，2016；刘钟栋，1993）。

作为食品配料，海藻酸及其盐具有独特的胶体特性和增稠性、稳定性、乳化性、悬浮性、成膜性以及能形成凝胶的能力，而其衍生物 PGA 与海藻酸相比，有着不少优势，在食品工业中有独特的应用。由于海藻酸中的部分羧酸基团被丙二醇酯化，PGA 可溶于水中形成黏稠胶体，其抗盐性强，对钙和钠等金属离子很稳定，即使在浓电解质溶液中也不盐析。与海藻酸盐相比，PGA 能溶解在酸性介质中，具有耐酸特性。PGA 能改善海藻酸在食品中的稳定性，由于其分子中含有丙二醇基，故亲油性强、乳化稳定性好。正因为如此，PGA 能有效应用于乳酸饮料、果汁饮料等低 pH 的食品和饮料中（Anderson，1991；刘程，2004）。

总的来说，PGA 有以下一些主要的功能和应用。

（1）增稠、乳化、稳定性　适用于乳制品、人造奶油、咖啡、含乳饮料、糖衣、冷冻食品等。

（2）耐酸性　适用于乳酸饮料等。

（3）耐酸性、稳定性、分散性　适用于果汁、巧克力饮料、水果饮料等。

（4）泡沫稳定性　适用于啤酒。

（5）水合、组织改良性　适用于方便食品、面条等面食制品。

（6）耐盐、耐酸、增稠性　适用于沙拉酱、调味酱等调味品。

第二节　海藻酸丙二醇酯的制备方法

海藻酸丙二醇酯是海藻酸与环氧丙烷反应后得到的一种海藻酸衍生物，可以采用高压反应、真空反应、吹扫法、管道反应法等方法制备，其中高压反应法由于在高压条件下反应，时间太长易焦化，成品也易分解，故反应时间较短。高压反应法能得到酯化度较高的产品，使用的设备简单、操作方便、易工业化生产，缺点是需要加入过量的环氧丙烷进行反应。真空反应法与高压反应法相反，是在真空条件下通入环氧丙烷后完成反应，原料的利用率高，生产成本低。吹扫法和管道反应法利用特制的设备降低环氧丙烷用量，同时得到高酯化度的产品，缺点是设备的设计复杂。

陈宏等（陈宏，2016）发明了一种藻酸丙二醇酯的生产方法，其特征在于制备工艺为：海藻酸→碱处理→醇脱水→酯化→降温→热风处理→造粒→干燥→粉碎，最后得到藻酸丙二醇酯。生产过程中通过对酯化条件的控制得到不同酯化度的产品，采用特殊的反应釜将环氧丙烷汽化，蒸汽循环通过海藻酸进行酯化反应使酯化过程需要的环氧丙烷用量减少，酯化完成后不需要用乙醇洗涤产品，既节约了生产成本也提高了安全性。具体步骤如下。

（1）原料　选取含水量在 60%~80% 的湿海藻酸为原料。

（2）碱处理　取原料质量 0.15%~0.8% 的催化剂与乙醇充分混合。将湿的海藻酸与乙醇以 1 ：（1~1.5）的体积比搅拌混合，使海藻酸充分与乙醇溶液接触，搅拌混合 15min。

（3）乙醇脱水处理　将碱处理完毕后的原料继续留在乙醇溶液中浸泡，浸泡 2h 后离心除去乙醇溶液，脱水后的海藻酸水分含量在 30%~50% 时可直接用于酯化。

（4）酯化　将环氧丙烷和酸块投入反应釜后封闭反应釜，对反应釜进行加热排气处理，排气完毕后开始进行蒸汽循环酯化反应。

（5）降温　由于酯化反应过程中温度在环氧丙烷沸点以上，所以在酯化反应结束后需降温冷却后才能打开反应釜，通常将温度降至 20℃以下即可，待温度降至 20℃以下时排出废液。

（6）热风处理　反应釜中废液排除后封闭反应釜，向反应釜内通入干燥热风排出残留在藻酸丙二醇酯中的环氧丙烷。

（7）造粒　热风处理完毕后将酯化产品进行造粒，缩小体积后便于后续加工处理。

（8）干燥　造粒后的藻酸丙二醇酯进行快速干燥处理，减少黏度的损失。

（9）粉碎　干燥后的产物用粉碎机粉碎，过筛得到所需粒度的藻酸丙二醇酯。

安丰欣等（安丰欣，2006）发明了一种啤酒专用藻酸丙二醇酯的生产工艺，可制取低黏度、高透明度、无异味的啤酒专用藻酸丙二醇酯产品。具体工艺如下。

（1）以褐藻为原料，按照海藻酸生产工艺，将海藻进行消化、冲稀、漂浮、过滤处理。

（2）过滤后的胶液用硅藻土为过滤介质过滤。

（3）将过滤后的胶液按常规钙化工艺加氯化钙反应形成海藻酸钙后，分别使用浓度为 2%~5% 和 0.5%~1% 的盐酸二次脱钙各 5~15min，使海藻酸含钙量小于 0.15%。

（4）海藻酸加热存放降解黏度至 100mPa · s 以下。

（5）降解后的海藻酸用乙醇洗涤脱水至含水量 30%~50%。

（6）将环氧丙烷与海藻酸连同催化剂一同投入酯化釜中酯化，其中催化剂为氢氧化钠、氢氧化钾、碳酸钠、碳酸钾、醋酸钠或醋酸钾，其用量为海藻酸质量的 0.1%~1%。

（7）真空干燥酯化产物。

（8）精细磨粉。

第三节　海藻酸丙二醇酯的物理性质

PGA 的外观为白色或淡黄色粉末，其水溶液为黏稠状胶体。因为分子结构中同时具有亲水性和亲油性两种基团，故具有乳化性、增稠性、膨化性、耐酸性和稳定性。表 10-1 所示为 PGA 的主要物理性质。

表 10-1　PGA 的主要物理性质

项目	指标
干燥失重	≤ 20%
密度	1.46g/cm^3
松密度	33.71kg/m^3
炭化温度	220℃
褐变温度	155℃
灰化温度	400℃
燃烧热	18.56kJ/kg

第四节　海藻酸丙二醇酯的溶液性质

PGA 是一种水溶性高分子，表 10-2 所示为 PGA 的 1% 蒸馏水溶液的物理性质。

表 10-2　PGA 的 1% 蒸馏水溶液的物理性质

项目	指标
pH	3~4
折光率（20℃）	1.3343
表面张力	0.058N/m^2
溶解热	0.3762kJ/kg
冰点降低	0.030℃

与其他高分子溶液相似，PGA 水溶液的性能受各种因素的影响，其中包括 pH、盐类离子及其他物质（如多价螯合物、季铵盐类等）等化学因素，以及温度、浓度、黏度、切变速度等物理因素。

一、溶液的流变性质

PGA 的 3% 水溶液在很宽的剪切速率范围内表现为剪切稀化，是一种假塑性流体。当浓度为 1% 或更低时，溶液在低于 100s^{-1} 的剪切速率下具有几乎稳定的黏度，不表现剪切稀化。随着 PGA 浓度的升高，其溶液的表观黏度也升高。温度对高黏度 PGA 溶液的流变性质有很大影响，随着温度升高，其表观黏度降低。

图 10-2 所示为海藻酸丙二醇酯的浓度对其黏度的影响（黄明丽，2014）。在相同剪切速率下，随着 PGA 浓度的增加，其溶液表观黏度和剪切应力大幅增加，这是由于随着浓度的升高，PGA 分子占的体积增大，分子间相互作用的概率增加，吸附的水分子增多，故黏度增大。当海藻酸丙二醇酯浓度高于 1%（质量分数）时，在较宽的剪切速率范围内，其黏度随剪切速率的增加逐渐降低，表现出剪切稀化，即为假塑性流体。当浓度为 1%（质量分数）或更低时，其溶液黏度基本不随剪切速率变化，不表现剪切稀化。1.5%（质量分数）和 2%（质量分数）的 PGA 溶液均具有一定程度的触变性，随剪切速率的上升过程和下降过程的曲线不重合，在曲线下方形成触变环，并且触变环面积随着浓度的升高而增大。触变环的出现意味着当外加应力去除后，PGA 不能瞬间恢复其黏度，产生一定的时间依赖性。触变环面积越大，说明其结构被剪切破坏后越难恢复。

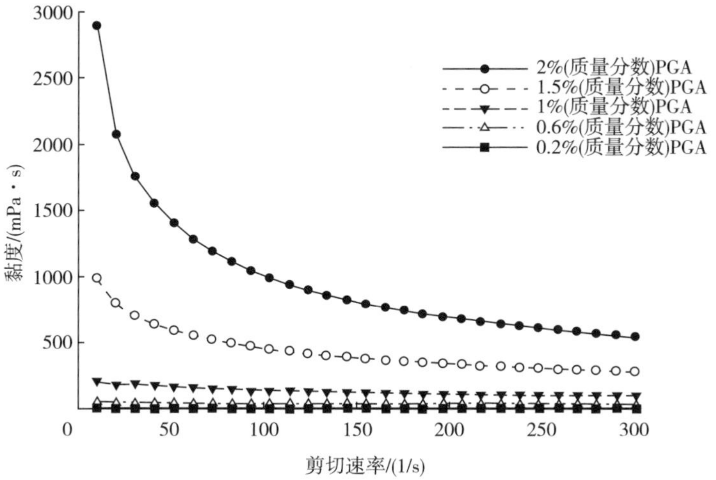

图 10-2　海藻酸丙二醇酯浓度对其黏度的影响

图 10-3 所示为温度对 PGA 溶液黏度的影响（黄明丽，2014）。随着加热温度的升高，PGA 溶液的黏度值逐渐下降，温度从 25℃升到 50℃时，黏度下降近 50%。这可能是因为对于 PGA 溶液，分子间引力形成的弹性阻力是其黏性产生的主要原因，温度升高使其分子间距离增大、分子间内聚力下降，导致黏性变小。

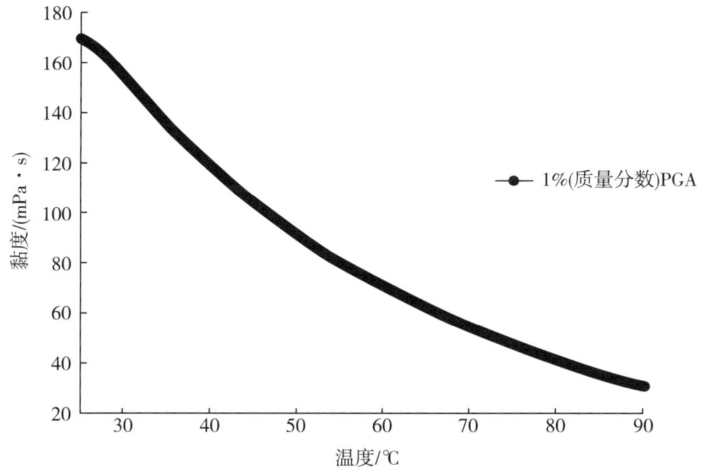

图 10-3　温度对 PGA 溶液黏度的影响

二、pH对PGA溶液性质的影响

PGA 的最佳黏度范围为 pH2~10。如图 10-4 所示，在 pH2~10 范围内，PGA

溶液的黏度不受 pH 影响，pH 超过 10 时黏度有所下降。从这点上看，PGA 耐酸性强，耐碱性弱，其表观黏度在 pH3~4 时长期稳定，pH2~3 时最为稳定。pH7~8 时，黏度略有上升（4%~7%），而当 pH ≥ 11 时，黏度开始下降。pH13 时的黏度比酸性条件时下降约 16.6%（吴伟都，2017）。

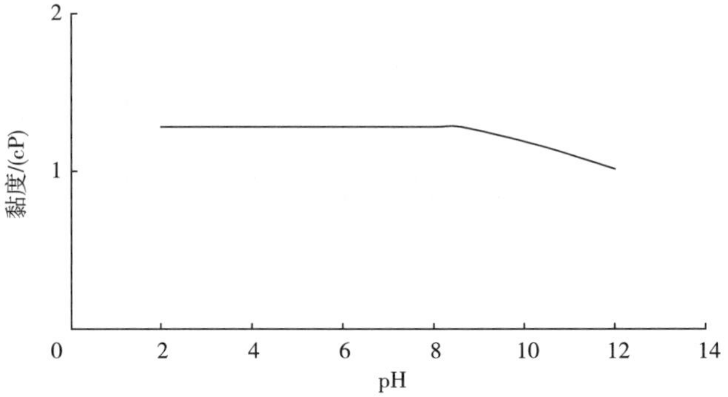

图 10-4　pH 对 PGA 溶液黏度的影响

三、单价盐对PGA溶液性质的影响

添加单价盐会降低 PGA 溶液的表观黏度，溶液中单价盐浓度达 0.1mol/L 时，对表观黏度影响最大，在浓溶液中，这种作用不太显著。NaCl 浓度为 0.01mol/L 和 0.1mol/L 时，溶液黏度略有降低，这可能是由于 PGA 中的羟基与钠离子作用导致PGA与水分子之间的氢键被打开，干扰了PGA分子与水分子的相互作用，使大分子在一定程度上缩拢、体系黏度降低。但是当 NaCl 浓度达到 1mol/L 后，溶液黏度反而会增加，其原因是 NaCl 浓度过高导致 PGA 在水溶液的链构象发生变化，使 PGA 黏度发生变化。

四、阳离子对PGA溶液性质的影响

PGA 为非离子型化合物，除了铁（三价）、铬、钴和钡离子外，对其他离子很稳定，不会凝固析出。

五、PGA与其他高分子物质的配伍性

（1）与蛋白质的作用：在酸性条件下，PGA 具有独特的稳定蛋白质的作用。在弱碱性条件下，PGA 与蛋白质发生交联反应。当 pH8~9 并保持较低温度时，可以观察到流变性质的变化，如黏度增大；在 40~50℃，PGA 与明胶反应后得到快速凝固的凝胶，这种凝胶在沸水中是不可逆的。

（2）PGA 与黄原胶、CMC、改性淀粉、海藻酸钠、阿拉伯胶、桃胶等具有

良好的互溶性，可混合复配使用。

图 10-5 和图 10-6 所示分别为 PGA 与 CMC 及海藻酸钠复配后的黏度变化。PGA 与 CMC 具有良好的增黏效应，且增黏效应随两者浓度的增大而增大。PGA 与海藻酸钠混合后，在海藻酸钠浓度超过 0.5% 或海藻酸钠浓度超过 0.3% 并且 PGA 浓度超过 0.4% 时，两者开始表现出增黏效应。

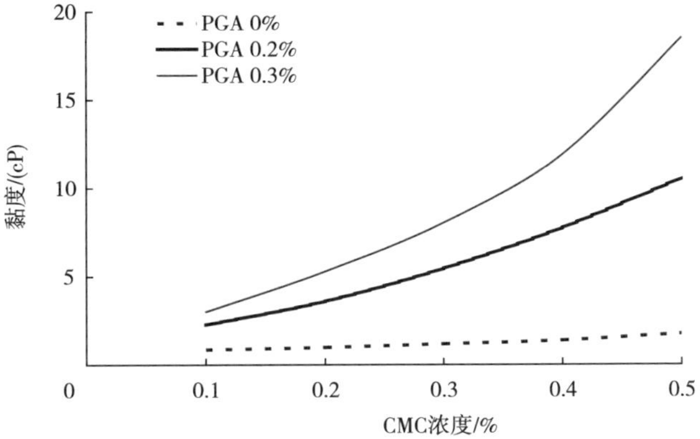

图 10-5　PGA 与 CMC 复配后的黏度变化

蔗糖对 PGA 溶液的黏度也有影响。随着蔗糖质量分数的增加，溶液黏度逐渐增大，尤其当蔗糖浓度超过 5%（质量分数）后，溶液黏度迅速增加。这可能是由于蔗糖含有很多羟基，是一种强亲水物质，在与 PGA 竞争水分子后导致 PGA 分子脱水结合，使黏度增高。此外，蔗糖在一定程度上降低了水中各种成分的活性，使水分子和体系中其他成分之间的相互作用减弱。随着蔗糖浓度升高，流动指数下降，溶液的假塑性提高，导致黏度上升。

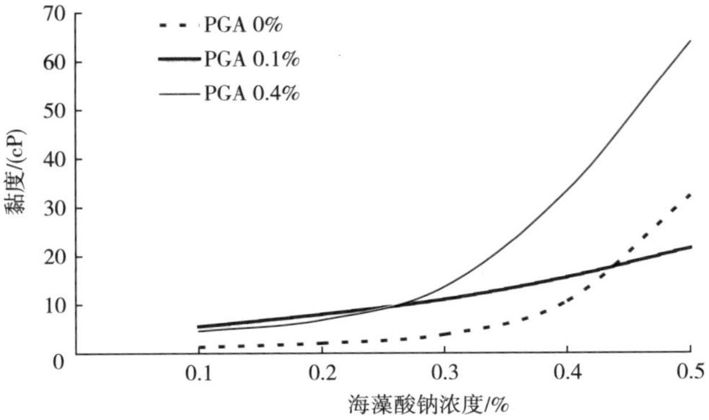

图 10-6　PGA 与海藻酸钠复配后的黏度变化

吴伟都等（吴伟都，2017）研究了酯化度对海藻酸丙二醇酯溶液流变特性的影响。结果表明，酯化度的增加使海藻酸丙二醇酯溶液黏度增加，并使剪切稀化程度加大、黏弹性与复合黏度增加。酯化改变了海藻酸的空间位阻，从而影响溶液的黏度、剪切稀化、特征松弛时间、弹性模量、黏性模量、黏弹性比值、复合动态黏度等一系列流变性能。

六、PGA的表面活性

PGA是一种良好的表面活性剂，可以单独或与黄原胶等混用，制成稳定性良好的水包油型乳化剂。

第五节　海藻酸丙二醇酯在食品工业中的应用

一、PGA的性能及应用

PGA是一种性能优良的食品配料，具有很好的乳化性、增稠性、膨化性和稳定性，兼具亲水和亲油基二重性基团，能使油水均匀混合及分散，特别适合用作饮料中的乳化剂（秦卫东，1998；黄明丽，2014；秦益民，2008；黄雪松，1996；甘纯玑，1989；胡国华，2002）。饮料中可使用的乳化剂一般与乳化稳定剂、分散剂并用，可提高乳化稳定性。应用的乳化剂有天然乳化剂，如卵磷脂、皂草苷、单宁等；合成乳化剂，如甘油脂肪酸酯、蔗糖脂肪酸酯、丙二醇脂肪酸酯。它们应具备6个条件：安全、HLB（亲水亲油平衡值）高、耐酸、耐盐、水解性好、耐乙醇。PGA是一种性能优良的增稠剂、乳化剂和稳定剂，可应用于pH3~5的酸性环境。同时，PGA有很高的发泡和乳化能力，可应用于酸奶制品、沙拉调料及啤酒泡沫稳定剂。表10-3总结了PGA在各类食品中的使用性能及参考用量。

表10-3　PGA在各类食品中的使用性能及参考用量

应用	性能	用量/%
乳制品	增稠、乳化、稳定	0.1~0.3
乳酸饮料	耐酸性、稳定乳蛋白	0.2~0.7
果汁	耐酸性、稳定性、分散性	0.2~0.7
啤酒	泡沫稳定性	0.002~0.006
方便食品	水合物、组织改良	0.2~0.5

续表

应用	性能	用量 /%
人造奶油	乳化稳定	0.1~0.3
调味品	耐盐、耐酸、增稠	0.1~0.3
咖啡伴侣	乳化、增稠	0.1~0.3

二、PGA在酸奶中的应用

作为高营养价值的乳制品，酸奶深受消费者喜爱。酸奶可分为两类，即凝固型和搅拌型，其中凝固型酸奶直接被发酵成固态，这类产品发酵完成后，需在冷藏条件下出售。如果添加果汁，往往会沉积在凝固型酸奶的底部，而其他的发酵混合物料则处在顶部。搅拌型酸奶在较大的发酵罐中发酵，然后再经过搅拌、冷却、发酵后用泵输送到储罐中。

凝固型酸奶和搅拌型酸奶有着各自不同的缺点，例如产品质地不紧密或由于乳清脱水收缩使产品变得平淡无味，尤其是凝固型酸奶用匙舀出后放置一段时间未能及时食用，其脱水收缩现象更为明显。脱水收缩导致搅拌型酸奶表面粗糙，尽管酸奶中经常添加稳定剂，但是大部分产品还是有沉淀现象发生。

在酸奶中加入明胶、卡拉胶、果胶、淀粉等食品添加剂可以防止脱水收缩，但是使用明胶作为稳定剂的酸奶被素食者和犹太教规禁用，效果也不太理想；卡拉胶在低 pH 的酸性乳产品中不是很稳定；添加果胶作为稳定剂的酸奶质地变硬，且生产成本高。添加淀粉使酸奶口感过黏，并且热量偏高。

与其他常用的食品添加剂相比，PGA 更适用于酸奶生产，具有以下优点。

（1）PGA 赋予酸奶产品天然的质地口感，即使在乳固形物添加量降低的条件下也能很好呈现出这种特性。

（2）能有效防止产品形成不美观的粗糙凹凸表面，使产品外观平滑亮泽。

（3）与其他所有配料完全融合，在发酵期间的任何 pH 范围内均可应用，并且在温和搅拌条件下就均匀分散在酸奶中。

（4）PGA 在酸奶中不仅充当稳定剂，还可以在酸乳中提供乳化作用，使含脂的酸奶平滑、圆润，口感会更好。

陈迎琪等（陈迎琪，2016）通过添加不同质量分数的海藻酸丙二醇酯和果胶制作搅拌型酸奶，以酸度、pH、表观黏度、持水力、乳清析出量、感官评定以及后产酸和黏度变化为指标，对比分析 PGA 和果胶对酸奶品质的影响。结果表明 PGA 与果胶均有利于酸奶体系的稳定，在添加量 0.10%~0.12% 范围内，果胶的增稠稳定效果略好于 PGA，但添加量大于 0.13% 后 PGA 的效果更好。在各质量分数下，PGA 对酸奶后产酸的抑制以及耐酸稳定性均优于果胶，使酸奶在相对较长的储存时间内保持质地、口感以及风味的稳定，更有利于酸奶品质的保持。

代增英等（代增英，2017）通过测定搅拌型酸乳的酸度、pH、持水力、乳清析出量和对酸乳进行感官品评，研究了不同海藻酸丙二醇酯添加量对搅拌型酸乳稳定性的影响。结果表明，添加 PGA 可以明显抑制酸乳贮藏过程中的后产酸现象，较好地增强酸乳的持水力，显著降低酸乳贮藏过程中的乳清析出量，同时明显改善酸乳的质地、组织状态和口感。添加 PGA 有利于搅拌型酸乳体系的稳定，且随着 PGA 添加量的增加，稳定效果逐渐提升。综合考虑应用效果和成本，PGA 在搅拌型酸乳中的最佳添加量为 0.3%。

图 10-7 所示为不同 PGA 添加量对酸乳乳清析出量的影响。随着 PGA 添加量的增加，酸乳的乳清析出量逐渐降低，当 PGA 添加量为 0.2% 时，酸乳的乳清析出量大幅度降低，添加量为 0.3%~0.4% 时，乳清析出量最少，酸乳的稳定性最好。

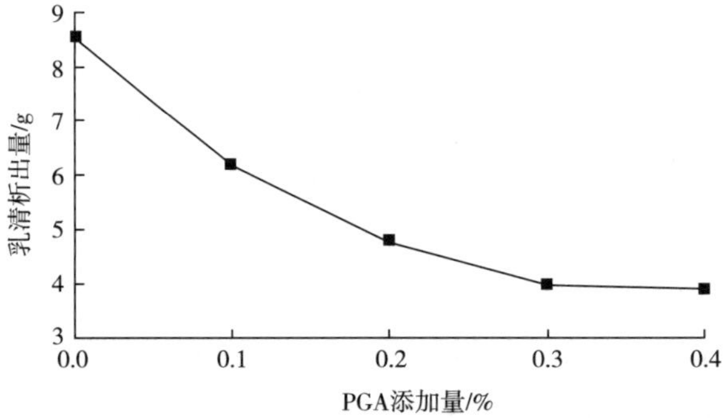

图 10−7　不同 PGA 添加量对酸乳乳清析出量的影响

图 10-8 所示为不同 PGA 添加量对酸乳持水力的影响。随着 PGA 添加量的增加，酸乳的持水能力逐渐增强，当 PGA 添加量为 0.2% 时，酸乳的持水能力显著升高，添加量为 0.3%~0.4% 时，持水能力和稳定性最好。研究表明，酪蛋白胶束可以增强酸乳的持水力，但是其结构稳定性容易受多种因素影响，因此酸乳的持水力也会受到相应的影响。如果酸乳的酸化速率太快，会使酪蛋白胶束收缩，导致疏水基团暴露、持水力下降。添加 PGA 后酸乳持水力增大的原

因可能是由于 PGA 是一种高亲水性稳定剂，其分子结构中含有的基团可以和蛋白质结合，形成的复合体将蛋白质包围起来，达到稳定效果，增强酸乳的持水性（陈迎琪，2016；张国农，2005）。

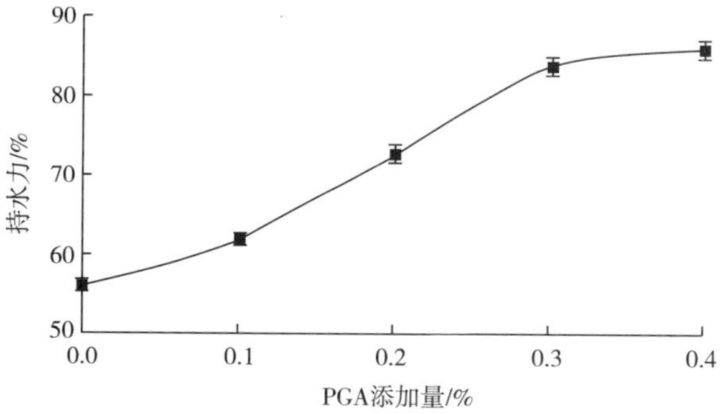

图 10-8　不同 PGA 添加量对酸乳持水力的影响

三、PGA在调配型酸性含乳饮料中的应用

调配型酸性含乳饮料是指用乳酸、柠檬酸或果汁等将牛奶或豆奶的 pH 调整到酪蛋白的等电点（pH4.6 以下）制成的一种含乳饮料，一般以原料乳、乳粉或豆浆、乳酸、柠檬酸或苹果酸、糖或其他甜味剂、稳定剂、香精和色素等为产品原料，饮料的蛋白质含量应大于 1%。沉淀及分层是调配型酸性含乳饮料生产和贮藏过程中最常见的质量问题，其主要原因在于配方中的稳定剂。如果选用的稳定剂不合适，产品在保质期内达不到应有的效果。大量研究结果证实，调配型酸性含乳饮料中最适宜的稳定剂是 PGA，及其与其他稳定剂的复合稳定剂。可以和 PGA 复配使用的稳定剂包括耐酸性 CMC、黄原胶、果胶等，总用量一般在 0.5% 以下，其中 PGA 用量一般占 60%~70%。通过对比优化实验，发现用含 PGA 为主的复合稳定剂生产出的产品稳定性和口感都较好，能满足该类产品的品质要求，贮藏 9 个月后无沉淀和分层现象出现（刘国强，2008；王晓梅，2008；卫晓英，2009；范素琴，2012；刘海燕，2015；赵六永，2014）。

四、PGA在果汁中的应用

果汁是一种既有营养也十分可口的饮料，在全世界各地深受消费者喜爱。果汁很容易分层，往往是上层清澈透明、底层有厚厚的果肉沉淀。在果汁中加入少量 PGA 可以大大缓解这个技术难题，PGA 能改善果肉的稳定性，添加量为 0.1% 时就能使果汁保持稳定。与淀粉、黄原胶、卡拉胶等亲水胶体相比，

PGA 还能改善果汁口感。

五、PGA在沙拉酱中的应用

作为稳定剂和乳化剂，PGA 不仅能为沙拉酱提供悦人的质地，也能提供加倍的乳化稳定性，使固体微粒悬浮稳定，在低脂沙拉酱中还能提供类似油脂的特性。PGA 在沙拉酱中的应用有如下优点。

（1）赋予沙拉酱丰富、柔软的质地和油水互溶的乳化效果，能充分发挥高效的乳化稳定性，使沙拉酱体系均匀稳定。

（2）提供低脂沙拉酱类似油脂的特性，主要原因在于其拥有疏水和亲水基团，具有类似天然脂肪的特性。PGA 是唯一拥有疏水基团的水溶性胶体，在沙拉酱中是很好的乳化剂。

（3）提高成品黏度，应用在低脂沙拉酱中可以弥补由于脂肪含量减少而降低的黏度。PGA 和其他大部分胶体协同作用，可使产品拥有润滑的外观。

（4）PGA 与黄原胶等其他水溶性胶体不同，能非常好地释放风味成分，不会抑制沙拉酱细腻的风味。

六、PGA在冰激凌中的应用

冰激凌有轻滑细腻的组织、紧密柔软的形体、醇厚持久的风味以及丰富的营养和凉爽的口感，但是其复杂的组分体系和加工工艺使制作和贮藏容易出现质量问题。早在 1934 年藻胶就用作冰激凌的稳定剂，随后开发出的 PGA 在冰激凌生产中有广泛应用。作为一种性能优良的稳定剂，PGA 可以明显改善油脂和含油脂固体微粒的分散度以及冰激凌的口感、内部结构和状态，也能提高冰激凌的分散稳定性和抗融化性，还可以防止冰激凌中乳糖冰晶体的形成。PGA 和黄原胶、瓜尔豆胶、刺槐豆胶、CMC 等食品胶一样能单独使用，也可以与一种或多种胶体复合使用，产生更好的效果和性价比。

七、PGA在啤酒中的应用

啤酒泡沫稳定剂是高酯化度海藻酸丙二醇酯的典型应用，一般用量为 40~100mg/kg。当啤酒中有残留脂肪性物质时，PGA 可以防止由此引起的泡沫破裂。加入 PGA 的啤酒的泡持力明显提高，泡沫洁白细腻、挂杯持久，而啤酒的口味和贮藏期均不会改变（黄亚东，2005；张立群，2002）。表 10-4 所示为 PGA 对啤酒质量的影响。

表 10-4 PGA 对啤酒质量的影响

项目	加 PGA	未加 PGA
透明度	清亮透明	清亮透明
泡沫形态	洁白细腻	洁白
泡持性 /s	387	230
酒精度（质量分数）/%	3.32	3.26
真正浓度 /%	3.57	3.52
原麦汁浓度（质量分数）/%	10.07	10.02
真正发酵度 /%	64.55	64.16
总酸 /（mL/100mL）	1.8	1.8
CO_2（质量分数）/%	0.52	0.50
pH	4.5	4.5
双乙酰 /（mg/L）	0.04	0.05
色度 /EBC	6.5	6.5
苦味质 /BU	13	14

八、PGA在面包品质改良中的应用

刘然然等（刘然然，2018）研究了添加不同黏度 PGA 的面包的烘焙特性，发现添加 PGA 可以显著增加面包比容、提高面包弹性，且在贮藏过程中可以延缓面包硬度和咀嚼性的增大、改善面包口感和风味、提高面包的整体接受度。图 10-9 所示为不同黏度的 PGA 对面包比容的影响，当添加较低黏度（100~200mPa ·s）

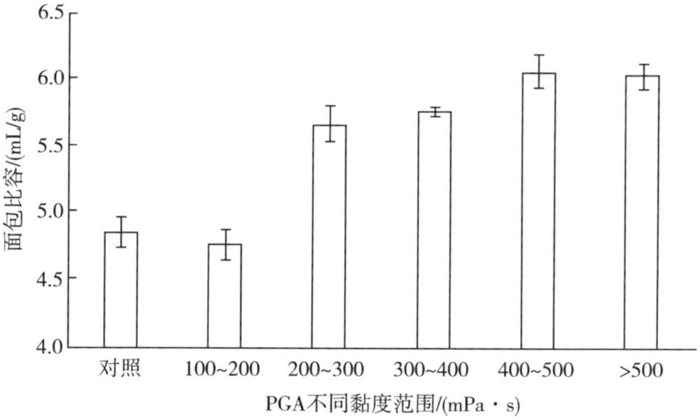

图 10-9 不同黏度的 PGA 对面包比容的影响

PGA 时，得到的面包比容比对照稍低，而当 PGA 黏度高于 200mPa · s 时，面包比容明显高于对照组，且随 PGA 黏度升高呈逐渐增大趋势，说明 PGA 黏度越高越能对面包比容产生改善效果。这可能是由于高黏度 PGA 与面筋蛋白相互作用后产生的网络结构改善了面筋的持气性能、增强了面团发酵稳定性，使面包比容增大。图 10-10 所示为添加 PGA 对吐司面包的影响。

图 10-10　吐司面包效果图
左：空白　右：添加0.2%PGA

九、PGA在面条品质改良中的应用

刘然然等（刘然然，2016）研究了不同浓度低酯化度 PGA 对面条品质的影响。低酯 PGA 的添加量在 0.2%~0.3% 时能增大面条硬度、咀嚼性和胶黏性，同时降低面条吸水率和淀粉溶出率，使面条最具筋道、爽滑性，达到最佳口感。杨艳等（杨艳，2009）通过粉质仪测定面粉粉质特性，经 TPA 全质分析、蒸煮实验和感官鉴评，研究了 PGA 添加量对面条硬度、黏着性、拉伸收缩比等指标的影响。图 10-11 所示为 PGA 添加量对面条感官品评得分的影响。PGA 添加量在 0.2%~0.3% 时制作的湿面条表现出较好品质，面条为乳白色，表面结构细密光滑，有咬劲，且富有弹性，咀嚼时爽口不黏牙，无异味。

十、PGA在其他食品中的应用

PGA 在番茄酱、干酪、肉类酱汁、酱油、乳化香精、糖衣、糖浆等食品或食品半成品中都有很好的应用（黄明丽，2014；张娟娟，2014）。

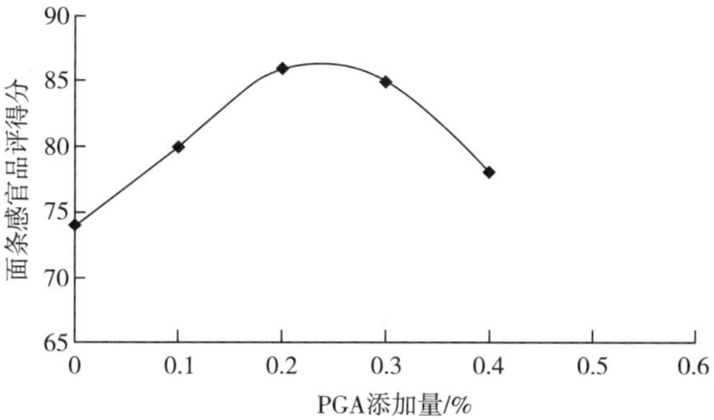

图 10-11　PGA 添加量对面条感官品评得分的影响

第六节　小结

海藻酸丙二醇酯是海藻酸的一种改性产物，是一种性能优良的食品配料。作为膳食纤维，海藻酸丙二醇酯具有良好的增黏效应、黏弹性以及乳化稳定性，已经广泛应用于酸奶、含乳饮料、果汁饮料、啤酒、面制品等食品和饮料的生产，产生独特的使用功效。

参考文献

[1] Anderson D M，Brydon W G，Eastwood M A，et a1．Dietary effects of propylene glycol alginate in humans [J]．Food Additives & Contaminants，1991，8（3）：225-236.

[2] Steiner A B. Manufacture of glycol alginates [P]. US Patent 2，426，215，1947.

[3] Steiner A B and McNeely W H. High-stability glycol alginates and their manufacture [P]. US Patent 2，494，911，1950.

[4] 王姣姣，杨晓光，秦志平，等. 海藻酸丙二醇酯的主要特性及其在食品中的应用 [J]. 安徽农业科学，2016，44（7）：70-72.

[5] 刘钟栋. 食品添加剂原理及其应用技术 [M]. 北京：中国轻工业出版社，1993.

[6] 刘程．食品添加剂使用大全 [M]．北京：北京工业大学出版社，2004.

[7] 陈宏，刘兴勇，陈翔，等．一种藻酸丙二醇酯的生产方法 [P]. 中国专利申请201610161997.8，2016.

[8] 安丰欣，王晓梅，程涛，等. 一种啤酒专用藻酸丙二醇酯的生产工艺 [P]. 中国专利200610068970.0，2006.

[9] 黄明丽. 酪蛋白酸钠与藻酸丙二醇酯相互作用及其对鱼油乳状液稳定性的影响［D］. 青岛：中国海洋大学，2014.
[10] 张娟娟，刘海燕，范素琴，等. 复配型蛋糕品质改良剂的应用研究［J］. 中国食品添加剂，2014，(5)：125-129.
[11] 吴伟都，朱慧，王雅琼，等. pH对海藻酸丙二醇酯溶液流变特性的影响［J］. 乳业科学与技术，2017，40 (2)：1-4.
[12] 吴伟都，朱慧，王雅琼，等. 酯化度对海藻酸丙二醇酯溶液流变特性的影响研究［J］. 饮料工业，2017，20 (1)：17-20.
[13] 秦卫东，王亚利. 藻酸丙二醇酯黏度的研究［J］. 食品与发酵工业，1998 (6)：36-39.
[14] 黄明丽，董玉红，卢传静，等. 藻酸丙二醇酯的流变学特性研究［J］. 食品工业科技，2014，35 (3)：319-323.
[15] 黄雪松，杜秉海. 海藻酸丙二醇酯性质及其在食品工业中的应用研究［J］.食品研究与开发，1996，17 (2)：13-16.
[16] 甘纯玑. 褐藻胶生产及应用［M］. 北京：中国农业出版社，1989.
[17] 胡国华. 藻酸丙二醇酯的特性及在食品中的应用［C］. 第六届中国国际食品添加剂展览会暨学术交流会，2002.
[18] 陈迎琪，姜启兴，夏文水，等. 海藻酸丙二醇酯与果胶在搅拌型酸奶中的应用对比研究［J］. 中国乳品工业，2016，44 (11)：17-20.
[19] 代增英，范素琴，王晓梅，等. 海藻酸丙二醇酯在搅拌型酸乳中的应用［J］. 乳业科学与技术，2017，40 (5)：12-15.
[20] 张国农，李运飞，解国富，等. 搅拌型果汁酸乳稳定性的研究［J］. 食品与机械，2005，21 (1)：50-52.
[21] 刘国强. 稳定剂在酸奶生产中的应用［J］. 农产品加工，2008，(16)：65-67.
[22] 王晓梅，周树辉. 藻酸丙二醇酯在搅拌型橙汁酸奶中的应用［J］. 中国食品添加剂，2008，(6)：132-135.
[23] 卫晓英，李全阳，赵红玲，等. 海藻酸丙二醇酯（PGA）对凝固型酸乳结构的影响［J］. 食品与发酵工业，2009，35 (2)：180-183.
[24] 范素琴，王春霞，安丰欣，等. 藻酸丙二醇酯在调配型酸乳饮料中的应用［J］. 中国食品添办剂，2012，35 (5)：177-180.
[25] 刘海燕. 海藻酸丙二醇酯在发酵风味乳中的应用［J］. 食品工业科技，2015，36 (3)：30.
[26] 赵六永，刘华，孙远征，等. 含果粒酸性含乳饮料的稳定性研究［J］. 饮料工业，2014，(1)：5-10.
[27] 黄亚东. PGA对纯生啤酒泡沫稳定性的影响研究［J］. 食品工业科技，2005，(9)：76-77.
[28] 张立群，张双玲，张莹梅. 啤酒泡沫稳定剂-藻酸丙二醇酯应用研究［J］. 酿酒，2002，29 (4)：98-99.

[29] 刘然然，范素琴，王晓梅，等. 不同黏度海藻酸丙二醇酯（PGA）对面包品质改良效果研究［J］. 中国食品添加剂，2018,（6）：137-140.
[30] 刘然然，姜进举，杨艳，等. 不同浓度低酯化度PGA对面条品质的影响研究［J］. 中国食品添加剂，2016,（8）：148-152.
[31] 杨艳，于功明，王成忠. 海藻酸丙二醇酯对酸性湿面条质构影响研究［J］. 粮食与油脂，2009,（5）：16-18.
[32] 秦益民. 海藻酸［M］. 北京：中国轻工业出版社，2008.

第十一章　海藻源膳食纤维的健康功效

第一节　引言

海藻对人类的健康功效在全球得到广泛认可。近年来，随着越来越多海藻活性物质得到分离纯化，其生物活性和健康功效也通过更多的科学研究得到证实，在海洋药物、功能性食品、生物医用材料、美容护肤品、生物刺激剂等领域展现出很高的应用价值（Smit，2004）。海藻生物体中含有的多糖、多肽、氨基酸、多不饱和脂肪酸、多酚、维生素、类胡萝卜素、微量元素等多种生物活性物质有利于人体健康，尤其是海藻中丰富的碳水化合物对促进人体消化系统健康起重要作用（董彩娥，2015；李岩，2015；徐明芳，1996；陈家童，1998）。

通过物理、化学、生物技术从海藻中提取的褐藻胶、卡拉胶、琼胶、岩藻多糖等海藻源膳食纤维具有很高的亲水性和良好的生物相容性，在功能性食品中有特殊的应用价值（纪明侯，1997；尹宗美，2020；宋凯，2013；李林，2000）。大量研究显示，海藻源膳食纤维具有通便、降血脂、降血糖、改善动脉粥样硬化、益生肠道菌、排除重金属离子、吸附 NO_2^-、清除自由基、吸附雌激素、预防乳腺癌、减肥、膨化大便、缓解便秘等一系列优良的健康功效。

第二节　海藻源膳食纤维促进消化系统健康

一、改善胃肠道菌群

肠道微生物在人体健康和疾病预防中起重要作用（Tuohy，2003）。微生物群落在肠黏膜局部和人体全身均与宿主互动，产生广泛的免疫、生理和代谢作用。食物在对人体产生直接影响的同时，也通过影响肠道的微生物对人体健康产生有益或不利的影响（Rowland，1999；Rastall，2005；Blaut，2007；Cani，2007）。研究显示，源自海藻的膳食纤维对肠道健康有积极影响（Vaugelade，2000；Deville，2004），低分子质量海藻多糖具有促进益生菌的活性（Deville，2007；Ramnani，2012），海藻酸盐、褐藻淀粉、琼胶等海藻多糖是独具特色的具有益生功效的碳水化合物（O' Sullivan，2010），可增加益生菌成活率，在消化系统中提供物理保护作用（Ding，2009；Islam，2010；Chavarri，2010）。费亚芬等（费亚芬，2019）的研究结果显示，从海带、裙带菜、海青菜、石花菜、龙须菜、坛紫菜、条斑紫菜 7 种海藻中提取出的膳食纤维能改善肠道菌群丰度，有利于有益菌增长和肠道环境恢复，其中龙须菜为促进有益菌生长的最优海藻。

二、吸附重金属离子

海藻类植物对重金属离子均有很好的吸附性能，是一种优良的生物吸附剂。从褐藻中提取的海藻酸是一种高分子羧酸，对重金属离子有很强的结合力。在一项对海藻酸盐吸附金属离子的研究中，Haug 等（Haug，1967；Smidsrod，1972）详细研究了海藻酸钠与多种金属离子的离子交换系数。结果显示，海藻酸对金属离子的结合力按照以下的顺序递减：$Pb^{2+}>Cu^{2+}>Cd^{2+}>Ba^{2+}>Sr^{2+}>Ca^{2+}>Co^{2+}=Ni^{2+}=Zn^{2+}>Mn^{2+}$。海藻酸对铅离子有很强的结合力，可利用该性能开发具有排铅功能的产品。

杨贤庆等（杨贤庆，2007）采用模拟胃和小肠环境进行体外试验，同时对大白鼠进行体内试验，研究了 4 种海藻膳食纤维对 Cd^{2+}、Pb^{2+}、Hg^{2+} 的体内、体外清除效果，并与麦麸膳食纤维进行比较。结果表明，在体外模拟试验中，4 种海藻和麦麸膳食纤维对 Cd^{2+}、Pb^{2+}、Hg^{2+} 的吸附效果与 pH、纤维种类有关。小肠环境下的吸附较胃环境下更加强烈，其中海带的吸附最强，其次为麒麟菜、麦麸和江蓠，马尾藻最差。在动物体内试验中，各种膳食纤维对大鼠体内重金属排出量均显著大于空白对照组，排出能力由大到小依次为：麒麟菜、海带、麦麸、江蓠、马尾藻。

三、吸附NO_2^-

李来好等（李来好，2006）研究了海带、麒麟菜、江蓠、马尾藻等海藻膳食纤维对外源性 NO_2^- 的体内、体外清除能力，采用模拟胃和小肠环境进行体外试验，同时对大白鼠进行体内试验。结果显示，在体外模拟试验中，各种膳食纤维对 NO_2^- 的吸附效果与 pH 和纤维种类有关。在胃环境下，海带对 NO_2^- 的吸附最强，达 1.19mg/g，其次是麒麟菜为 0.94mg/g，马尾藻的吸附性能最弱，为

0.60mg/g。海带、麒麟菜对 NO_2^- 的吸附率显著大于麦麸。在小肠环境下，海带的吸附能力最强，达 0.74mg/g，其次是麒麟菜为 0.67mg/g，马尾藻的吸附能力最弱，为 0.37mg/g，海带对 NO_2^- 的吸附率显著大于麦麸。在动物体内试验中，各种膳食纤维组动物体内慢性中毒剂量的 NO_2^- 经 4d 排完，其排出量均显著大于对照组，麒麟菜排出效果最好，排出率为 24.74%，其次是麦麸为 21.39%，江蓠、海带和马尾藻的排出率小于麦麸。

四、吸附雌激素、预防乳腺癌

李刘冬等（李刘冬，2005）采用模拟胃和小肠环境的体外试验和大白鼠体内试验，研究了海带、麒麟菜、江蓠、马尾藻等海藻膳食纤维对外源性雌性激素的吸附作用。结果显示，在模拟小肠环境下，4 种海藻膳食纤维对雌性激素的吸附效果比模拟胃环境好，尤其是海带，其吸附率为 108μg/g，是马尾藻的 1.5 倍、麦麸的 1.8 倍、江蓠的 3.1 倍、麒麟菜的 3.0 倍。体内试验结果表明，江蓠、麒麟菜、马尾藻和海带膳食纤维对雌二醇的吸附率分别为 11.1%、13.6%、27.5% 和 38.7%，与麦麸膳食纤维 20.4% 的吸附率相比，海带和马尾藻的吸附率分别是麦麸的 1.9 倍和 1.3 倍，而江蓠和麒麟菜的吸附效果不及麦麸。

五、通便

海藻源膳食纤维来源于海洋，具有很好的亲水特性，因此其通便性能比陆地膳食纤维更好。张琳等（张琳，2015）对 8 种海洋膳食纤维的性能进行检测，选出具有高膨胀力及持水力特性的海洋膳食纤维进行复配后与市面常见的 4 种膳食纤维通便产品进行比较。研究结果表明，海藻酸钠（高黏度）：卡拉胶（高黏度）=6 ： 4 的复配产品的膨胀力（13.3mL/g）、持水力（982%）较高，在添加 5% 的硬脂酸镁后具有很好的流动性。

李来好（李来好，2005）选择有便秘史的受试患者，分别服用从不同海藻中提取出的膳食纤维并观察其改善通便的效果。结果显示，海带膳食纤维的疗效最好，其次是麒麟菜膳食纤维和马尾藻膳食纤维，江蓠膳食纤维的疗效最差。4 种海藻膳食纤维对便秘患者的通便作用都优于陆生植物麦麸膳食纤维。

白旭等（白旭，2019）根据药食同源的原则，用海带、芋头、无花果、低聚果糖、大枣、牛磺酸等原料配制成复方海藻粥，结果显示复方海藻粥可以促进胃肠道的蠕动，具有较为明显的润肠通便功能。吕钟钟（吕钟钟，2009）以提取海藻酸后的海藻渣为原料提取膳食纤维，将海带膳食纤维与低聚木糖复合后配制成海藻复合膳食纤维，结果显示其具有调节小鼠肠道菌群和促进通便的功能。

六、膨化大便、缓解便秘

褐藻胶、卡拉胶、琼胶等海藻胶是水溶性的亲水胶体，在胃肠道中通过膨化肠道内的物体，可以使各种有害物质得到稀释并降低其吸收，同时可以缓解便秘。在一项试验中，5 个健康的成年人在 7d 内每天吃了 175mg/kg 体重的海藻酸钠，结果显示粪便的干重和湿重都有明显的增加。在猪的研究中得到了类似的结果，在饲料中加入 5% 的海藻酸钠增加了胃肠道的容量（Dettmar，2011；Qin，2018）。图 11-1 所示为海藻酸钠在进入消化系统后的作用机制。

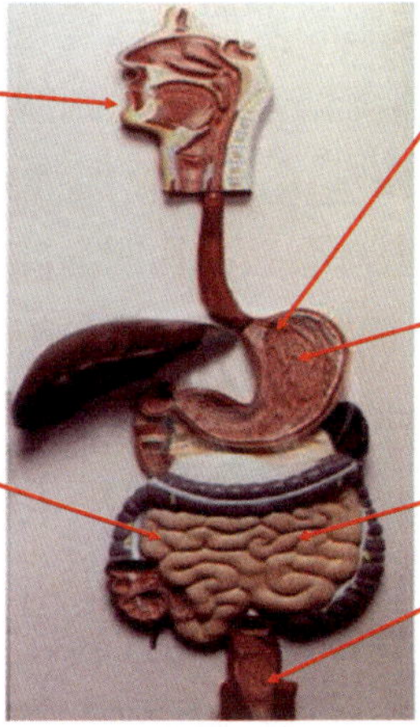

图 11-1　海藻酸钠进入消化系统后的作用机制

海藻源膳食纤维有很多亲水基团，具有很强的持水性和膨胀性，这与其结构、化学组成和粒度相关，其中可溶性膳食纤维比不溶性膳食纤维具有更强的持水和膨胀功能。膳食纤维的持水能力和膨胀能力使其体积增大数倍，从而使人容易产生饱腹感，通过减少进食预防肥胖。在消化道中，膳食纤维可以增加大便水分与体积、刺激肠道蠕动、加速排便频率，使粪便中的有害物质特别是致癌物质能及时排出体外，可以减少肠道癌、痔疮等的发病率。

第三节　海藻源膳食纤维改善体重指数

肥胖症是发达国家及越来越多的发展中国家中的一种流行病（Selassie，2011）。肥胖使 2 型糖尿病、高血压、血脂异常等疾病的风险增加，也与骨关节炎和冠心病的发病相关（Haslam，2006）。膳食纤维可以通过提高饱腹感等机制降低进食量而起到减肥功效（Kristensen，2011）。海藻含有丰富的膳食纤维（MacArtain，2007），尤其是褐藻胶、卡拉胶、琼胶、岩藻多糖等性能优良的可溶性膳食纤维。越来越多的证据显示，褐藻胶等膳食纤维可以减弱食欲，一项涉及 12 个健康肥胖男人的研究显示，食用含 4% 的泡叶藻的面包可以明显减少能量的摄入（Hall，2012），该结果与褐藻胶在胃肠道内引起的膨化效应密切相关（Paxman，2008）。

从褐藻细胞壁中提取出的海藻酸盐在体重控制中有独特的作用。在一项有 68 个健康志愿者参与的研究中，饮用含海藻酸盐的饮料可以明显降低能量的摄入，海藻酸盐饮料可以在肥胖人群中选择性地减弱胆固醇和葡萄糖的吸收，从而降低血液中胆固醇和葡萄糖含量，起到减肥作用（Paxman，2008）。海藻酸盐对餐后血糖的影响在两项试验中分别得到证实（Williams，2004；Wolf，2002），在食品和饮料中加入海藻酸盐均明显降低了餐后血糖浓度。

海藻酸盐通过在胃中形成凝胶所提供的饱感可以降低能量的摄入，给肥胖患者提供一个减肥手段（Pelkman,2007）。在一项有 96 个肥胖者参与的试验中，Georg Jensen 等（Georg Jensen，2012）通过让受试者饮用含海藻酸盐的饮料实现提供饱腹感和降低能量摄入的目的，12 周后观察到明显的体重下降。但也有研究显示，以胃排空、餐后胃容量、餐后饱感、能量摄入为指标的饱腹感在服用海藻酸盐胶囊的 7d 后没有明显变化（Odunsi，2010），这个区别可能是载体上的区别，即胶囊和饮料，饮料的体积更大，更容易调节胃伸展受体和增加饱腹感，从而降低能量的摄入。总的来说,这些研究在短期内验证了海藻酸盐对能量摄入、血脂、血糖的影响，大多数结果表明海藻酸盐对降低体重有一定的影响。

Dettmar 等（Dettmar，2011）的研究显示，海藻酸盐可以调节食欲和能量的吸收。这个作用主要是由于海藻酸盐在胃酸的作用下形成胶体，从而迟缓了胃的清空、刺激了胃牵张感受器、降低了肠道对营养成分的吸收，并影响血糖的控制。Wolf 等（Wolf，2002）测试了分别喝了海藻酸钠和阿拉伯胶饮料后的正餐后血糖指数，结果显示含海藻酸钠的饮料弱化了正餐后血糖指数。Williams 等（Williams，2004）注意到在吃了含海藻酸钠的脆饼后正餐后血糖指数有所下降。Hoad 等（Hoad，2004）研究了海藻酸钠对进食习惯的影响，他们测试了喝含 1%（质量体积分数）海藻酸钠的牛奶后的饥饿及饱感。总的来说，喝了含海藻酸钠的牛奶后饱感有所增加，饥饿感有所下降，而这种影响在古洛糖醛酸含量高的海藻酸中更大。采用磁共振成像术后显示，海藻酸在胃中形成胶体，而胶体的容量与海藻酸的古洛糖醛酸含量有关。研究显示，海藻酸的成胶性能对其控制食欲的功能起重要作用（Ohta，1997）。

Chater 等（Chater，2016）采用浊度计脂肪酶活性测定法研究了三种褐藻提取物对脂肪酶的活性，分别测试了海藻匀浆、海藻的碳酸钠提取物、海藻的酒精提取物的活性。三种提取物对脂肪酶均显示了很强的抑制作用，说明海藻中的海藻酸盐、岩藻多糖、褐藻多酚等活性物质具有抑制脂肪酶的作用，是食用海藻产生减肥功效的主要原因。

第四节　海藻源膳食纤维降低慢性病风险

一、预防心血管疾病

1. 抗凝血

海藻含有多糖、不饱和脂肪酸等对心血管有保护作用的生物活性物质，对自发性高血压大鼠喂饲海带的试验结果显示，海带能有效降低动脉收缩压。有人把海带根干品用于治疗高血压，在接受治疗的 158 人中，显效的有 86 人。研究发现，海藻中的岩藻多糖具有阻止动物红细胞凝集反应的作用，可防止血液黏度增大引起的血压上升（邓槐春，1987；周慧萍，1990）。

图 11-2 所示为人体血管的示意图。世界卫生组织调查发现，心脑血管疾病是人类的头号杀手，动脉粥样硬化等心脑血管疾病已成为严重危害公众健康尤其是老年人健康的常见病与多发病。目前临床上采用的抗血栓药物，如抗血小板药中最常用的阿司匹林，有明显的胃肠道不良反应，其他抗血小板药也不能干扰血小板激活的全部代谢过程，不能完全阻断血栓的形成。抗凝血药中应用最广的肝素，近年来发现不能抑制与纤维蛋白结合的凝血酶，已经成为血栓复发的关键因素。

海藻含有的岩藻多糖具有抗凝血作用，相当于肝素抗凝活性的 81%~85%，食用海藻可大大降低中风的发生率。日本人，尤其是冲绳岛居民的平均寿命居全球前列。一般认为这与他们饮食中的鱼、大豆和海藻有关。日本人中心血管疾病和癌症的发病率是很低的（Yamori，2006），有研究证实了日本人食用海藻对预防心血管疾病的作用（Iso，2007；Shimazu，2007）。在对 20 个移民到巴西的日裔人的研究中发现，在他们的饮食中每天加入 5g 海藻粉末，10 周后体内的胆固醇明显降低（Yamori，2001）。

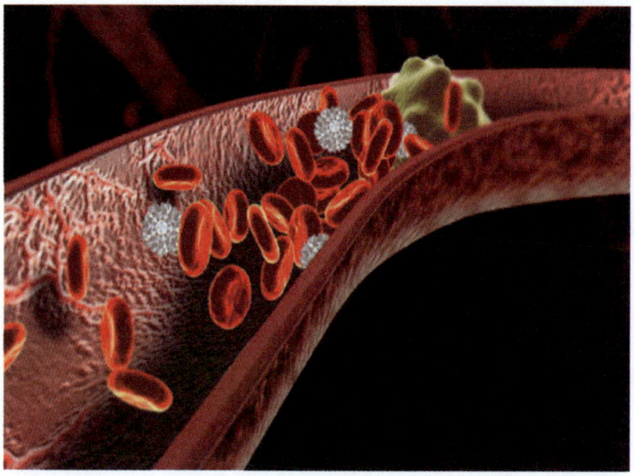

图 11-2　人体血管示意图

食用海藻与心血管疾病降低之间的因果关系主要在动物模型中得到证实，也有很多人体试验中得到的关于海藻活性物质的抗炎、抗血管增生、抗凝、抗粘连等性能方面的数据（Cumashi，2007；Bocanegra，2009）。从皱波角叉菜中提取的卡拉胶历史上被用于治疗咳嗽和感冒的药物，研究显示其具有抑制血小板聚集和抗凝血的性能（Liu,2012）。从褐藻中提取的岩藻多糖具有抗凝血作用，可以预防心血管疾病（Berteau，2003）。此外，从泡叶藻等褐藻中提取出的褐藻淀粉具有抗氧化（Heo,2005）、抗炎（Ostergaard,2000）和抗凝血作用（Miao，1999）。这些研究显示，岩藻多糖和褐藻淀粉在预防心血管疾病中可以起到调节剂的作用。

魏玉西等（魏玉西，2006）研究了鼠尾藻多糖及其降解物对小鼠的抗凝血活性，结果显示鼠尾藻多糖及其降解产物均能明显延长小鼠出血时间和增加出血量，并且随着多糖降解程度的增加，其延长小鼠凝血时间的作用减弱。鼠尾藻多糖对小鼠出血时间的延长作用与多糖的相对分子质量呈负相关性。

2. 降血糖

在食物中添加海藻酸盐具有降低血糖的功效。糖尿病患者的食物中加入5g 海藻酸盐后，血液中的葡萄糖峰值和血浆胰岛素的上升量分别降低了31% 和 42%。在饮料中加入海藻酸钠对餐后血浆葡萄糖和胰岛素升高也产生类似的效果。这些结果显示在海藻酸盐存在的情况下，葡萄糖的吸收速度有所下降（Brownlee，2009；Dettmar，2011）。

肖红波等（肖红波，2006）研究了水溶性裙带菜膳食纤维对四氧嘧啶糖尿病小鼠糖代谢的影响，结果发现小鼠经过可溶性裙带菜膳食纤维较长时间（21d）灌胃后，能够降低糖尿病小鼠的血糖、明显抑制正常小鼠的糖异生作用、改善糖尿病小鼠的糖耐量。

王庭欣等（王庭欣，2001）研究了海带多糖对糖尿病小鼠血糖的调节作用，从小鼠尾静脉注射 55mg/kg 体重剂量的四氧嘧啶造成糖尿病小鼠模型，按 125、250、500mg/kg 体重剂量的海带多糖连续灌胃糖尿病小鼠 3 周后，测定空腹血糖、尿素氮、血清钙、血清胰岛素含量等指标并做胰腺病理检查。结果表明，海带多糖能明显降低糖尿病小鼠血糖和尿素氮，其血糖降低率分别为 34.96%、20.70%、26.82%。

李耀冬（李耀冬，2014）将海藻膳食纤维与传统中药黄芪、葛根、桑叶提取物按照 6.8 ∶ 1.86 ∶ 1 ∶ 1.4 的比例进行复方并研究其辅助降血糖作用。通过尾静脉注射 60mg/kg 四氧嘧啶制备糖尿病小鼠模型，并将糖尿病小鼠随机分为高、中、低剂量组、模型对照组、阳性对照组，另设空白对照组。高、中、低剂量组每天灌胃相应剂量的复方海藻膳食纤维混悬液，阳性对照组灌胃 200mg/kg 盐酸二甲双胍溶液，空白对照组小鼠灌胃等剂量的生理盐水。灌胃 30d 后检测血清空腹血糖（FBG）、总胆固醇（TC）、低密度脂蛋白（LDL-C）、高密度脂蛋白（HDL-C）和甘油三酯（TG），测定口服葡萄糖耐量（OGTT），手术摘取各组小鼠胰腺组织做病理切片检查。结果表明，高、中剂量复方海藻膳食纤维能极显著地降低小鼠血清空腹血糖，体重减少症状得到显著改善，且能在一定程度上改善糖尿病模型小鼠的脂质异常代谢状况。胰腺组织病理切片检查结果显示，高、中剂量的复方海藻膳食纤维能有效减轻胰岛 β 细胞受损程度。研究结果表明，复方海藻膳食纤维具有辅助降血糖的功效。

3. 降血脂

高脂血症是脂代谢异常造成的，表现在血液中总胆固醇水平、总甘油三酯和低密度脂蛋白胆固醇的升高，而高密度脂蛋白胆固醇含量下降。动物试验表明，小肠腔中海藻酸盐的存在可以减少脂肪的吸收、降低血浆胆固醇，其作用机制可能与粪便胆汁和胆固醇排泄量的增加相关。在一项有 67 个人参与的试验中发现，每克果胶、燕麦、车前子和瓜尔豆胶可以分别使血浆总胆固醇含量降低 70、37、28 和 26mmol/L。在另一项试验中，6 个参与试验的回肠造口术患者的饮食中每天加入 7.5g 海藻酸盐后，脂肪酸排泄增加了一倍。在总胆固醇和脂肪含量较高的食物中加入海藻酸钠可以起到与硫酸酯多糖、紫菜胶等海藻多糖相似的降低总胆固醇的功效（Wei，2009）。

管华诗等（管华诗，1986）在饲料中不掺杂植物油和胆固醇，以同法饲养大白鼠后测试粪便中脂肪和胆固醇的含量，结果显示随着饲料中海藻酸钠含量的提高，其排出的脂肪、胆固醇明显升高。用 100% 麦麸和 93% 麦麸 +7% 海藻酸钠喂养大白鼠 2 个月后，其血浆中胆固醇含量分别为 180 和 115 mg/100g，海藻酸钠对血浆中胆固醇含量有明显影响。表 11-1 所示为海藻酸钠阻吸脂肪、胆固醇的情况。

表 11-1 海藻酸钠阻吸脂肪、胆固醇的情况（管华诗，1986）

饲料中海藻酸钠含量 /%	粪便中脂肪的含量 /（g/100g）	粪便中胆固醇的含量 /（mg/100g）
0	2.67	532.00
1	3.20	693.00
2	5.43	937.00
3	5.03	732.00
5	5.67	1109.32
7	10.23	1635.73
10	10.94	2146.45
15	10.85	2100.17

关于膳食纤维降血脂的机制，最为广泛接受的理论是，膳食纤维的某些成分能与胆汁酸结合，从而防止肠道的再吸收、加速其排泄。表 11-2 所示为含有海藻酸钠的降糖乐在对 59 例患有糖尿病同时又有高脂血症的患者的治疗中，均可见到血脂的明显变化。

表 11-2 海藻酸钠对人体血脂的影响（管华诗，1986）

分类	指标	例数	服降糖乐周数	服用前 / mg%	服用后 / mg%	降低率 /%
高血脂者	胆固醇	26	2~36	282.5	233.1	17.49
	甘油三酯	10	2~36	255.9	162.3	38.58
	β- 脂蛋白	12	2~36	661.8	532.8	19.49

续表

分类	指标	例数	服降糖乐周数	服用前 / mg%	服用后 / mg%	降低率 /%
正常血脂者	胆固醇	31	5~58	195.5	185.2	5.26
	甘油三酯	42	4~58	125.0	122.7	1.84
	β- 脂蛋白	37	4~58	398.0	345.7	12.70

在日本的一项对学前儿童的研究中，Wada 等（Wada，2011）研究了食用海藻与学前儿童血压的关联性。结果显示，食用海藻较低、中等、较高的三部分儿童的动脉舒张压分别为 62.8、59.3 和 59.6mmHg，三组女孩的心脏收缩压分别为 102.4、99.2 和 96.9mmHg。食用海藻与男孩的动脉舒张压和女孩的心脏收缩压呈负相关性，显示食用海藻有益于改善血压。

谌素华等（谌素华，2010）以马尾藻为原料，运用超声波浸提工艺提取得到的岩藻多糖用乙醇分级沉淀法纯化后经脱脂、脱蛋白得到初级纯化的岩藻多糖，以其喂食高脂血症的小鼠，探讨其降血脂功能。研究结果表明，马尾藻岩藻多糖高、中、低 3 个剂量组的降血脂效果都优于药品对照组的降血脂效果，并且以高剂量的降血脂效果最佳，能极显著降低总胆固醇、低密度脂蛋白、甘油三酯的含量，还能显著提高高密度脂蛋白的含量，具有明显的降血脂功能。

熊霜等（熊霜，2014）利用膳食纤维与传统中药的协同作用并根据中医药组方原理，将江蓠膳食纤维、绞股蓝提取物、山楂提取物和决明子提取物按质量比 4 ： 1 ： 2 ： 1 制成中药复方，用于体内大鼠试验和体外细胞试验。体内、体外试验共同证明，海藻膳食纤维复方能显著降低高脂大鼠血清脂质水平，具有修复受损细胞、阻止高脂环境对细胞膜的破坏、提高细胞抗氧化活性的功效。

4. 降血压

付雪艳等（付雪艳，2004）对岩藻多糖降压作用的初步研究结果表明，12.5、25、50mg/kg 的岩藻多糖低聚糖均能显著降低肾血管性高血压大鼠的动脉血压，其中高剂量（50mg/kg）的降压效果与 14mg/kg 的卡托普利相当，给药大鼠的呼吸频率随血压的变化呈正相关变化。12.5、25、50mg/kg 剂量的岩藻多糖低聚糖均能降低高血压大鼠血浆中 Ang Ⅱ的含量，其中高剂量（25、50mg/kg）组的 Ang Ⅱ水平同卡托普利组（14mg/kg）相当。岩藻多糖低聚糖对肾血管性高血压大鼠有显著的降压作用，抑制 Ang Ⅱ生成可能是其降压机制之一。

5. 改善动脉粥样硬化

动脉粥样硬化患者红细胞膜流动性比正常人低，膜的动力学特性影响膜的功能，而膜的组成成分与结构则是决定膜动力学的重要因素。膜的脂质过氧化可降低膜的流动性，这是由于不饱和脂肪酸的凝固点低于饱和脂肪酸，膜的组成成分不饱和脂肪酸发生过氧化后不饱和键减少，使得凝固点增高，膜的流动性变小。宋扬等（宋扬，2003）将纤维素、果胶、海藻酸钠用物理和化学方法处理解聚后复合，构建成一种具有三维空间的网络结构，其中可溶性果胶、海藻酸钠微粒嵌合于网状纤维素的微孔中，使其不直接与肠道接触，避免其黏性对消化道表面的直接作用及对其他营养素消化吸收的影响。研究发现，膳食纤维各组大鼠红细胞膜的流动性显著高于对照组，原因是膳食纤维各组大鼠体内脂质过氧化程度较低，红细胞膜受到自由基的作用较少所造成的，另外膳食纤维本身通过增加粪脂排出量具有降血脂作用，也使膜组分中胆固醇成分减少，膜的流动性增高。在食物中添加的膳食纤维可以不同程度地提高大鼠红细胞膜的流动性，减少对膜的损害，因而对预防慢性疾病有积极作用。

二、降低2型糖尿病发病率

非胰岛素依赖型或 2 型糖尿病通常是长期肥胖造成的，同时呈现葡萄糖耐受不良、高血压和高脂血症（Roberts，2010）。2 型糖尿病是目前全球最重要的一类慢性非传染性疾病，包括传统食物和草药在内的治疗方案也得到前所未有的重视。海藻具有抗糖尿病的功效，Chin 等（Chin，2015）测试了海藻提取物对 α- 葡萄糖苷酶和二肽基肽酶的抑制性能以及在试验条件下刺激肠促胰岛素激素分泌的性能。结果显示，用水从 *Halimeda macroloba*，*Padina sulcata*，*Sargassum binderi* 和 *Turbinaria conoides* 类海藻中提取的粗提取物对 α- 葡萄糖苷酶和二肽基肽酶都有抑制活性，显示海藻提取物具有一定的抗糖尿病功效。

动物试验结果显示，食用裙带菜对预抗糖尿病有一定的疗效，包括改善脂质状态、降低炎症反应、减肥、调节血糖等疗效（Murata，1999；Maeda，2009），但目前在人体上完成的研究还比较少，已经发表的研究结果显示，食用海藻可以降低糖尿病的发病率（Lee，2010），食用泡叶藻和墨角藻提取物可以调节胰岛素水平（Paradis，2011）。研究显示，7 位糖尿病患者在饮用含海藻酸盐的饮料后血糖和血浆 C 肽有所下降（Torsdottir，1991），76 位糖尿病患者在正常饮食后服用琼胶 12 周后体重和总胆固醇含量明显下降（Maeda，2005）。

在另外一项研究中，20 位糖尿病患者每天服用 48g 干的海带和裙带菜 4 周后，餐后血糖浓度明显下降，脂质状况有所改善，体现在高密度脂蛋白胆固醇水平上升和甘油三酯水平降低（Kim，2008）。总的来说，在对糖尿病患者中进行的研究均显示，海藻对降低血糖、降低血脂等预抗糖尿病的功效。

第五节　海藻源膳食纤维预防肿瘤的功效

海洋抗肿瘤活性物质在海洋天然产物研究中一直占据重要地位，其作用机制一般为：①通过干扰肿瘤细胞有丝分裂和微管聚合直接杀伤肿瘤细胞；②抑制蛋白激酶合成；③抑制蛋白质合成；④增强机体自动防御能力，诱导白介素、肿瘤坏死因子、干扰素等细胞因子的分泌；⑤抑制肿瘤新生血管形成（王小兵，2005）。

海藻中的岩藻多糖可以通过激活巨噬细胞产生细胞毒性作用、通过抑制肿瘤细胞增殖避免肿瘤的形成，也可以通过抑制血管生成影响肿瘤生长。研究证实，日本妇女乳腺癌发病率较低与其食用海藻的饮食习惯有关。有人用日本海中的 10 种食用海藻做抗脑肿瘤试验，结果表明，6 种食用海藻有抗白血病的效果，其中抗肿瘤的主要成分是褐藻胶（李研，1996；侯振建，2001）。

图 11-3 所示为不同国家的乳腺癌发病率，其中食用海藻较多的日本人的发病率最低。根据海藻在亚洲和欧美国家饮食结构中的含量以及两个地区癌症发病率的比较，很早以前人们就认识到海藻可能拥有的预防癌症的功效（Teas，1981；Ferlay，2010）。大量实验和临床试验结果也证实了海藻和海藻活性物质的抗肿瘤功效。尽管如此，目前还没有在人体上进行海藻对癌症作用的研究，这可能与试验涉及的道德规范以及建立对照组的难度有关。尤其是癌症患者的健康状况一般较差，在进行常规治疗的同时进行海藻食疗有一定的难度。

乳腺癌是全球最常见的癌症之一，每年有 115 万新发的病例（Parkin，2005）。东南亚国家的发病率远低于欧美国家，一个可能的原因是饮食结构上的区别。在一项涉及 362 个韩国女性的研究中，Yang 等（Yang，2010）报道了食用海藻可以降低乳腺癌的发病率。有研究显示，紫菜的抗癌功效是其含有的紫菜胶、蛋白质、多酚、类胡萝卜素、叶绿素等活性物质的作用结果（Kwon，2006；Hwang，2008；Okai，1996）。

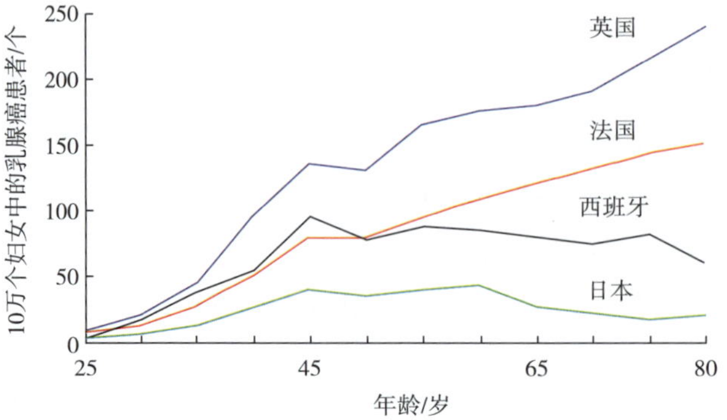

图 11-3　不同国家的乳腺癌发病率

海藻可以通过影响雌性激素代谢对乳腺癌的发展产生抑制作用。在一项研究中发现，海藻的摄入量与血清雌二醇被证明成反比（Teas，2009），而很多研究显示，血清雌二醇浓度的上升与乳腺癌的发病相关（Hankinson，2007）。此外，食用海藻可以增加尿道排泄 2- 羟雌甾酮，与降低乳腺癌也有关联性（Fishman，1984；Kabat，1997；Muti，2000）。Skibola（Skibola，2004）的研究显示，墨角藻可以通过延长月经期产生抗雌激素的作用。在一项小型试验中，3 个经期不正常、有痛经历史的妇女每天服用 700mg 的低剂量或 1.4g 的高剂量海藻胶囊，结果显示月经期增长了 5.5~14d。在一个受试妇女中，血液 2- 羟雌甾酮明显下降，而黄体酮浓度有所上升，显示海藻对引起乳腺癌的激素有调节作用。在一项日本的癌症评估研究中发现，海藻摄入与男性和女性的肺癌以及女性的胰腺癌的低死亡率相关，而海藻摄入与前列腺癌没有明显的关联性，该项研究涉及 18115 名日本男人（Allen，2004）。在对海藻与消化道的研究中显示，食用海藻对胃癌有一定的抑制作用（Hoshiyama，1992）。

Murphy 等（Murphy，2014）详细总结了海藻在抗癌药物中的应用。结果显示，多糖、多酚、蛋白质、类胡萝卜素、生物碱、萜类化合物等海藻活性物质对细胞凋亡途径、核糖体蛋白酶、肿瘤血管生成等一些关键的细胞生理过程具有独特的抑制作用。从海藻中提取的多糖是一类得到广泛研究的细胞毒素剂，其中多数源于褐藻，包括岩藻多糖等硫酸酯多糖，以及绿藻中的石莼聚糖。红藻中的主要多糖类物质是硫酸半乳聚糖，包括卡拉胶和琼胶，前者的硫酸酯化度更高。紫菜胶是另外一种红藻中提取的硫酸酯多糖。硫酸酯化对海藻源多糖的抗肿瘤功效非常重要，其中岩藻多糖的硫酸酯化度对其细胞毒性的影响是经过研究证实的。临床和实验研究都证明高硫酸酯化度可以加强岩藻多糖的抗肿瘤活性，其硫酸酯化度可以通过化学改性得到提高（Yamamoto，1984；Koyanagi，2003；Teruya，2007）。

硫酸酯化对海藻多糖活性的影响在褐藻淀粉中也得到证实。通过化学改性得到的硫酸酯化褐藻淀粉在实验中证实具有抗乙酰肝素酶活性，而未改性的褐藻淀粉没有活性（Miao，1999）。这种抗乙酰肝素酶活性对抑制肿瘤转移非常重要，目前具有这种活性的药物还很少。在对 *Sargassum pallidum* 类海藻提取物的研究中发现，高硫酸酯化的多糖具有更强的对肿瘤细胞的毒性（Ye，2008）。红藻和绿藻中提取的多糖一般都是硫酸酯化的，海藻酸盐是没有硫酸酯化的，其抗肿瘤活性低于岩藻多糖等硫酸酯化的多糖（Nakayasu，2009）。

基于其抗肿瘤性能，海藻源多糖可以延长患有肿瘤的老鼠的生命周期，其主要原因是改善免疫反应后减小肿瘤的大小（Itoh，1993）。岩藻多糖的这个功效与其强化自然杀伤（NK）细胞的活性和 T 细胞产生更多的干扰素 γ 密切相关（Maruyama，2003）。

王雪等（王雪，2006）研究了裙带菜多糖体外对肿瘤细胞的杀伤活性，结果表明裙带菜多糖对人肝癌细胞 HepG-2 有很强的抑制作用,在荷瘤小鼠试验中，与空白对照组相比，裙带菜多糖各浓度组均有很强的肿瘤抑制作用。Maruyama 等（Maruyama，2005）从裙带菜孢子叶中提取岩藻多糖，研究其对肿瘤小鼠模型和对正常小鼠 T 细胞介导的 NK 细胞活性的影响。结果显示，岩藻多糖能明显延长荷瘤小鼠的生存期，并且显著提高 NK 细胞的细胞溶解活性，T 细胞产生干扰素的数量提高了约 2 倍，表明岩藻多糖的抗肿瘤作用是被由干扰素激活的 NK 细胞介导的。

第六节　海藻源膳食纤维改善老年健康

一、抗衰老活性

衰老与多种物理和生理因素相关，其中肾和脾的健康对人体健康起重要作用。通过调节神经系统功能、提高免疫力、修复 DNA、调节内分泌功能、去除自由基、促进健康代谢等，海藻活性物质可以强化肾和脾的功能。研究显示，墨角藻提取物通过增加整合素分子的表达促进负载成纤维细胞的胶原蛋白凝胶的收缩。在皮肤上局部应用这种提取物可以改善皮肤的厚度和物理性能，每天二次应用在脸部皮肤5周后，皮肤的厚度和弹性都得到改善。人体的衰老伴随着皮肤弹性的下降，墨角藻提取物对皮肤弹性的改善作用显示出其抗衰老功效（Fujimura，2002）。杨伟丽等（杨伟丽，2009）的研究表明，海带多糖可缓解衰老小鼠胸腺和脾脏的萎缩，增强巨噬细胞的吞噬能力，并升高小鼠血清中抗氧化酶的活性，降低丙二醛含量，表示海带多糖可增强衰老小鼠的免疫力和抗氧化能力，具有较好的抗衰老作用。

二、预防代谢综合征

代谢综合征（Metabolic syndrome，MS）是一群代谢异常的组合，包括高血压、高血糖、血脂异常、肥胖等症状，尤其好发于中广型肥胖的体态，其症状与心血管疾病相关。动物模型中进行的试验表明，海藻在预防和治疗代谢综合征中有一定的功效（Ichimura，2013）。一项台湾的营养与健康研究中发现，包括海藻在内的几种食品对预防代谢综合征有作用（Yeh，2011）。在厄瓜多尔进行的一项涉及27位患有至少一项代谢综合征的试验中显示，每天服用4~6g裙带菜后，患者与对照组相比血压和腰围均有所下降（Teas，2009）。

三、抗疲劳

Liu等（Liu，2003）在老鼠上研究了海藻多糖的抗疲劳功效。结果显示，加入海藻多糖的食物可以在负重游泳试验中延长保荷时间，同时在减少氧气压力下延长生存时间。海藻活性物质的抗疲劳性能是源于其更高的血红蛋白、更多的氧血红蛋白离解以及增强的氧气释放。刘芳等（刘芳，2004）的研究显示，海带多糖能显著提高受试小鼠负重游泳时间和常压缺氧下存活时间，并能升高受试小鼠的血红蛋白。海带多糖使氧合血红蛋白解离，促进氧的释放，能提高缺氧小鼠组织对氧的利用，增强小鼠的耐缺氧抗疲劳能力。刘旭杰（刘旭杰，2009）的研究结果也表明，海带多糖能显著延长小白鼠负重游泳时间，延长常压下缺氧小白鼠的存活时间，有效增强小白鼠抗疲劳耐缺氧能力。

第七节　海藻源膳食纤维的其他健康功效

一、免疫调节

免疫系统的两个主要功能分别是抵御细菌、病毒侵染和防止癌症发生。岩藻多糖等硫酸酯多糖可以通过激活或抑制巨噬细胞和其他免疫细胞的活性调节免疫反应。海藻源硫酸酯多糖通过与巨噬细胞的相互作用，刺激其释放出与白细胞介素（IL）、肿瘤坏死因子（TNF）、干扰素（INF）和其他对免疫反应起重要作用的细胞因子。Maruyama 等（Maruyama，2005）研究了卵清蛋白（Ovalbumin，OVA）气雾剂激发后的支气管肺泡灌洗液中裙带菜岩藻多糖对 T 辅助淋巴细胞（Th2）的影响，结果表明裙带菜岩藻多糖对 Th2 细胞主导的应答起调节作用，能使肺部炎症得到缓解。王庭欣等（王庭欣，2008）分别以 250、500、1000 μg/g 的海带多糖灌胃正常小鼠和环磷酰胺致免疫抑制小鼠，采用 MTT 法测定 T 淋巴细胞增殖能力、乳酸脱氢酶法测定 NK 细胞活性。结果表明，500 和 1000 μg/g 的海带多糖能显著增强正常小鼠和免疫抑制小鼠的 T 淋巴细胞增殖能力，并能提高 NK 细胞活性。

二、抗病原体

食用海藻与感染的发病率有一定关联性（Teas，2004）。东亚地区的艾滋病发病率每年约为 1/10000 成年人，而非洲接近 1/10，说明在性行为和吸毒之外可能还有其他引起感染的因素。在非洲，不同地区的发病率也有较大区别，每天吃螺旋藻的地区的发病率低于其他地区。海藻中的硫酸酯多糖与其抗病毒活性相关，实验和临床试验表明卡拉胶、岩藻多糖等硫酸酯多糖对疱疹和艾滋病等包膜病毒具有较强抗病毒活性，其主要作用机制是这些多糖能阻止病毒进入细胞。研究结果显示，岩藻多糖能抑制多种病毒的增殖（Soeda，1994；Aisa，2005；Trinchero，2009）。卡拉胶被证明具有对单纯疱疹病毒（HSV）1 型和 2 型、HIV-1 和人类鼻病毒的抗病毒活性（Grassauer，2008），也被用于阴道抗微生物剂（Zeitlin，2002；Spieler，2002）。目前一种 Carraguard 牌的卡拉胶抗微生物凝胶已经完成Ⅲ期临床试验，该产品能阻止妇女感染 HIV（Skoler-Karpoff，2008）。在一项研究中，每天吃 5~6g 裙带菜的 HIV 患者在 13 个月后观察到体内病毒数明显下降（Teas，2012）。随着耐药性病毒的增多，海藻在抗病毒的过程中是一种重要的替代治疗化合物（Cooper，2002；Wang，2008）。

三、抗菌和抗病毒

海藻含有天然抗菌和抗病毒成分。Shi 等（Shi，1997）研究了 9 种常见的海藻的抗菌性能。结果显示，9 种海藻对枯草杆菌均有明显的抑制作用，其中海藻中的多酚是其抑制病原菌入侵和具有抗菌、抗病毒活性的主要原因。更多的研究显示，海藻中的抗菌物质可用于开发临床使用的新药（Ma，2006；Hudson，1999）。

海藻酸盐具有抑制消化系统中细菌增长的性能。在一项研究中，21 种常见的人类肠道细菌在含有海藻酸盐的培养基上培养，结果显示只有一种细菌可以成活。在另一项对人体的研究中，试验者每天进食 10g 海藻酸盐，结果显示粪便中双歧杆菌活性有所加强，而对人体健康有潜在危害的致病菌株，如肠杆菌科的细菌、梭状芽孢杆菌等有所下降，氨气和硫化氢等粪便中的腐败毒素的含量也有所下降。在实验室中把海藻酸盐与人类粪便接种物一起培养的 6h 后不产生短链脂肪酸。培养 24h 后，50%~80% 的海藻酸盐被降解，说明海藻酸盐缓慢地被人类的结肠微生物菌群发酵。在动物试验中发现，食物中的海藻酸盐的可发酵性随着喂食时间的延长而增强，说明胃肠道中的微生物菌群转变成更能降解海藻酸盐分子链的种类。高 M 型的海藻酸盐在胃肠道内的消化性能低于高 G 型，分子质量提高降低其可发酵性。

褐藻抗病毒的关键有效成分是其含有的硫酸化聚阴离子物质。近年来对天然或合成硫酸化聚阴离子物质的研究大都集中在它们潜在的抗病毒作用上。这类成分主要是通过竞争性结合宿主细胞表面受体后抑制疱疹病毒等包膜病毒进入宿主细胞内而发挥作用（Luscher，2000；Schaeffer，2000；Witvrouw，1997）。Lee 等（Lee，2004）对裙带菜孢子叶中的岩藻多糖进行提取和纯化并研究其结构及抗病毒活性。结果表明，该岩藻多糖是由摩尔比为 1.0~1.1 的岩藻糖与半乳糖组成，硫酸酯取代度为 0.72，相对分子质量为 9000，对疱疹病毒 HSV21、HSV22、HCMV 及甲型流感病毒显示出较强的抑制活性，IC_{50} 值分别为 2.5、2.6、1.5 和 15mg/L。

朱艳梅等（朱艳梅，2006）对裙带菜孢子叶粗提物体外抗单纯疱疹病毒 HSV-2 活性进行研究，发现裙带菜多糖具有明显的抗 HSV-2 活性。郝静等（郝静，2008）对裙带菜茎中硫酸多糖进行体外抗单纯疱疹病毒 - Ⅰ型活性研究，发现裙带菜多糖具有抗 HSV-1 活性。

四、抗HIV

硫酸酯多糖对 HIV-1 引起的细胞损伤有抑制作用（Zhang，2003）。当与 AZT（一种抗艾滋病药物）一起使用时，硫酸酯多糖可以降低 AZT 带来的毒性。这种抗 HIV 性能是通过活化巨噬细胞、网状内皮系统、T 淋巴细胞和 B 淋巴细胞以及促进各种细胞因子的释放后调节免疫系统产生的，其主要作用机制包括：干扰 HIV-1 在宿主细胞上的黏附、抑制 HIV-1 抗原的表达、抑制合胞体的合成、抑制逆转录酶的活性、加强免疫系统功能等。

五、抗辐射

海藻生长在一种经常暴露于阳光和紫外光照射的恶劣环境中。为了在这种环境中生存，海藻生物体中演变出了很多具有独特化学结构、能保护其免受辐射损害的化合物。海藻酸钠就具有吸收人体内放射性元素的性能，可以抑制消化道内 ^{90}Sr 的吸收并促进其排泄。海藻酸分子结构中的甘露糖醛酸和古洛糖醛酸可以与 ^{89}Sr 和 ^{90}Sr 结合后形成不溶于水的凝胶并排放出人体。海藻酸钠也具有去除放射性的 ^{220}Ra 和 ^{140}Ba 的性能。

机体细胞中的蛋白质和核酸等生物大分子受到电离辐射后会被激发、电离或发生化学键断裂，从而造成 DNA 损失严重，导致机体细胞异常、发生癌变等。马尾藻多糖对辐射动物具有显著的保护作用，对非瘤细胞辐射后细胞凋亡及凋亡蛋白的表达也有显著的调节作用。孟庆勇等（孟庆勇，2005）用氚标记胸腺嘧啶核苷和氚标记酪氨酸掺入法分别检测脾细胞 DNA、UDS（非程序性 DNA 合成）和蛋白质合成，通过流式细胞术测定脾细胞周期和脾淋巴细胞 CD4 分子表达，发现马尾藻多糖对辐射损伤小鼠脾细胞具有保护作用。

吴晓旻等（吴晓旻，2004）的研究表明，经射线照射后大鼠免疫功能明显低下，而预先给予不同剂量的海带多糖的大鼠可显著增强脾脏淋巴细胞对 ConA 和 LPS 诱导的增殖反应，促进 T 淋巴细胞、B 淋巴细胞增殖，增强产生血清抗体和迟发性变态反应的能力，提高腹腔巨噬细胞数目和吞噬能力，从而对辐射引起的免疫功能损伤起保护作用（刘军，2010）。

六、抗氧化

抗氧化物可以保护细胞免受单氧、过氧化物、过氧化氢自由基、羟基自由基等活性氧类的损害，避免活性氧类与抗氧化物之间失衡导致的氧化性应激和细胞损伤，对防治癌症、衰老、炎症等病症有重要作用。李来好等（李来好，2005）采用羟基自由基体系、超氧阴离子自由基体系、烷基自由基引发的亚油酸氧化体系和 DPPH 体系对江蓠、麒麟菜、马尾藻、海带 4 种膳食纤维清除自由基的活性进行了研究。结果表明，在羟基自由基体系中，江蓠、麒麟菜、马尾藻、海带 4 种膳食纤维的 IC_{50} 分别为 5.2mg/mL、5.5mg/mL、4.4mg/mL 和 4.1mg/mL；在超氧阴离子自由基体系中，江蓠、麒麟菜膳食纤维的 IC_{50} 分别为 4.8mg/mL 和 5.3mg/mL，而马尾藻、海带膳食纤维的最高清除率分别为 36% 和 42%；在烷基自由基引发的亚油酸氧化体系中，江蓠、麒麟菜膳食纤维的最高清除率分别为 36% 和 26%，马尾藻、海带膳食纤维的 IC_{50} 分别为 4.1mg/mL 和

3.5mg/mL。在 DPPH 体系中，江蓠、麒麟菜、马尾藻膳食纤维的最高清除率分别为 31%、11% 和 26%，海带膳食纤维的 IC_{50} 为 6.2mg/mL。结果显示 4 种海藻膳食纤维对自由基都有一定的清除作用。

刘秋英等（刘秋英，2004）通过观察马尾藻多糖对 S180 小鼠瘤质量、胸腺等免疫器官的影响及分别测定小鼠血清中超氧化物歧化酶（SOD）、谷胱甘肽过氧化物酶（GSH-PX）、丙二醛（MDA）的活性，发现高浓度的马尾藻多糖可使小鼠血清中的 SOD 和 GSH-PX 的活性明显加强、MDA 的含量明显减少，表现出较高的自由基清除活性。程仕伟等（程仕伟，2010）以热水浸提后乙醇沉淀的方法从海带中提取岩藻多糖，研究了岩藻多糖提取物对羟自由基、超氧阴离子自由基的清除作用。结果表明，海带中岩藻多糖提取物具有较强的体外抗氧化性能，且随着多糖质量浓度的增大，其抗氧化活性整体呈逐渐增强趋势。

第八节　小结

海藻中丰富的高活性生物质成分，具有抗肿瘤、免疫调节、降血糖、降血脂、抗凝血、抗血栓、抗炎、抗过敏、抗菌、抗病毒、抗氧化、抗紫外线辐射、抗衰老、抗 HIV 等多种有益人类健康的生物活性和优良的健康功效。作为海藻活性物质的主要成分，褐藻胶、卡拉胶、琼胶、岩藻多糖等海藻源膳食纤维对消化系统健康、体重控制以及心血管疾病、糖尿病、肿瘤等慢性疾病均有一定的预防和治疗作用，兼具生物活性物质和膳食纤维的双重健康功效，在功能性食品等健康产业领域有广阔的应用前景。

参考文献

［1］Aisa Y，Miyakawa Y，Nakazato T，et al. Fucoidan induces apoptosis of human HS-sultan cells accompanied by activation of caspase-3 and down-regulation of ERK pathways［J］. Am J Hematol，2005，78：7-14.

［2］Allen N E，Sauvaget C，Roddam A W，et al. A prospective study of diet and prostate cancer in Japanese men［J］. Cancer Causes Control，2004，15：911-920.

［3］Berteau O，Mulloy B. Sulfated fucans，fresh perspectives：structures，functions，and biological properties of sulfated fucans and an overview of enzymes active toward this class of polysaccharide［J］. Glycobiology，2003，13：29R-40R.

[4] Blaut M, Clavel T. Metabolic diversity of the intestinal microbiota: implications for health and disease[J]. J Nutr, 2007, 137 (Suppl): S751-S755.

[5] Bocanegra A, Bastida S, Benedi J, et al. Characteristics and nutritional and cardiovascular-health properties of seaweeds[J]. J Med Food, 2009, 12: 236-258.

[6] Brownlee I A, Seal C J, Wilcox M. Applications of alginates in food. In: Rehm B H A (ed), Alginates: Biology and Applications[M]. Berlin Heidelberg: Springer-Verlag, 2009.

[7] Cani P D, Neyrinck A M, Fava F, et al. Selective increases of bifidobacteria in gut microflora improve high-fat-diet-induced diabetes in mice through a mechanism associated with endotoxaemia[J]. Diabetologia, 2007, 50: 2374-2383.

[8] Chater P I, Wilcox M, Cherry P, et al. Inhibitory activity of extracts of Hebridean brown seaweeds on lipase activity[J]. J Appl Phycol, 2016, 28: 1303-1313.

[9] Chavarri M, Maranon I, Ares R, et al. Microencapsulation of a probiotic and prebiotic in alginate-chitosan capsules improves survival in simulated gastrointestinal conditions[J]. Int J Food Microbiol, 2010, 142: 185-189.

[10] Chin Y X, Lim P E, Maggs C A. Anti-diabetic potential of selected Malaysian seaweeds[J]. J Appl Phycol, 2015, 27: 2137-2148.

[11] Cooper R, Dragar C, Elliot K, et al. GFS, a preparation of Tasmanian *Undaria pinnatifida* is associated with healing and inhibition of reactivation of Herpes[J]. BMC Complement Altern Med, 2002, 2: 11-16.

[12] Cumashi A, Ushakova N A, Preobrazhenskaya M E, et al. A comparative study of the anti-inflammatory, anticoagulant, antiangiogenic, and antiadhesive activities of nine different fucoidans from brown seaweeds[J]. Glycobiology, 2007, 17: 541-552.

[13] Dettmar P W, Strugala V, Richardson J C. The key role alginates play in health[J]. Food Hydrocolloids, 2011, 25: 263-266.

[14] Deville C, Damas J, Forget P, et al. Laminarin in the dietary fibre concept [J]. J Sci Food Agric, 2004, 84: 1030-1038.

[15] Deville C, Gharbi M, Dandrifosse G, et al. Study on the effects of laminarin, a polysaccharide from seaweed, on gut characteristics[J]. J Sci Food Agric, 2007, 87: 1717-1725.

[16] Ding W K, Shah N P. Effect of various encapsulating materials on the stability of probiotic bacteria[J]. J Food Sci, 2009, 74: M100-M107.

[17] Ferlay J, Parkin D M, Steliarova-Foucher E. Estimates of cancer incidence

and mortality in Europe in 2008[J]. Eur J Cancer, 2010, 46: 765-781.

[18] Fishman J, Schneider J, Hershcope R J, et al. Increased estrogen-16 alpha hydroxylase activity in women with breast and endometrial cancer[J]. J Steroid Biochem, 1984, 20(4B): 1077-1081.

[19] Fujimura T, Tsukahara K, Moriwaki S, et al. Treatment of human skin with an extract of *Fucus vesiculosus* changes its thickness and mechanical properties [J]. J Cosmet Sci, 2002, 53: 1-9.

[20] Georg Jensen M, Kristensen M, Astrup A. Effect of alginate supplementation on weight loss in obese subjects completing a 12-wk energy-restricted diet: a randomized controlled trial[J]. Am J Clin Nutr, 2012, 96: 5-13.

[21] Grassauer A, Weinmuellner R, Meier C, et al. Iota-Carrageenan is a potent inhibitor of rhinovirus infection[J]. Virol J, 2008, 5: 107-111.

[22] Hall A C, Fairclough A C, Mahadevan K, et al. Ascophyllum nodosum enriched bread reduces subsequent energy intake with no effect on post-prandial glucose and cholesterol in healthy, overweight males. A pilot study[J]. Appetite, 2012, 58: 379-386.

[23] Hankinson S E, Eliassen A H. Endogenous estrogen, testosterone and progesterone levels in relation to breast cancer risk[J]. J Steroid Biochem Mol Biol, 2007, 106: 24-30.

[24] Haslam D. What' s new-tackling childhood obesity[J]. Practitioner, 2006, 250: 26-27.

[25] Haug A, Myklestad S, Larsen B, et al. Correlation between chemical structure and physical properties of alginates[J]. Acta Chem Scand, 1967, 21: 768-778.

[26] Heo S J, Park E J, Lee K W, et al. Antioxidant activities of enzymatic extracts from brown seaweeds[J]. Bioresour Technol, 2005, 96: 1613-1623.

[27] Hoad C L, Rayment P, Spiller R C, et al. *In vivo* imaging of intragastric gelation and its effect on satiety in humans[J]. Journal of Nutrition, 2004, 134(9): 2293-2300.

[28] Hoshiyama Y, Sasaba T. A case-control study of single and multiple stomach cancers in Saitama Prefecture, Japan[J]. Jpn J Cancer Res, 1992, 83: 937-943.

[29] Hudson J B, Kim J H, Lee M K. Antiviral compounds in extracts of Korean seaweeds: Evidence for multiple activities[J]. J Appl Phycol, 1999, 10: 427-434.

[30] Hwang H J, Kwon M J, Kim I H, et al. Chemoprotective effects of a protein from the red algae *Porphyra yezoensis* on acetaminophen-induced liver injury in rats[J]. Phytother Res, 2008, 22: 1149-1153.

[31] Ichimura M, Kato S, Tsuneyama K, et al. Phycocyanin prevents hypertension and low serum adiponectin level in a rat model of metabolic syndrome [J] . Nutr Res, 2013, 33 (5): 397-405.

[32] Islam M A, Yun C H, Choi Y J, et al. Microencapsulation of live probiotic bacteria [J] . J Microbiol Biotechnol, 2010, 20: 1367-1377.

[33] Iso H, Kubota Y. Nutrition and disease in the Japan Collaborative Cohort Study for Evaluation of Cancer (JACC) [J] . Asian Pac J Cancer Prev, 2007, 8 (Suppl): 35-80.

[34] Itoh H, Noda H, Amano H, et al. Antitumor activity and immunological properties of marine algal polysaccharides, especially fucoidan, prepared from *Sargassum thunbergii* of Phaeophyceae [J] . Anticancer Res, 1993, 13: 2045-2052.

[35] Kabat G C, Chang C J, Sparano J A, et al. Urinary estrogen metabolites and breast cancer: a case-control study [J] . Cancer Epidemiol Biomarkers Prev, 1997, 6: 505-509.

[36] Kim M S, Kim J Y, Choi W H, et al. Effects of seaweed supplementation on blood glucose concentration, lipid profile, and antioxidant enzyme activities in patients with type 2 diabetes mellitus [J] . Nutr Res Pract, 2008, 2: 62-67.

[37] Koyanagi S, Tanigawa N, Nakagawa H, et al. Oversulfation of fucoidan enhances its anti-angiogenic and antitumor activities [J] . Biochem Pharmacol, 2003, 65: 173-179.

[38] Kristensen M, Jensen M G. Dietary fibres in the regulation of appetite and food intake. Importance of viscosity [J] . Appetite, 2011, 56: 65-70.

[39] Kwon M J, Nam T J. Porphyran induces apoptosis related signal pathway in AGS gastric cancer cell lines [J] . Life Sci, 2006, 79: 1956-1962.

[40] Lee H Y, Won J C, Kang Y J, et al. Type 2 diabetes in urban and rural districts in Korea: factors associated with prevalence difference [J] . J Korean Med Sci, 2010, 25: 1777-1783.

[41] Lee J B, Hayashi K, Hashimoto M, et al. Novel antiviral fucoidan from sporophy *Undaria pinnatifida* (Mekabu) [J] . Chem Pharm Bull, 2004, 52 (9): 1091-1094.

[42] Liu L, Heinrich M, Myers S, et al. Towards a better understanding of medicinal uses of the brown seaweed *Sargassum* in Traditional Chinese Medicine: a phytochemical and pharmacological review [J] . J Ethnopharmacol, 2012, 142: 591-619.

[43] Liu F, Li Z, Pang Y, et al. Influence of *Laminaria japonica* polysaccharides on blood gas of hypoxic mice and its anti-fatigue effect [J] . Chin J Public Health, 2003, 19 (12): 1462-1463.

[44] Luscher Mattli M. Polyanionsalost chance in the fight against HIV and other

virus diseases［J］. Antivir Chem Chemother，2000，11（4）：249-259.
［45］Ma H，Mei X，Xu S. Overseas research progress in marine antimicrobial substances［J］. Chin J Mar Drugs，2006，25（3）：46-49.
［46］MacArtain P，Gill C I，Brooks M，et al. Nutritional value of edible seaweeds［J］. Nutr Rev，2007，65（12 Pt 1）：535-543.
［47］Maeda H，Hosokawa M，Sashima T，et al. Anti-obesity and anti-diabetic effects of fucoxanthin on diet-induced obesity conditions in a murine model［J］. Mol Med Rep，2009，2：897-902.
［48］Maeda H，Yamamoto R，Hirao K，et al. Effects of agar（kanten）diet on obese patients with impaired glucose tolerance and type 2 diabetes［J］. Diabetes Obes Metab，2005，7：40-46.
［49］Maruyama H，Tamauchi H，Hashimoto M，et al. Antitumor activity and immune response of Mekabu fucoidan extracted from sporophyll of *Undaria pinnatifida*［J］. In Vivo，2003，17：245-249.
［50］Maruyama H，Tamauchi H，Hashimoto M，et al. Suppression of the immune responses by Mekabu fucoidan from *Undaria pinnatifida* Sporophylls［J］. Int Arch Allergy Immunol，2005，137：289-293.
［51］Miao H Q，Elkin M，Aingorn E，et al. Inhibition of heparanase activity and tumor metastasis by laminarin sulfate and synthetic phosphorothioate oligodeoxynucleotides［J］. Int J Cancer，1999，83：424-431.
［52］Murata M，Ishihara K，Saito H. Hepatic fatty acid oxidation enzyme activities are stimulated in rats fed the brown seaweed，*Undaria pinnatifida*（wakame）［J］. J Nutr，1999，129：146-151.
［53］Murphy C，Hotchkiss S，Worthington J，et al. The potential of seaweed as a source of drugs for use in cancer chemotherapy［J］. J Appl Phycol，2014，26：2211-2264.
［54］Muti P，Bradlow H L，Micheli A，et al. Estrogen metabolism and risk of breast cancer：a prospective study of the 2：16 alpha-hydroxyestrone ratio in premenopausal and postmenopausal women［J］. Epidemiology，2000，11：635-640.
［55］Nakayasu S，Soegima R，Yamaguchi，K，et al. Biological activities of fucose-containing polysaccharide ascophyllan isolated from the brown alga *Ascophyllum nodosum*［J］. Biosci Biotechnol Biochem，2009，73：961-964.
［56］Odunsi S T，Vazquez-Roque M I，Camilleri M，et al. Effect of alginate on satiation，appetite，gastric function，and selected gut satiety hormones in overweight and obesity［J］. Obesity（Silver Spring）. 2010，18：1579-1584.
［57］Ohta A，Taguchi A，Takizawa T，et al. The alginate reduce the postprandial glycaemic response by forming a gel with dietary calcium in the stomach of the

rat [J] . International Journal for Vitamin and Nutrition Research, 1997, 67 (1), 55-61.

[58] Okai Y, Higashi-Okai K, Yano Y, et al. Identification of antimutagenic substances in an extract of edible red alga, *Porphyra tenera* (Asakusa-nori) [J] . Cancer Lett, 1996, 100: 235-240.

[59] Ostergaard C, Yieng-Kow R V, Benfield T, et al. Inhibition of leukocyte entry into the brain by the selectin blocker fucoidin decreases interleukin-1 (IL-1) levels but increases IL-8 levels in cerebrospinal fluid during experimental pneumococcal meningitis in rabbits [J] . Infect Immun, 2000, 68: 3153-3157.

[60] O' Sullivan L, Murphy B, McLoughlin P, et al. Prebiotics from marine macroalgae for human and animal health applications [J] . Mar Drugs, 2010, 8: 2038-2064.

[61] Paradis M E, Couture P, Lamarche B. A randomised crossover placebo-controlled trial investigating the effect of brown seaweed (*Ascophyllum nodosum* and *Fucus vesiculosus*) on postchallenge plasma glucose and insulin levels in men and women [J] . Appl Physiol Nutr Metab, 2011, 36: 913-919.

[62] Parkin D M, Bray F, Ferlay J, et al. Global cancer statistics, 2002 [J] . CA Cancer J Clin, 2005, 55: 74-108.

[63] Paxman J. Daily ingestion of alginate reduces energy intake in free-living subjects [J] . Appetite, 2008, 51: 713-719.

[64] Paxman J R, Richardson J C, Dettmar P W, et al. Alginate reduces the increased uptake of cholesterol and glucose in overweight male subjects: a pilot study [J] . Nutr Res, 2008, 28: 501-505.

[65] Pelkman C L, Navia J L, Miller A E, et al. Novel calcium-gelled, alginate pectin beverage reduced energy intake in non dieting overweight and obese women: interactions with dietary restraint status [J] . Am J Clin Nutr, 2007, 86: 1595-1602.

[66] Qin Y. Bioactive seaweeds for food applications [M] . San Diego: Academic Press, 2018.

[67] Ramnani P, Chitarrari R, Tuohy K, et al. *In vitro* fermentation and prebiotic potential of novel low molecular weight polysaccharides derived from agar and alginate seaweeds [J] . Anaerobe, 2012, 18: 1-6.

[68] Rastall R A, Gibson G R, Gill H S, et al. Modulation of the microbial ecology of the human colon by probiotics, prebiotics and synbiotics to enhance human health: an overview of enabling science and potential applications [J] . FEMS Microbiol Ecol, 2005, 52: 145-152.

[69] Roberts A W. Cardiovascular risk and prevention in diabetes mellitus [J] . Clin

Med, 2010, 10: 495-499.
[70] Rowland I. Optimal nutrition: fibre and phytochemicals [J] . Proc Nutr Soc, 1999, 58: 415-419.
[71] Schaeffer D J, Krylov V S. AntiHIV activity of extracts and compounds from algae and cyanobacteria [J] . Ecotoxicol Environ Saf, 2000, 45 (3): 208-227.
[72] Selassie M, Sinha A C. The epidemiology and aetiology of obesity: a global challenge [J] . Best Pract Res Clin Anaesthesiol, 2011, 25: 1-9.
[73] Shi R, Xu Z. Research on the antimicrobial properties of lipids and phenols in nine types of seaweeds around the coast of Qingdao [J] . Chin J Mar Drugs, 1997, 4: 16-19.
[74] Shimazu T, Kuriyama S, Hozawa A, et al. Dietary patterns and cardiovascular disease mortality in Japan: a prospective cohort study [J] . Int J Epidemiol, 2007, 36: 600-609.
[75] Skibola C F. The effect of *Fucus vesiculosus*, an edible brown seaweed, upon menstrual cycle length and hormonal status in three pre-menopausal women: a case report [J] . BMC Complement Altern Med, 2004, 4: 10.
[76] Skoler-Karpoff S, Ramjee G, Ahmed K, et al. Efficacy of Carraguard for prevention of HIV infection in women in South Africa: a randomised, double-blind, placebo-controlled trial [J] . Lancet, 2008, 372: 1977-1987.
[77] Smit A J. Medicinal and pharmaceutical uses of seaweed natural products: A review [J] . Journal of Applied Phycology, 2004, 16: 245-262.
[78] Smidsrod O, Haug A. Dependence upon the gel-sol state of the ion-exchange properties of alginates [J] . Acta Chem Scand, 1972, 26: 2063-2074.
[79] Soeda S, Ishida S, Shimeno H, et al. Inhibitory effect of over sulfated fucoidan on invasion through reconstituted basement-membrane by murine Lewis lung carcinoma [J] . Jpn J Cancer Res, 1994, 85: 1144-1150.
[80] Spieler R. Seaweed compound' s anti-HIV efficacy will be tested in southern Africa [J] . Lancet, 2002, 359: 1675-1680.
[81] Teas J. The consumption of seaweed as a protective factor in the etiology of breast cancer [J] . Med Hypotheses, 1981, 7: 601-613.
[82] Teas J, Hurley T G, Hebert J R, et al. Dietary seaweed modifies estrogen and phytoestrogen metabolism in healthy postmenopausal women [J] . J Nutr, 2009, 139: 939-944.
[83] Teas J, Baldeon M E, Chiriboga D E, et al. Could dietary seaweed reverse the metabolic syndrome? [J] . Asia Pac J Clin Nutr, 2009, 18: 145-154.
[84] Teas J, Hebert J R, Fitton J H, et al. Algae-a poor man' s HAART? [J] . Med Hypotheses, 2004, 62: 507-510.
[85] Teas J, Irhimeh M R. Dietary algae and HIV/AIDS: proof of concept clinical

data [J] . J Appl Phycol, 2012, 24: 575-582.

[86] Teruya T, Konishi T, Uechi S, et al. Anti-proliferative activity of oversulfated fucoidan from commercially cultured *Cladosiphon okamuranus* TOKIDA in U937 cells [J] . Int J Biol Marcromol, 2007, 41: 221-226.

[87] Torsdottir I, Alpsten M, Holm G, et al. A small dose of soluble alginate-fiber affects postprandial glycemia and gastric emptying in humans with diabetes [J]. J Nutr, 1991, 121: 795-799.

[88] Trinchero J, Ponce N M, Cordoba O L, et al. Antiretroviral activity of fucoidans extracted from the brown seaweed *Adenocystis utricularis* [J] . Phytother Res, 2009, 23: 707-712.

[89] Tuohy K M, Probert H M, Smejkal C W, et al. Using probiotics and prebiotics to improve gut health [J] . Drug Discov Today, 2003, 8: 692-700.

[90] Vaugelade P, Hoebler C, Bernard F, et al. Non-starch polysaccharides extracted from seaweed can modulate intestinal absorption of glucose and insulin response in the pig [J] . Reprod Nutr Dev, 2000, 40: 33-47.

[91] Wada K, Nakamura K, Tamai Y. Seaweed intake and blood pressure levels in healthy pre-school Japanese children [J] . Nutrition Journal, 2011, 10: 83-90.

[92] Wang H, Ooi E V, Ang P O Jr. Antiviral activities of extracts from Hong Kong seaweeds [J] . J Zhejiang Univ Sci B, 2008, 9: 969-976.

[93] Wei Y, Xu C, Zhao A, et al. Research advances in antilipemic activity of substances from marine creatures [J] . Chinese Journal of Biochemical Pharmaceutics, 2009, 30 (5): 356-358.

[94] Williams J A, Lai C S, Corwin H, et al. Inclusion of guar gum and alginate into a crispy bar improves postprandial glycemia in humans [J] . J Nutr, 2004, 134: 886-889.

[95] Witvrouw M, De Clercq E. Sulfated polysaccharides extracted from sea algae as potential antiviral drugs [J] . Gen Pharmacol, 1997, 29 (4): 497-511.

[96] Wolf B W, Lai C S, Kipnes M S, et al. Glycemic and insulinemic responses of nondiabetic healthy adult subjects to an experimental acid-induced viscosity complex incorporated into a glucose beverage [J] . Nutrition, 2002, 18: 621-626.

[97] Yamamoto I, Takahashi M, Suzuki T, et al. Antitumor effect of seaweeds. IV. Enhancement of antitumor activity by sulfation of a crude fucoidan fraction from *Sargassum kjellmanianum* [J] . Jpn J Exp Med, 1984, 54: 143-151.

[98] Yamori Y, Liu L, Mizushima S, et al. Male cardiovascular mortality and dietary markers in 25 population samples of 16 countries [J] . J Hypertens, 2006, 24: 1499-1505.

[99] Yamori Y，Miura A，Taira K. Implications from and for food cultures for cardiovascular diseases：Japanese food，particularly Okinawan diets [J] . Asia Pac J Clin Nutr，2001，10：144-145.
[100] Yang Y J，Nam S J，Kong G，et al. A case-control study on seaweed consumption and the risk of breast cancer [J] . Br J Nutr，2010，103：1345-1353.
[101] Ye H，Wang K，Zhou C，et al. Purification，antitumor and antioxidant activities *in vitro* of polysaccharides from the brown seaweed *Sargassum pallidum* [J] . Food Chem，2008，111：428-432.
[102] Yeh C J，Chang H Y，Pan W H. Time trend of obesity，the metabolic syndrome and related dietary pattern in Taiwan：from NAHSIT 1993–1996 to NAHSIT 2005–2008 [J] . Asia Pac J Clin Nutr，2011，20：292-300.
[103] Zeitlin L，Whaley K J. Microbicides for preventing transmission of genital herpes [J] . Herpes，2002，9：4-9.
[104] Zhang S，Li W，Cai M. Anti-HIV-1 activity of sulfated polysaccharides from seaweeds [J] . Marine Sciences，2003，27（8）：16-18.
[105] 董彩娥. 海藻研究和成果应用综述 [J] . 安徽农业科学，2015，43（14）：1-4.
[106] 李岩，付秀梅. 中国大型海藻资源生态价值分析与评估 [J] . 中国渔业经济，2015，33（2）：57-62.
[107] 徐明芳，高孔荣，刘婉乔. 海藻多糖及其生物活性 [J] . 水产科学，1996，15（6）：8-10.
[108] 陈家童，张斌，白玉华，等. 红藻多糖抗AIDS病毒作用的体外实验研究 [J] . 南开大学学报（自然科学版），1998，31（4）：21-25.
[109] 纪明侯. 海藻化学 [M] . 北京：科学出版社，1997.
[110] 尹宗美，刘俊霞，刘如男. 海带多糖的综合提取及研究进展 [J] .食品与发酵科技，2020，56（1）：69-72.
[111] 宋凯，苏来金，郭远明. 海藻膳食纤维研究进展 [J] . 农产品加工（学刊），2013，10：64-66.
[112] 李林，罗琼，张声华. 海带多糖的分类提取、鉴定及理化特性研究 [J] . 食品科学，2000，21（4）：29-32.
[113] 费亚芬，王玉婷，陆夏逸，等. 海藻膳食纤维提取工艺优化及其对小鼠肠道菌益生作用 [J] . 海南师范大学学报（自然科学版），2019，32（1）：54-63.
[114] 杨贤庆，李来好，戚勃. 4种海藻膳食纤维对Cd^{2+}、Pb^{2+}、Hg^{2+}的吸附作用 [J] . 中国水产科学，2007，14（1）：132-138.
[115] 李来好，杨贤庆，戚勃. 4种海藻膳食纤维对NO_2^-吸附作用的研究 [J] . 中国海洋药物杂志，2006，25（1）：28-31.
[116] 李刘冬，李来好，石红，等. 海藻膳食纤维对雌激素吸附作用的研究

［J］. 中国海洋药物杂志，2005，24（3）：1-4.
［117］张琳，许喜林. 海洋膳食纤维通便产品的研制［J］.食品研究与开发，2015，36（10）：45-48.
［118］李来好. 海藻膳食纤维的提取、毒理和功能特性的研究［D］.青岛：中国海洋大学，2005.
［119］李来好，李刘冬，石红，等. 4种海藻膳食纤维清除自由基的比较研究［J］. 中国水产科学，2005，12（4）：471-476.
［120］白旭，胡波，王尚仪，等. 复方海藻粥对便秘模型小鼠通便功能的作用研究［J］. 食品研究与开发，2019，40（18）：66-70.
［121］吕钟钟. 海藻复合膳食纤维的制备及其生物活性研究［D］.青岛：中国海洋大学，2009.
［122］邓槐春，谈竞光，谢娇娥，等. 海藻多糖对高脂血症的临床疗效初步观察［J］，中草药，1987，18（8）：12.
［123］周慧萍，陈琼华. 紫菜多糖的抗凝血和降血脂作用［J］. 中国药科大学学报，1990，21（6）：358-360.
［124］魏玉西，李敬，赵爱云，等.鼠尾藻多糖的制备及其抗凝血活性的初步研究［J］.中国海洋药物杂志，2006，25（2）：41-44.
［125］肖红波，卢向阳.可溶性裙带菜膳食纤维对小鼠糖代谢的影响［J］.中国临床营养杂志，2006，14（3）：179.
［126］王庭欣，赵文，蒋东升，等. 海带多糖对糖尿病小鼠血糖的调节作用［J］. 营养学报，2001，23（2）：137-139.
［127］李耀冬. 海藻膳食纤维复方辅助降血糖作用研究［D］. 厦门：华侨大学，2014.
［128］管华诗，兰进，田学琳，等. 褐藻酸钠在人体健康中的作用［J］. 山东海洋学院学报，1986，16（4）：1-6.
［129］谌素华，王维民，刘辉，等. 马尾藻岩藻聚糖硫酸酯纯化及降血脂功能研究［J］. 食品与发酵工业，2010，36（5）：28-31.
［130］熊霜. 海藻膳食纤维复方辅助降血脂实验研究［D］. 厦门：华侨大学，2014.
［131］熊霜，肖美添，叶静. 复合型海藻膳食纤维功能食品的降血脂作用［J］. 食品科学，2014，35（17）：220-225.
［132］付雪艳，薛长湖，宁岩，等. 岩藻聚糖硫酸酯低聚糖降压作用的初步研究［J］. 中国海洋大学学报，2004，34（4）：560-564.
［133］宋扬，刘国荣，杜卫，等. 复合膳食纤维对大鼠生长发育和红细胞膜流动性的影响［J］. 营养学报，2003，25（1）：52-56.
［134］王小兵，赵桂森. 海洋抗癌活性物质最新研究概况［J］. 药学进展，2005，29（7）：302-309.
［135］李研，丛建波，田晓华，等. 海藻多糖抑制白细胞呼吸暴发作用研究［J］. 生物化学与生物物理进展，1996，26（2）：162-164.

[136] 侯振建，王峰，刘婉乔. 马尾藻海藻酸钠抗肿瘤活性的研究 [J]. 食品科学，2001，22（2）：95-97.
[137] 王雪，邹向阳，郭莲英，等. 裙带菜多糖抗肿瘤作用的研究 [J]. 大连医科大学学报，2006，28（2）：98.
[138] 杨伟丽，刘青，祁梅，等. 海带多糖对小鼠的抗衰老作用 [J]. 兰州大学学报医学版，2009，35（4）：46-48.
[139] 刘芳，李卓能，阎俊，等. 海带多糖对小鼠动脉血气影响及抗疲劳作用 [J]. 中国老年学杂志，2004，24（6）：540-541.
[140] 刘旭杰. 海带多糖对小白鼠运动能力和学习记忆影响 [J]. 第四军医大学学报，2009，30（20）：2261-2262.
[141] 王庭欣，夏立娅，吴广臣，等. 海带多糖对小鼠T淋巴细胞及NK细胞活性的影响 [J]. 河北大学学报自然科学版，2008，28（6）：656-658.
[142] 朱艳梅，王一飞，张美英，等. 褐藻裙带菜孢子叶粗提物体外抗单纯疱疹病毒Ⅱ型活性研究 [J]. 天然产物研究与开发，2006，18：38.
[143] 郝静，王一飞，张美英，等. 裙带菜茎硫酸多糖体外抗单纯疱疹病毒Ⅰ型活性的实验研究 [J]. 时珍国医国药，2008，19（4）：806.
[144] 孟庆勇，刘志辉，徐美弈. 半叶马尾藻多糖对辐射损伤小鼠脾细胞的影响 [J]. 核技术，2005，28（7）：542-545.
[145] 吴晓旻，杨明亮，黄晓兰，等. 海带多糖的抗辐射作用与脾细胞凋亡 [J]. 武汉大学学报医学版，2004，25（3）：239-242.
[146] 刘军，罗琼，杨明亮，等. 海带多糖干预对慢性电离辐射损伤后雄性大鼠生殖功能的影响 [J]. 食品科学，2010，31（7）：293-296.
[147] 刘秋英，孟庆勇. 半叶马尾藻多糖体内肿瘤作用及其机制探讨 [J]. 第一军医大学学报，2004，24（4）：434-436.
[148] 程仕伟，陈超男，冯志彬，等. 海带岩藻多糖的水提制备及其抗氧化活性研究 [J]. 食品科学，2010，31（6）：101-104.

青岛明月海藻集团简介

青岛明月海藻集团位于国家级新区——青岛西海岸新区。公司是一家以大型褐藻为原料提取海藻生物制品的高新技术企业，注册资本1.26亿元，拥有员工2000余名。公司秉承“利用海洋资源 造福人类健康”的使命，坚持“经略海洋从一棵海藻做起，一棵海藻做成一个大健康产业”的发展主线，专注海藻活性物质的深度开发和应用，拓展出现代海洋基础原料产业、现代海洋健康终端产品产业以及海洋健康服务产业三大产业板块。

青岛明月海藻集团拥有海藻活性物质国家重点实验室、农业农村部海藻类肥料重点实验室、国家地方工程研究中心、国家认定企业技术中心、国家众创空间、院士专家工作站、博士后科研工作站等一系列国家级科研平台和人才支撑平台，先后荣获国家“863计划”成果产业化基地、国家海洋科研中心产业化示范基地、国家创新型企业、国家技术创新示范企业、国家制造业单项冠军示范企业等荣誉称号，并被誉为青岛市“新五朵金花”——“海洋之花”。“明月牌”商标被认定为“中国驰名商标”。

近年来，青岛明月海藻集团依托蓝色经济发展平台，以转方式、调结构为主线，充分发挥海洋科研优势，不断使公司发展迈向“深蓝”。先后承担国家重点研发计划、国家工信部强基工程、国家科技支撑计划、国家“863计划”等国家级科研项目30余项；发表论文200余篇，其中SCI论文60余篇；承办学术专刊1期；出版学术著作16部，其中5部英文著作；开发海洋药物、海洋功能性食品、海藻酸盐纤维医用材料、海洋化妆品等200多个新产品；建成中试生产线13条；获原料药、药用辅料相关证书9项，获得医疗器械注册证书6项；制定产品技术标准200余项，参与制定国家标准5项、行业标准6项；获得国家科技进步二等奖1项、省部级科技奖10项；通过省部级科技成果鉴定40余项，其中30多项为国际领先；拥有国家发明专利180余项，PCT国际专利9项。培育、孵化海洋生物企业20家，其中高新技术企业5家，形成海藻生物产业集聚。

青岛明月海藻集团主导产品市场占有率稳步提升，国内、国际市场占有率分别达到 40%、30%，拉动了海藻养殖、加工、海藻生物制品研发、生产、销售全产业链的发展壮大。

2015 年，由科技部批准成立的海藻活性物质国家重点实验室坐落于胶州湾畔的青岛明月海藻集团海藻科技中心。实验室拥有“制备技术研究室”“结构分析研究室”“生物改性研究室”“理化改性研究室”“功效分析研究室”“应用技术研究室”6 个专业研究室，拥有电感耦合等离子体质谱仪、高效液相色谱仪、原子吸收光谱仪、元素分析仪、差示扫描量热仪等原价达 8700 多万元的研发检测设备。实验室以提高我国海藻生物产业自主创新能力和产品附加值为总体目标，研究海藻活性物质的提取和分离、功能化改性以及功效和应用领域的共性关键科学技术和理论，整合基于海藻生物资源的海藻活性物质结构、性能和应用数据库，通过化学、物理、生物等改性技术的应用提高海藻活性物质的功效、拓宽其应用领域，为海藻活性物质在海洋功能性食品、海藻生物医用材料、海洋源美容护肤品、海洋源生物刺激剂等高端领域的应用提供坚实的科学理论基础，储备了一批科技含量高、市场前景广阔的技术和产品，促进了我国海藻生物产业向高附加值、高端应用方向的转型升级。